JÖRG ARNDT

SPACE PROPHET

JÖRG ARNDT

SPACE PROPHET

Roman

Brendow
Verlag | Alles, was Sinn macht!

Bibliografische Information der Deutschen Nationalbibliothek
Die Deutsche Nationalbibliothek verzeichnet diese Publikation in der Deutschen Nationalbibliografie; detaillierte bibliografische Daten sind im Internet über http://dnb.d-nb.de abrufbar.

ISBN 978-3-96140-033-1

Einbandgestaltung: Brendow Verlag, Moers
Titelfoto: fotolia sdecoret
Satz: Brendow Web & Print, Moers
Druck und Bindung: CPI – Clausen & Bosse, Leck
Printed in Germany
www.brendow-verlag.de

PROLOG

Die Peacemaker – der Stolz der internationalen Raumflotte. Sie ist das mächtigste Schiff, das je von Menschenhand erbaut wurde. Ihre Mission: wichtige Handelsrouten zu sichern und den räuberischen Angriffen der Piraten Einhalt zu gebieten.

Wer zur Raumflotte geht, hofft darauf, einmal auf diesem Schiff dienen zu dürfen. Doch nur den Besten steht der Weg dahin offen. Jahre harten Trainings und intensiver Ausbildung liegen hinter den handverlesenen Frauen und Männern der Besatzung.

Jonas schwärmte von der Peacemaker, solange er denken konnte. Schon im Kindergarten hatte er mit seinen Freunden endlose Raumschlachten nachgespielt. Zur Einschulung hatten seine Eltern ihm ein Modell des Schiffes geschenkt, das seitdem von der Decke seines Zimmers herabhing. Jeden Abend starrte er auf den geheimnisvollen Dodekaeder und stellte sich vor, an Bord dieses Schiffes durch die unendlichen Weiten des Weltraums zu reisen und mit gezielten Feuerstößen der Impact-Lasergeschütze feindliche Piratenschiffe zu vernichten.

Im Laufe der Schulzeit zeigte sich jedoch schnell, dass seine schwachen Leistungen in Sport, Mathe und Physik keinen Anlass zu der Hoffnung gaben, auch nur die Aufnahmeprüfung der Raumflotte zu bestehen. Doch er suchte und fand einen anderen Weg, um seinen Traum zu verwirklichen.

Dies sind die Abenteuer von Jonas Rothenfels, spiritueller Begleiter an Bord der Peacemaker, die mit ihrer über 600 Mann starken Besatzung die Tiefen des Alls bereist, um den Frieden der Galaxie zu sichern.

1. AUF DER PEACEMAKER

»Es gibt nichts, das sich mit einem festen Willen nicht erreichen ließe.«
(Buch der Weisheit)

»Ach, Herr Rothenfels, hätten Sie nachher wohl mal etwas Zeit für mich?«

Die junge Frau lächelte verlegen. Jonas sah auf und lächelte zurück. »Sicher, warum nicht! Nach der Abendandacht in der Kapelle?«

»Perfekt!« Sie warf ihre dunklen Locken mit einer aufreizenden Kopfbewegung in den Nacken. »Unsere letzten Gespräche haben mir wirklich sehr geholfen!«

»Das freut mich!«, gab Jonas betont höflich zurück. »Also dann bis nachher!«

Er wandte sich wieder seinem Teller zu.

Die Kadettin blieb einen Moment unschlüssig stehen, dann machte sie sich hüftschwingend davon. Trotz ihrer Leibesfülle war sie ein attraktives Mädchen und verstand es, die Blicke der anwesenden Soldaten auf sich zu ziehen.

Als sie den Raum verlassen hatte, dröhnte es vom Nachbartisch: »Hey, Seelenklempner, warum triffst du dich nicht mit ihr in deiner Kabine?«

Ein strohblonder Soldat mit bulligem Schädel sah sich beifallheischend im Kreis seiner Freunde um, schlug seine Fäuste in eindeutiger Geste aufeinander und lachte wiehernd.

Jonas stand auf. Mit seinen gerade mal 1,70 Metern war er keine imposante Erscheinung. Seine kurzen roten Haare und der sorgsam gestutzte Bart ließen ihn zusammen mit den leuchtend blauen Augen eher niedlich als bedrohlich erscheinen. Das wusste er nur zu gut. Doch er ging seelenruhig auf den Mann zu, sah ihm tief in die Augen und schwieg so lange, bis der andere unruhig auf seinem Platz umherzurutschen begann.

»Maat Lennox«, sagte er mit sanfter Stimme, »Sie haben wirklich keinen Grund, neidisch zu sein. Auch Ihnen stehe ich jederzeit zur Verfügung, wenn Sie ein Gespräch wünschen!«

Der Angesprochene sah verlegen zu Boden.

»Für den Anfang kommen Sie doch erst mal zur Andacht, das würde Ihnen bestimmt guttun!«

»Nein, danke, ich steh nicht auf diesen schwulen Kram!«

»Nun, wenn Sie denken, dass ich homosexuell empfinde, warum haben Sie dann solche Fantasien bezüglich meiner Gespräche mit Raumkadettin Obermayer?«

Jonas klopfte ihm väterlich auf die Schulter und kehrte zu seinem Tisch zurück. Im Stillen gab er dem Blonden recht. Als spiritueller Begleiter musste er auf Distanz bedacht sein, und diese Frau suchte eindeutig eine Nähe bei ihm, die über das gesunde Maß hinausging. Doch gerade deswegen war es wichtig, den anzüglichen Bemerkungen der Kameraden energisch entgegenzutreten. Eine junge Frau hatte es auch so schon schwer genug an Bord.

Er stocherte lustlos in seinem Auflauf herum.

»Gemüse aus eigener Ernte« stand auf der Speisekarte, als sei dies ein Qualitätsmerkmal. Wissenschaftlich gesehen stellte der Gemüseanbau im Weltraum eine beachtliche technische Leistung dar – geschmacklich jedoch gab es noch jede Menge zu verbessern. Jonas konnte das Substrat, auf dem die Früchte gezogen wurden, förmlich auf der Zunge spüren.

Er stand auf und entsorgte den restlichen Inhalt seines Tellers in den dafür vorgesehenen Behälter, der bereits drei viertel voll war. Dann stellte er das Tablett auf das Laufband und machte sich auf den Weg zu seiner Unterkunft, um die Abendandacht vorzubereiten.

Er hatte seine Kabine fast erreicht, als der Kommunikator an seinem Handgelenk zu vibrieren begann.

Ach nein, nicht jetzt! Jonas warf einen Blick auf das Display.

»Sie werden auf der Krankenstation in Sektor 12 benötigt«, lautete die knappe Botschaft.

Na gut, das hatte wohl Vorrang. Er machte kehrt und ging zurück zum Mover. Er bestieg die Kabine, nannte seinen Bestimmungsort und spürte, wie er erst in die Höhe gehoben und dann seitlich beschleunigt wurde. Ein Hologramm, das links von ihm in der Luft Wand schwebte, zeigte eine dreidimensionale Darstellung des Schiffes, in der ein wandernder roter Punkt die aktuelle Position markierte. Die Architektur der Peacemaker hatte Jonas anfangs verwirrt, mittlerweile fand er sich jedoch gut darin zurecht. Ihre Form – sie war ein gewaltiger Dodekaeder, ein Würfel mit zwölf Seiten und einer fünfeckigen Grundfläche – hatte den Vorteil, symmetrisch zu sein. Wenn man sich einmal die Lage der Sektoren und deren Zählung eingeprägt hatte, war alles ganz logisch.

Als sich die Tür nach kurzer Fahrt wieder öffnete, stand ein Sanitätssoldat davor, der ihm freundlich zunickte.

»Schön, dass Sie gleich gekommen sind«, sagte er. »Kabine F 23. McGregor hat schon mehrfach nach Ihnen gefragt. Sie kennen ja den Weg!«

Er brachte Jonas mit einem leichten Druck auf die Schulter in die richtige Richtung, dann stieg er selbst in den Mover und verschwand.

Der spirituelle Begleiter ging zielsicher den Korridor entlang, bog in den F-Gang ein und blieb vor der Tür mit der Nummer 23 stehen. Er hielt kurz inne, sammelte sich, dann klopfte er an und trat ein.

Waffenoffizier Alister McGregor hob den Kopf, als er eintrat. Obwohl Jonas ihn schon häufiger besucht hatte, musste er sich jedes Mal neu an den Anblick gewöhnen – eine Körperhälfte des Patienten war bis hinauf zum Gesicht verbrannt.

»Danke, dass du gekommen bist«, sagte Alister mit schwacher Stimme. »Ich fliege morgen nach Hause.«

»Das freut mich für dich!«

»Aber es ändert nichts daran, dass es mit mir zu Ende geht.«

»Ich weiß.«

Jonas nahm die Hand des Patienten und hielt sie fest. Sie fühlte sich kalt an.

»Es ist ein Wunder, dass du überhaupt noch lebst. Die Dosis Synchrotron-Strahlung, die du abbekommen hast, hätte einen Elefanten umgehauen.«

»Ja, ich bin wirklich ein Glückspilz«, sagte Alister. Seine schwache Stimme klang sarkastisch. »Aber es ist okay. Ich habe meinen Frieden gefunden. Da wäre nur noch eine Sache ... Kannst du dich bitte um Buddy kümmern, wenn ich nicht mehr da bin?«

Jonas durchfuhr es heiß und kalt. Alister war bekannt für seinen Spleen, dass er angeblich ein Haustier besaß, das außer ihm noch niemand gesehen hatte. Wie sollte er jetzt mit dieser Bitte umgehen? Er beschloss, einfach mitzuspielen. Man konnte Wahnvorstellungen nicht mit Argumenten beikommen.

»Klar, das mach ich. Kannst dich auf mich verlassen.«

Alister lächelte. »Ich danke dir. Du wirst es nicht bereuen. Buddy ist ein toller Freund. Auch wenn er sehr speziell ist.«

»Was ist er denn für ein Tier?«

»Eine Art Wombat.«

»Ein was?«

»Ein Wombat. Stammt aus Australien. Sieht aus wie ein zu klein geratener Bär.«

»Und was frisst der so?«

»Am liebsten Gras und Körnerfutter. Du findest alles in meiner Kabine. Ich habe eine Freigabe für dich eingerichtet. Du kannst die Tür mit deinem Transponder öffnen.«

Jonas brummte eine halbherzige Zustimmung.

Alister sah ihn prüfend an. »Du glaubst mir nicht, oder?« Er versuchte, sich auf seinem Bett aufzurichten, kapitulierte dann aber vor der Schwerkraft. »Du glaubst auch nicht, dass Buddy wirklich existiert.«

»Nun, also, um ehrlich zu sein – ich weiß es nicht.« Jonas lächelte verlegen.

»Nur weil ihn außer mir niemand sehen kann, bedeutet das noch lange nicht, dass es ihn nicht gibt. Dir als Pastor muss ich das doch wohl nicht erklären!«

»Spiritueller Begleiter«, korrigierte Jonas sanft.

»Meinetwegen, egal. Hör mir zu.« Es gelang dem Waffenoffizier, sich seitwärts ein wenig hochzudrücken. »Buddy kann sich sehr gut verstecken. Er ist mal aus einem Labor getürmt, wo sie gentechnische Experimente mit ihm angestellt haben, und ist seitdem Fremden gegenüber ziemlich misstrauisch. Du musst zuerst sein Vertrauen gewinnen. Und lass dich nicht von ihm täuschen, er ist klüger, als er aussieht.«

Der Kranke sank entkräftet zurück in seine Kissen.

»Machst du es? Kümmerst du dich um ihn?«

Jonas nickte. »Ich verspreche es dir.«

Was hätte er auch sonst sagen sollen?

Endlich zurück in seiner Kabine, ließ Jonas sich in den Schreibtischstuhl sinken und griff nach dem Sketchboard. Eine sanfte Hintergrundbeleuchtung glomm auf, als das Gerät die Bewegung registrierte, und signalisierte Eingabebereitschaft. Selbst Jonas' krakelige Handschrift stellte für das System keine Schwierigkeiten dar. Alles, was er auf die Oberfläche kritzelte, wurde im Hintergrund in Buchstaben und Worte übersetzt und in eine Datei geschrieben.

Der wichtigste Glaube ist der Glaube an sich selbst, notierte Jonas. *Nur wer an sich selbst glaubt, kann offen sein für das, was das Universum ihm schenken möchte.*

Er stockte. Dies war definitiv einer seiner Lieblingsgedanken. Hatte er ihn vielleicht schon zu oft in den Andachten verwendet? Er blickte auf den Kommunikator, der in mattgrauen Ziffern die Bordzeit anzeigte. Noch 59 Minuten bis zur Andacht. Keine Zeit für Experimente.

Konzentriert skizzierte Jonas den weiteren Verlauf der kleinen Ansprache. Als er fertig war, tippte er mit seinem Stift auf den oberen Rand und wählte aus dem aufklappenden Menü einen Befehl aus. Prompt formierten sich die Zeichen auf dem Sketchboard neu.

Die gekritzelten Notizen verwandelten sich in saubere Druckbuchstaben.

Er überflog das Geschriebene, nickte befriedigt und klappte das flache Board zusammen. Ihm blieben gut zwanzig Minuten bis zur Andacht, und er beschloss, vorher der Kabine von Alister einen Besuch abzustatten. Er wusste immer noch nicht so recht, was er von der ganzen Sache halten sollte, und musste sich eingestehen, dass er ziemlich neugierig war.

Der Mover brachte ihn nach Sektor 3, Deck 9, wo die Unterkünfte der technischen Besatzung lagen. Anders als auf seiner Etage, die in Orange gehalten war, dominierte hier Königsblau. Er ging den Korridor hinunter, bis er die Tür erreichte, auf der in nüchternen Buchstaben stand: »Leutnant im All Alister McGregor«.

Als der Sensor den Transponder erfasste, der unsichtbar in die Uniform eingewebt war, änderte sich die Schrift in »Willkommen, Herr Rothenfels!«, das Schloss knackte, und die Tür sprang auf. Gleichzeitig ging das Licht in der Kabine an und gewährte einen Blick ins Innere.

In Größe und Ausstattung unterschied sie sich kaum von seiner eigenen. Koje, Schreibtisch, Schrank, Durchgang zur kleinen Nasszelle. Das Zimmer war ausgeräumt und gesäubert, auf dem Bett stand eine gepackte Reisetasche.

Jonas öffnete den Spind. Die meisten Fächer waren leer, doch in den oberen befanden sich tatsächlich kleine Plastiksäcke mit Heu, daneben lagen Schachteln mit aufgedruckten Hamstern und Kaninchen. Eine davon war angebrochen. Jonas nahm sie heraus und schüttelte sie geräuschvoll.

Als Kind hatte er eine Katze besessen, einen schwarz-weißen Kater namens Ganymed. Der hatte dem Rascheln mit der Futterpackung niemals widerstehen können und es stets mit einem vernehmlichen Maunzen beantwortet. Aber welche Geräusche Wombats auch machten, es kam keine Reaktion.

Zweifelnd sah sich Jonas in der Kabine um. In diesen durchkonstruierten Behausungen aus Plastik und Stahl gab es keinen Winkel, der irgendeinem Tier ein Versteck bieten könnte. Höchstwahrscheinlich war dieser Buddy nichts weiter als die fixe Idee eines überforderten Hirns. Viele Besatzungsmitglieder entwickelten in der Einsamkeit des Weltraums ihre Marotten – aber es war schon erstaunlich, dass Alister so weit gegangen war, Futter einzukaufen und sogar einen Teil davon zu verbrauchen.

Mehr aus Pflichtgefühl denn aus Überzeugung nahm Jonas den metallenen Fressnapf heraus, der neben den Futterpackungen stand, füllte eine Handvoll Körner hinein und stellte ihn unter den Tisch. Dann verließ er die Kabine wieder und schloss sorgsam die Tür hinter sich. Er hatte zu tun.

Zehn Minuten vor der angesetzten Zeit erreichte Jonas den Andachtsraum. Drei Leute saßen bereits dort – Raumkadettin Stella Obermayer, José Batista, einer der Köche, und André Kussolini, ein schweigsamer Mitarbeiter des Wartungspersonals, der die irritierende Angewohnheit besaß, sich regelmäßig zu bekreuzigen.

Jonas verschwand im kleinen Nebenraum und legte sein Gottesdienstgewand an – eine weiße Tunika mit einer regenbogenfarbenen Stola.

Prüfend besah er sich von allen Seiten im Spiegel, rückte sein Gewand zurecht, dann fuhr er sich mit einer Bürste durch die kurzen roten Haare. Nicht dass diese Prozedur an seinem Äußeren viel verändert hätte, aber sie vermittelte ihm das Gefühl von Sicherheit.

Als er in den Andachtsraum zurückkehrte, hatte sich die Besucherzahl immerhin verdoppelt. Sechs Leute sind eine magere Quote bei 640 Besatzungsmitgliedern, dachte er missmutig. Aber wenn er ganz ehrlich war, musste er zugeben, dass er selbst diese Veranstaltung auch nicht besucht hätte.

Er liebte die persönlichen Gespräche mit den Soldaten und freute sich, wenn er ihnen hier und da weiterhelfen konnte – sei es bei Ärger mit den Vorgesetzten, Liebeskummer, Heimweh oder plötzlich aufbrechenden Lebensfragen. Meist tat es den Ratsuchenden schon gut, dass ihnen jemand aufmerksam zuhörte und dann und wann eine Frage einbrachte, die ihnen eine erweiterte Sicht auf ihr Problem bescherte. In diesen Dingen war er gut – während die Andachten mit ihren Ansprachen für ihn eher ein lästiges Pflichtprogramm darstellten.

Er beobachtete die Zeitanzeige auf seinem Kommunikator. Noch 30 Sekunden. Mit einem Wisch über das Display und einem Fingertipp rief er die Andacht-App auf. Eine Liste mit vorbereiteten Musikstücken erschien. Er aktivierte den ersten Titel, und der Bordcomputer ließ meditative Klänge aus den Lautsprechern ertönen. Exakt 3 Minuten später verebbten sie. Jonas trat nach vorn.

»Seid willkommen zur Abendandacht«, rief er mit ausgebreiteten Armen.

Ein wenig zu pathetisch, befand er selbstkritisch.

André bekreuzigte sich.

»Wir alle sind ein Teil des gleichen Universums, haben Anteil an dessen geheimnisvollen Kräften, sind das Ergebnis der Urelemente Feuer, Erde, Wasser, Luft. Doch hat die Weltenseele uns mit ganz besonderen Fähigkeiten ausgestattet – mit Bewusstsein und mit einem freien Willen. Darum soll es in der heutigen Andacht gehen. Ich lade euch ein, beim folgenden Musikstück in euch hineinzuspüren und Kontakt mit eurer Willenskraft aufzunehmen.«

Jonas tippte auf sein Armband, und eine eher aufwühlende Musik erklang. Es folgte ein kurzes Gedicht aus seiner Sammlung, ein weiteres Musikstück, die vorbereitete Ansprache und schließlich eine Zeit der Stille.

Am Ende folgte eine Art Segen: »So geht nun hin in der Kraft von tausend Sonnen, geliebte Töchter und Söhne des Universums. Haltet fest an der Macht eures Willens.«

Ein weiterer Tipp ans Handgelenk, und die Musik schwoll zum Schluss noch einmal dramatisch an. Sogleich fuhr der Bordcomputer die Helligkeit der bis dahin abgedimmten Lampen hoch. Die Andacht war vorbei. André bekreuzigte sich erneut und verließ schweigend den Raum. Die anderen Besucher folgten ihm eilig.

Nach wenigen Minuten stand nur noch die leicht verlegene Raumkadettin Obermayer im Raum.

»Sie haben vorhin gesagt, dass Sie nach der Andacht etwas Zeit für mich hätten«, erinnerte sie ihn.

»Ich weiß.« Er setzte sein professionelles Lächeln auf. »Bitte, nehmen Sie Platz!«

Jonas rückte zwei der Stühle so zurecht, dass sie sich in einigem Abstand voneinander gegenüberstanden, und deutete mit einer einladenden Handbewegung auf einen davon. Dankbar folgte sie dem Wink und ließ sich ungraziös auf den Sitz plumpsen.

»Was kann ich für Sie tun?«, eröffnete Jonas das Gespräch.

Stella Obermayer schwieg und knetete ihre Hände. Mit einem freundlichen Lächeln hielt er das Schweigen aus.

»Ich weiß nicht, wie ich es sagen soll«, begann sie endlich. »Manchmal fühle ich mich so einsam ...«

Sie sah Jonas scheu an, der sich innerlich wappnete. Er hatte es befürchtet. Jetzt wollte sie ihm Avancen machen. Für's Erste sagte er gar nichts, lächelte weiter und wartete ab.

»Mit meinen Kameraden mag ich darüber nicht sprechen. Ich habe Angst, dass sie mich auslachen und denken, ich sei dem Job nicht gewachsen.«

In ihren braunen Augen schimmerte es feucht. Fahrig wischte sie die Tränen mit dem Handrücken ab.

»Ich wollte immer zur Raumflotte«, fuhr sie fort. »Schon als kleines Mädchen habe ich davon geträumt. Und ich musste hart arbeiten, um die ganzen Prüfungen zu bestehen. Ich habe mich so gefreut, als ich es endlich geschafft hatte, auf die Peacemaker zu kommen. Die Arbeit hier macht mir ja auch Spaß. Aber ... die Einsamkeit hier oben ... Darauf war ich nicht vorbereitet. Manchmal stehe ich stundenlang am Screen und starre nach draußen. Und dann fühle ich mich so klein und unbedeutend ...«

Jonas nickte unwillkürlich. Diese Regung war ihm sehr vertraut. »Stella, dafür brauchen Sie sich nicht zu schämen. Das Gefühl kennt jeder hier an Bord.«

Die Raumkadettin lächelte dankbar. »Meinen Sie wirklich?«

Jonas nickte erneut. »Natürlich sind alle Gespräche, die ich führe, streng vertraulich, aber so viel kann ich doch sagen, dass Sie bei Weitem nicht die Einzige sind, die damit zu kämpfen hat.«

Sichtlich befriedigt fuhr sie fort: »Manchmal bete ich in solchen Momenten. Das hat mir meine Oma beigebracht. Sie war eine sehr religiöse Frau. Leider ist sie schon lange tot. Sie betete immer zum ›Unser Vater im Himmel‹. Den Rest des Spruchs habe ich vergessen. Es war irgendwas mit Brot und Vergebung.«

Sie seufzte, blieb einen Moment stumm, anscheinend im Gedenken an ihre Großmutter.

»Ich improvisiere dann einfach, stelle mir vor, dass da irgendwo ein Vater ist, der mir zuhört, und erzähle ihm alles.«

Jonas schwieg.

»Sie glauben nicht an so etwas, oder?«, fragte sie. »An einen Gott, mit dem man reden kann und so. Jedenfalls sprechen Sie in Ihren Andachten nie darüber.«

Jonas lächelte. »Nein, diese Vorstellung gehört zu einem veralteten Religionskonzept, das so heute nicht mehr gelehrt wird.«

»Also ist es alles Unsinn, was mir meine Oma beigebracht hat? Sie war sich ihrer Sache immer so sicher.«

»Wenn diese Ansichten so für sie gepasst haben, dann waren sie auch richtig für sie. Alles, was den Menschen weiterhilft und ihnen Kraft und Zuversicht gibt, ist richtig. Es gibt nicht nur die eine Wahrheit. Das haben uns die letzten Kriege gelehrt. Was man jahrhundertelang für unumstößliche Wahrheiten gehalten hat, sind in Wirklichkeit nur verschiedene Blickwinkel auf dieselbe Sache. Entscheidend ist doch letztlich: Was gibt Ihnen Kraft und Zuversicht?«

Stella sah ihn an.

»Das ist es ja gerade«, sagte sie, »ich weiß es nicht. Manchmal scheint es mir, dass Oma recht hatte und es einen Gott gibt, der mich liebt und mit dem ich reden kann. Dann wieder sehe ich hinaus in die unendlichen Weiten und sage mir: Mach dir nichts vor. Da draußen ist nichts. Nichts bis auf die Kälte des Alls, von der uns lediglich ein paar Stahlplatten trennen. Ich meine – wir fliegen doch hier im Himmel herum. Wenn da irgendwo ein Gott wohnen würde, müssten wir ihn längst getroffen haben.«

»Wie geht es Ihnen bei diesem Gedanken?«

»Ich fühle mich klein und verletzlich und ... irgendwie unbedeutend. Es macht mir Angst. Und dann esse ich, um mich zu beruhigen. Seitdem ich auf der Peacemaker bin, habe ich bestimmt schon zehn Kilo zugenommen.«

»Dann halten Sie sich lieber an das, was Ihnen guttut.«

Jonas wies auf das stilisierte Sonnensymbol, das an der Stirnwand des Andachtsraumes prangte.

»Die Mitte ist mit gutem Grund leer. Jeder kann und soll sie mit den Bildern füllen, die ihm guttun. Es gibt keine absolute Wahrheit. All unser Wissen ist Stückwerk.«

Stella blickte auf. »Diesen Satz hat meine Oma auch oft gesagt!«

Jonas lächelte. »Sehen Sie, am Ende sind wir vielleicht gar nicht so weit voneinander entfernt.«

Sie sah ihn dankbar an. »Herr Rothenfels, Sie glauben gar nicht, wie gut mir diese Gespräche mit Ihnen tun!«

Sie schob ihre Hand vor und berührte ihn am Knie. Abrupt stand Jonas auf.

»Ich freue mich, dass ich Ihnen weiterhelfen konnte. Meine Kollegen und ich sind jederzeit gerne für Sie da!«

Sie sah ihn verletzt an. »Ich habe nicht von Ihren Kollegen gesprochen, sondern von Ihnen«, schmollte sie.

Die peinliche Situation fand ein jähes Ende, als die Bordsprechanlage losheulte.

»Alarm!«, sagte eine ausdruckslose Stimme. »Alle Diensthabenden sofort auf Gefechtsstation. Dies ist keine Übung!«

Stella erbleichte, drehte sich um und rannte fort. Auch Jonas machte sich auf den Weg. Sein Platz war in der Krankenstation.

Er hatte gerade den Mover bestiegen, der ihn zum Sanitätsrevier bringen sollte, als plötzlich ein ohrenbetäubender Knall ertönte. Das

Schiff erbebte, schlagartig verloschen alle Lichter. Jonas spürte, wie die Kabine zum Stillstand kam. Er versuchte, bewusst zu atmen, um nicht in Panik zu geraten. Ganz offensichtlich war nur der Strom ausgefallen. Darum war jetzt das Licht aus, und der Mover stand still. Vielleicht hatte das Schiff einen Treffer kassiert.

Jonas schluckte. Und er saß hier fest, hier in diesem Sarg. Sein Herz raste. Schon als Kind hatte er geschlossene Räume gehasst. Dies als Klaustrophobie zu bezeichnen fand er übertrieben, schließlich mochte niemand gerne eingesperrt sein.

Ihn beschlich ein Gefühl, als müsse er bald ersticken, als legten sich unsichtbare Hände um seinen Brustkorb und verhinderten die Atmung. Als Sanitätsassistent wusste er genau, was jetzt passieren musste. Der CO^{2}-Gehalt in diesem winzigen Raum würde unaufhaltsam ansteigen, bis er, Jonas, das Bewusstsein verlöre und schließlich an Sauerstoffmangel stürbe. Immerhin: Es gab deutlich schlimmere Arten, diese Welt zu verlassen. Auch wenn er sich mit seinen 26 Jahren noch zu jung dazu fühlte.

Er verbot sich weitere Gedanken dieser Art und konzentrierte sich erneut auf seinen Atem. Bewusst in den Bauch hineinatmen, langsam wieder aus.

Es gibt hier jede Menge Sauerstoff. Du brauchst keine Angst zu haben.

Ein – aus. Ein – aus. Sein Pulsschlag kam allmählich zur Ruhe. Jonas glitt an der Wand der finsteren Kabine zu Boden und machte sich auf eine längere Wartezeit gefasst.

Es gibt nichts, dass sich mit einem festen Willen nicht erreichen ließe. Heute Abend hatte er in der Andacht über dieses Thema gesprochen. Dieser Satz galt auch für seine aktuelle Situation. Er konnte gerettet werden, wenn er es wirklich wollte.

Raumkadettin Obermayer würde jetzt bestimmt für ihre Rettung beten, dachte er. Sie würde den Fantasiegott ihrer Oma anrufen und sich sicher und geborgen fühlen. Beneidenswert. Aber keine Option für ihn.

Schon das erste Jahr seines Studiums hatte ausgereicht, ihm alle Reste seines Kinderglaubens auszutreiben. Und so war es wohl auch beabsichtigt. Es sollte unbedingt verhindert werden, dass die alten, intoleranten Glaubensvorstellungen weiterlebten oder gar durch die staatlich ausgebildeten spirituellen Begleiter noch gefördert wurden.

Das Konzept war ebenso simpel wie wirksam: Die Kandidaten studierten zu Beginn ihrer Ausbildung Geschichte. Sie lernten die schrecklichen Folgen der Religion kennen, wurden mit Selbstmordattentaten und fanatischen Kriegstreibern konfrontiert, erfuhren von der heiligen Inquisition und deren Foltermethoden, von der Ausrottung ganzer Völker im Namen des jeweils einzig wahren Gottes, von der Unbarmherzigkeit, die die Aufteilung der Menschen in Kasten und der Glaube an das Karma mit sich brachten, und natürlich dem letzten Weltkrieg vor Beginn der neuen Zeitrechnung, der ein Krieg der Religionen gewesen war und die Menschheit beinahe ausgerottet hätte.

In späteren Semestern gewährte man ihnen dann Einblick in die verschiedenen »Heiligen Schriften« der Vergangenheit, die zu lesen normalerweise verboten war. Sie hatten sich zu oft als Werkzeuge spiritueller Brandstiftung erwiesen. Stattdessen gab es nun das eine »Buch der Weisheit«, in dem sich eine Blütenlese der besten Gedanken aus Religion und Philosophie fand, zusammengetragen zur Stärkung und Erbauung der Menschheit, die, wie sich herausgestellt hatte, ganz ohne Religiosität nicht auskam. Die großen Ereignisse im Leben, Geburt und Tod, Eintritt ins Erwachsenenalter und manches andere mehr schufen eine Nachfrage nach ritueller Gestaltung, was die Weltregierung zu der Einsicht geführt hatte, dass es besser sei, hier ein kontrolliertes Angebot zu schaffen, als religiösen Wildwuchs zu riskieren.

So war neben die Weltregierung die Weltkirche getreten, deren Geistliche wunderbare Rituale gestalten konnten und zugleich Sorge dafür trugen, dass friedensgefährdende religiöse Entwicklungen bereits im Keim erstickt wurden. Persönliche Gottesbilder wurden zwar als Privatsache akzeptiert, aber ihnen wurde keinerlei Forum geboten.

Paradoxerweise war es also gerade das Wissen um Glauben und Religion, das Jonas und seine Kollegen davon abhielt, gläubig zu sein.

Ein schreckliches Kreischen, wie von zerberstenden Metallteilen, lief durch das Schiff. Jonas erschauderte. Konnte die Peacemaker zerbrechen? Sie war doch der größte und mächtigste Schlachtkreuzer der ganzen Raumflotte! Eigentlich hätte sie nicht einmal getroffen werden dürfen. Wieder stieg die Panik in ihm hoch.

Doch bevor er sich weiter damit auseinandersetzen konnte, leuchtete endlich das Kabinenlicht wieder auf. Es knackte und ächzte in der Mechanik, ein anschwellendes Summen war zu hören. Als wäre nichts gewesen, setzte der Mover seine begonnene Fahrt fort.

Nach wenigen Minuten hatte Jonas das gewählte Ziel erreicht, die Tür glitt zur Seite, und er beeilte sich, hinaus auf den Flur zu gelangen. Dort herrschte Hochbetrieb. Überall Betten mit Verletzten. Blut. Stöhnen. Dazwischen wimmelte das medizinische Personal und versuchte alles Menschenmögliche, um den Verwundeten zu helfen.

»Rothenfels«, rief Oberstabsärztin Bartels, als sie ihn erblickte. »Sie melden sich in der POV!« Ihr weißer Kittel war mit Blutflecken übersät.

Bevor Jonas reagieren konnte, hatte sie sich schon wieder den Patienten zugewandt. Er hastete zu seinem Spind, streifte die vorgeschriebene Schutzkleidung über. Dann lief er den Korridor zur postoperativen Versorgung hinunter. Naturgemäß war es hier ruhiger als in der Aufnahme. Die Tür des Aufwachraums stand offen, drei Patienten lagen darin.

Im Vorzimmer saß ein braunhäutiger Sanitäter, der damit beschäftigt war, Daten auf einem Sketchboard einzugeben. Er hatte kurz geschnittene, leicht ergraute Haare. Trotz seines offensichtlichen Alters wirkte er durchtrainiert und fit. Das Namensschild auf seiner Schutzkleidung wies ihn als Samir Ahmadi aus.

»Na, da bist du ja endlich«, begrüßte er Jonas freundlich. »Wo hast du dich so lange herumgetrieben?«

»Ich hing im Aufzug fest«, brummte der. »Die Energie ging plötzlich weg.«

»Ja, wir haben einen Treffer in Sektor 10 kassiert. Die Piraten haben uns übel erwischt.«

»Wie konnte das passieren? Warum haben die Schutzschilde das nicht verhindert?«

»Keine Ahnung, ich bin Sanitäter und kein Abwehroffizier. Aber ich kann dir sagen, was hier los ist: jede Menge Brüche und Splitterverletzungen. Zwölf Soldaten werden vermisst, vermutlich hat sie der Treffer ins All hinausgesprengt. Da kommt wohl Arbeit auf dich zu.«

Jonas nickte. Eine Trauerzeremonie für die Gefallenen. Das hatten sie verdient. »Und was kann ich hier tun?«

Samir nickte mit dem Kopf in Richtung Aufwachraum.

»Nummer zwei braucht eine neue Infusion. Der daneben muss jeden Moment wach werden und wird feststellen, dass er keine Beine mehr hat. Besser, wenn er dann nicht alleine ist.«

Fünf endlose Stunden später ließ Jonas seine Schutzkleidung mit einem Seufzer der Erleichterung in den Schacht für die Wäscherei fallen. Das Elend, das er heute zu sehen bekommen hatte, machte ihm zu schaffen. Doch dafür war er schließlich spiritueller Begleiter geworden. Es tat den Menschen gut, ihn beim Erwachen zu sehen, auch wenn manche das nicht zugeben wollten und einige sogar versucht hatten, ihn mit derben Worten wegzuschicken. Er wusste ja, dass dieses Verhalten auf ihren Schock zurückzuführen war, und reagierte sehr verständnisvoll auf solche Ausbrüche. Doch jetzt fühlte er sich müde und ausgelaugt.

Auch Alister war heute Nacht gestorben – ganz friedlich im Schlaf, wie es hieß. Jonas hatte erst davon erfahren, als schon alles vorbei gewesen war.

Pflichtbewusst machte er einen Abstecher zu Alisters Kabine. Trotz seiner Erschöpfung war er neugierig, was wohl aus der Futterschüssel geworden sein mochte, die er zurückgelassen hatte. Noch immer wusste er nicht so recht, was er von dieser Buddy-Geschichte halten sollte.

Der Screen an der Kabinentür zeigte ein Foto von Alister McGregor, darunter standen Name und Dienstgrad sowie die Worte: »Wir trauern um einen treuen Kameraden«. Jonas musste schlucken.

Die Tür knackte leise, als der Sensor sein Transpondersignal erfasste. Jonas öffnete sie, und das Licht schaltete sich ein. Suchend blickte er sich um. Er war sich ganz sicher, dass er den Futternapf unter den Tisch gestellt hatte, doch dort stand er nicht mehr. Hatte hier etwa schon jemand die Kabine ausgeräumt?

Er blickte auf seinen Kommunikator – nein, um diese Zeit wohl eher nicht. Es war kurz nach ein Uhr Bordzeit. Jonas zog einen Stuhl heran und setzte sich, um zu überlegen.

Wieder kamen ihm die Bilder der schweren Verletzungen in den Sinn, denen er heute begegnet war. Er konnte kaum einen klaren Gedanken fassen. So beschloss er, erst einmal schlafen zu gehen und am nächsten Morgen wiederzukommen. Dann würde er sich um Alisters persönliche Dinge kümmern. Die Reisetasche stand noch genauso auf dem Bett, wie Jonas sie zuletzt gesehen hatte.

Gerade als er aufstehen und in seine Kabine gehen wollte, entdeckte er den vermissten Napf. Er stand unter dem Bett und war leer. Jonas hielt unwillkürlich den Atem an. Das konnte eigentlich nicht sein. Behutsam ließ er sich auf die Knie sinken und spähte in die Finsternis unter der Schlafstatt. Nichts zu sehen. Eigenartig. Allzu viele Verstecke bot die kleine Kabine nun wirklich nicht.

Er ging zum Schrank, holte die Futterschachtel heraus und schüttelte sie.

»Buddy«, rief er leise, »Buddy, Buddy, Buddy, komm, Buddy, Buddy!«

Nichts geschah. Jonas füllte den Napf auf und murmelte: »Alister ist leider gestorben, mein Freund. Von nun an werde ich mich um dich kümmern. Es würde die Sache ungemein erleichtern, wenn du jetzt herauskommen würdest.«

Doch es passierte immer noch nichts. Verwirrt ging er in seine Kabine.

Jonas hatte fest und traumlos geschlafen. Er stand auf, wusch sich und ging in die Offiziersmesse zum Frühstück. Es gehörte zu seinen Privilegien als spiritueller Begleiter des Schiffes, dass er nicht einer Messe fest zugeteilt war, sondern überall kommen und gehen durfte, wie es ihm beliebte.

Die Gesprächsfetzen, die er aufschnappte, drehten sich alle um dasselbe Thema: der hinter ihnen liegende Angriff der Piraten. Anscheinend war es ihnen gelungen, mit einer EMP-Bombe einen Teil der Schutzschilde außer Gefecht zu setzen und danach einen Torpedotreffer zu landen. Eine großartige Leistung, wenn man bedachte, dass die Peacemaker schon allein ihrer Form wegen kaum angreifbar war: Von welcher Seite man sich ihr auch näherte, immer stand man feuerbereiten Lasergeschützen gegenüber.

Am Kaffeeautomaten unterhielten sich zwei Waffenoffiziere darüber, dass die Piraten die Perseus, eines der Begleitschiffe, geentert und entführt hatten. Von den Besatzungsmitgliedern fehlte bislang jede Spur.

Während Jonas sein Brötchen aß – wie fast immer saß er allein am Tisch –, hörte er vom Nachbartisch, dass man nun mit einiger Sicherheit sagen konnte, woher die feindlichen Schiffe gekommen waren. Die Spuren ließen sich zum Planeten Kyros verfolgen, einer ehemaligen Sträflingskolonie, die gut drei Lichtjahre entfernt lag. Anscheinend verfügten die Piraten über Hyperraum-Technologie, was erklären würde, wieso sie so unerwartet auftauchen konnten.

Astrophysik war nicht Jonas' Stärke. Er hatte Mühe, sich Dinge wie »Hyperraum« und »Raumkrümmung« vorzustellen, und behalf sich darum mit einem Vergleich, der ihm in seiner Ausbildungszeit einmal begegnet war: So wie ein U-Boot von der Wasserfläche verschwinden konnte, indem es einfach in die dritte Dimension abtauchte, so konnte auch ein Raumschiff durch die Hyperraum-Technologie von der Bildfläche verschwinden und an einer anderen Stelle wieder auftauchen, indem es die Dimensionen wechselte. Nutzte es dazu noch die Raumkrümmung, so konnte es ungeheure Distanzen in kürzester Zeit überwinden.

Bisher gab es in der Raumflotte allerdings keine Schiffe, die dazu aus eigener Kraft in der Lage waren. Die erforderliche Energie war zu groß, um sie auf einem Schiff zu erzeugen, und die Raumkrümmung zu schwierig zu berechnen, sodass eine exakte Navigation praktisch unmöglich war. Es bestand immer die Gefahr, sich beim Wiedereintritt in den euklidischen Raum in unliebsamer Nähe zu einer Sonne oder einem schwarzen Loch wiederzufinden.

Daher nutzte man Hypergate-Portale. Man durchflog sie einfach, und sie beförderten das Schiff in kürzester Zeit und mit großer Zuverlässigkeit zu dem jeweiligen Gegenpart, der an einem anderen, Lichtjahre entfernten Ort im All schwebte. Jonas stellte sich diese Einrichtung ähnlich wie den Mover auf der Peacemaker mit seinen unterschiedlichen Türen in den verschiedenen Sektoren vor, auch wenn er wusste, dass er damit eine gewaltige Errungenschaft auf einen lächerlich kleinen Nenner brachte.

Die Hyperraum-Technologie war der Schlüssel zur Eroberung des Alls, und die Peacemaker spielte eine wichtige Rolle dabei. Sie sicherte eines dieser Portale, durch das regelmäßig Frachtschiffe voller Erz und seltener Erden ins heimische Sonnensystem flogen, um auf dem ausgeplünderten Heimatplaneten weiteres Wirtschaftswachstum zu ermöglichen.

Nach dem Frühstück kehrte Jonas in seine Kabine zurück und begann, erste Ideen für die bevorstehende Trauerfeier zu sammeln. Das würde ein großes Ereignis werden, bei dem fast die ganze Mannschaft versammelt war.

Plötzlich signalisierte seine Kabinentür einen Besucher.

»Herein!«, rief er. Die Tür glitt auf. Ein Maat mit nervösem Lächeln stand davor; sein Namensschild wies ihn als Jalmar Varind aus. Jonas erinnerte sich dunkel, dass er neben Maat Lennox gesessen hatte, als von ihm diese Bemerkungen über die Raumkadettin gekommen waren.

«Bitte, kommen Sie doch herein!«, sagte er und deutete auf die zwei Sessel in seiner Kabine. Ein Luxus, der sonst nur höheren Offizieren zustand und seiner Funktion als spiritueller Begleiter geschuldet war.

Jalmar trat ein, sah sich nervös um. Er wirkte angespannt, als sei er auf der Flucht.

»Wenn du jemandem erzählst, dass ich hier war, wirst du es bereuen!«, knurrte er.

Nette Begrüßung, dachte Jonas und sagte: »Keine Sorge, das fällt unter meine Schweigepflicht. Setzen wir uns doch. Schluck Wasser?«

Ohne auf eine Antwort zu warten, stellte Jonas zwei Gläser auf den Tisch und füllte sie aus einer Glaskaraffe.

Jalmar setzte sich auf die Vorderkante des Sessels. Nervös knetete er seine Hände, bis die Knöchel weiß wurden.

Jonas nahm ebenfalls Platz, trank einen Schluck und wartete geduldig.

»Es ist wegen der Prüfung morgen«, sagte Jalmar schließlich. »Ist vielleicht blöd jetzt, weil alle so fertig sind von dem Angriff und so. Aber zweimal bin ich schon durchgefallen. Wenn ich die ein drittes Mal in den Sand setze, kann ich die Beförderung vergessen.«

»Du bist aufgeregt.«

»Ja, und wie!«

»Hast du genug gelernt?«

»Ich denke schon. Ich habe den Stoff bestimmt schon fünf Mal wiederholt. Aber wenn ich in der Prüfung bin, ist mein Kopf plötzlich komplett leer. Dann stottere ich rum wie der letzte Idiot.«

»Es gibt aber auch Prüfungen, die du gut bestanden hast.«

»Klar, sonst wäre ich nicht hier.« Seine Gesichtszüge entspannten sich ein wenig. »Die schriftlichen Prüfungen fallen mir nicht ganz so schwer wie die mündlichen. Aber Schiss habe ich davor auch.«

Er stockte und lächelte verlegen.

»Im wahrsten Sinne des Wortes«, fuhr er fort. »Wenn mir eine Prüfung bevorsteht, kann ich kaum noch was essen und hocke ständig auf dem Klo. Durchfall vom Feinsten.«

»Entschuldigung«, fügte er hinzu. »So genau wolltest du das wohl gar nicht wissen.«

»Das ist schon in Ordnung«, sagte Jonas. »Dein ganzer Körper ist in Aufruhr, wenn es auf eine Prüfung zugeht. Das ist nichts Außergewöhnliches. Du sendest ihm starke Gefahrensignale, und er denkt, dass ihm jemand an den Kragen will.«

»Aber was kann ich tun?«

»Sprich mit deinem Darm. Sag ihm, dass keine Gefahr droht und alles in Ordnung ist.«

»Du willst mich verarschen.«

»Nein. Leg deine Hand auf deinen Bauch.« Jonas machte es vor. Zögernd tat Jalmar es ihm nach.

»Knete ihn ein bisschen, als wäre er ein verängstigtes Tier. Und dann versichere ihm, dass keine Gefahr droht.«

Jalmar machte ein paar ungeschickte Bewegungen, dann grinste er. »Du bist vielleicht ein komischer Vogel«, sagte er. »Aber es scheint zu helfen.«

Nach einer Weile fügte er hinzu: »Eigentlich habe ich gedacht, dass du mir einen Segen für die Prüfung gibst oder so was.«

»Oh, wenn du willst, kann ich das gerne auch noch tun.«

«Ja, bitte.«

Jonas tippte auf seinen Kommunikator, und das Sonnensymbol erschien an der Kabinenwand. Zugleich wurde das Licht gedimmt, sodass eine feierliche Stimmung entstand. Er stand auf, stellte sich hinter seinen Besucher. Dann legte er ihm eine Hand auf den Kopf und las die Worte von seinem Kommunikator ab:

»Mögen gute Mächte dich begleiten, die Kräfte des Universums an deiner Seite sein. Die Sterne, aus deren Schoß auch dein Leben kam, mögen dir deinen Weg zeigen und dir helfen, das Potenzial, das in dir schlummert, zur Entfaltung zu bringen – zu deinem Nutzen und zum Nutzen aller. So sei es, so geschehe es, so ist es.«

Jonas verstärkte einmal kurz den Druck seiner Hand, um den Worten körperlichen Nachdruck zu verleihen, dann packte er Jalmar an der Schulter.

»Diesmal wird deine Prüfung gelingen«, sagte er mit fester Stimme. »Du kannst Vertrauen haben.«

Er ließ seinen Besucher los und dimmte das Kabinenlicht wieder heller. Das Sonnensymbol verblieb an der Wand.

»Danke«, sagte Jalmar. »Du hast mir sehr geholfen.«

»Das freut mich«, antwortete Jonas. »Dafür bin ich ja da.«

Nachdem Jalmar gegangen war, wandte sich Jonas erneut seiner Vorbereitung der Trauerfeier zu. Er tat sich diesmal schwer damit. Der Tod von Alister machte ihm zu schaffen. Der Leutnant war so etwas wie ein Freund für ihn gewesen – einer der wenigen, die er hatte, denn er fühlte sich verpflichtet, auf dem Schiff eine professionelle Distanz zu den Besatzungsmitgliedern einzuhalten. Er verstand sich als eine Art Gegenüber zu ihnen, und das konnte er nicht sein, wenn die Nähe zu groß wurde.

Alister war eine Ausnahme. Sie waren sich schon Jahre zuvor in einer der Kneipen über den Weg gelaufen, in der die Raumkadetten den Frust ihrer Theorieprüfungen hinunterzuspülen pflegten. Er hatte sich als ein ausgezeichneter Kenner der keltischen Kultur und Geschichte gezeigt, zudem als ein angenehmer Gesprächspartner, mit dem Jonas halbe Nächte hindurch diskutieren konnte. Dann hatten sie sich einige Jahre lang aus den Augen verloren, bis sie sich schließlich an Bord der Peacemaker wiederbegegnet waren. Und nun musste er eine Trauerfeier für den alten Gefährten vorbereiten und, für die Gefallenen der Piratenangriffe gleich mit.

Jonas griff sich sein Sketchboard und machte sich auf den Weg zu Alisters Kabine. Vielleicht würde sich der Wombat hervorwagen, wenn er etwas länger dortblieb. Als er die Tür öffnete, fand er den Futternapf abermals leer. Er füllte ihn auf, setzte sich an den Tisch und begann zu schreiben.

Wir sind Sternenstaub und geben am Ende unseres Lebens unsere Energie wieder an das Universum zurück. Nichts geht verloren. Wir sind Teil des großen kosmischen Kreislaufs. Die Erinnerungen aber, die wir bei den Menschen hinterlassen, denen wir etwas bedeuten ...

Ein leises Kratzen ließ ihn innehalten. Er blickte zum Bett hinüber, unter dem zwei Knopfaugen ihn wachsam ansahen.

»Hallo, Buddy, ich bin Jonas und sorge jetzt für dich. Du kannst ruhig herauskommen.« Er sprach mit betont unaufgeregter Stimme.

Zögerlich schob sich ein pelziges Wesen unter dem Bett hervor, legte den Kopf etwas schief, was wie eine Frage wirkte, hielt kurz inne, dann tappte es zum Napf, wo es sich geräuschvoll über das Körnerfutter hermachte. Jonas saß ganz ruhig da und widerstand dem Impuls, das Tier zu berühren. Es sah tatsächlich aus wie ein zu klein geratener Bär, war vielleicht 80 cm lang. Und mindestens 20 kg schwer. Sein Fell war hellgrau und sah etwas struppig aus.

Als der Wombat die Schale leer gefressen hatte, blinzelte er Jonas mit seinen schwarzen Augen an, gähnte herzhaft und verschwand wieder unter dem Bett.

»Na immerhin ein Anfang«, murmelte Jonas, stand auf und kniete sich vor dem Bett nieder, um darunterzuschauen. Aber das Tier war spurlos verschwunden.

»Entschuldige, Alister, dass ich an deinen Worten gezweifelt habe«, sagte Jonas zu der Reisetasche, die noch immer auf dem Bett stand. Dann nahm er sein Sketchboard und ging.

Jonas bestieg den Mover und fuhr zum Observatorium in Sektor sechs. Hier war nur selten Betrieb, darum kam er oft hierher, wenn er etwas Stille brauchte. Die Schirme zeigten astronomische Objekte in atemberaubender Vergrößerung. Manchmal saß er stundenlang hier, um sie zu zeichnen. Vor allem am Orionnebel konnte Jonas sich kaum sattsehen. Die Farben und Strukturen, die immer neue Details preisgaben, je länger man sie betrachtete, erfüllten ihn durch ihre Schönheit und Größe mit Bewunderung und Staunen. Hier fühlte er sich dem Herzen des Universums besonders nahe.

Als er den Raum betrat, stellte er fest, dass er nicht alleine war. Im gedämpften Licht der Monitore erkannte er Raumkadettin Stella Obermayer. Sie saß an einem der Tische, ihren Kopf in die Hände gestützt. Von Zeit zu Zeit ging ein Zittern durch ihren Körper. Jonas ging zu ihr und legte ihr behutsam eine Hand auf die Schulter. Sie wandte den Kopf, sah ihn an. Ihre Augen waren nass und rot.

»Wir waren zusammen auf der Akademie«, schluchzte sie, »Eirin und ich haben zur gleichen Zeit unser Examen gemacht, wir waren beide auf der Chairon und sind dann auf die Peacemaker gekommen. Sie hat gestern mit mir den Dienst getauscht, weil es mir nicht so gut ging, und jetzt ist sie tot. Eigentlich hätte ich in Sektor zehn sein sollen. Es ist meine Schuld!«

Sie stieß ein lang gezogenes Heulen aus. Dann stand sie auf und hängte sich Jonas um den Hals. Er musste alle Kraft zusammennehmen, um von der beleibten Frau nicht zu Boden gezogen zu werden.

»Halt mich fest«, flüsterte sie. Jonas nahm sie in die Arme. Als er ihre Wärme und ihre Weichheit spürte, lief ihm ein wohliger Schauer über den Rücken. Sie roch leicht nach einem blumigen Parfüm. Dann küsste sie ihn. Er wehrte sich nicht, im Gegenteil, er erwiderte ihren Kuss, ließ seine Zunge in ihren Mund wandern. Das Blut rauschte in seinen Ohren.

Gierig legte er seine Hände auf ihre üppigen Brüste. Es war wie im Traum. Von Weitem hörte er ihre Stimme. Sie rief etwas, das er nicht verstand. Er achtete nicht weiter darauf und machte sich ungeschickt daran, ihre Uniform aufzuknöpfen.

Eine Ohrfeige brachte ihn wieder zur Besinnung.

»Ich habe Nein gesagt«, fauchte Stella ihn an. »Was fällt Ihnen ein! Ich brauchte Nähe und Trost und Sie ...«

Jonas war erschüttert. Ihm fehlten die Worte. Er versuchte, etwas wie eine Entschuldigung zu stammeln, aber Stella wandte sich von ihm ab und begann ihre Uniform zu richten.

»Sie haben mir einen Knopf abgerissen«, jammerte sie. »Wie konnten Sie mir das antun!«

»Stella, bitte, ich weiß auch nicht, was mit mir los war, es tut mir leid ...«

»Pah! Und ich habe Ihnen vertraut. Ich dachte, sie wären anders als andere Männer!«

Dann stapfte sie hinaus. Jonas starrte ihr fassungslos hinterher.

*****

Der kleine Wachraum von Evinin war vollgestopft mit Monitoren und elektronischen Geräten aller Art, die einen seltsam zusammengesetzten Eindruck machten. Tatsächlich stammten sie aus unterschiedlichen Raubzügen und Eroberungen.

Tarek, der junge Wachhabende, lümmelte sich in einem bequemen Kommandosessel, der einst dem Kapitän der Aurora gehört hatte, und spielte 3-D-Tetris. Er war kurz davor, einen neuen persönlichen Highscore zu erreichen, und versuchte konzentriert, die merkwürdig geformten Steine unterzubringen, die ihm seit dem letzten Level entgegenpurzelten. Ein Seitenblick auf den Monitor der Raumüberwachung ließ ihn zusammenzucken. Er zeigte Aktivität im Hypergate an. Prompt fielen zwei Steine an eine ungünstige Stelle, und das Spiel war vorüber. Tarek fluchte leise, dann wandte er sich den anderen Anzeigen zu.

Das Gate meldete den Durchflug von vier Schiffen – was ein Problem darstellte, weil von ihrer Flotte nur drei Schiffe unterwegs waren. Nähere Informationen konnte er erst in einigen Minuten erwarten, wenn sich das Gate sich wieder geschlossen hatte.

Tarek ließ seine Hand unschlüssig über dem Alarmknopf schweben. Bei einem Fehlalarm musste er mit Bestrafung rechnen, ebenso wenn er seine Beobachtung zu spät weitergab.

Seine Finger trommelten nervös auf der Tischplatte. Das Hypergate war gut 50 Millionen Kilometer entfernt – selbst die schnellsten Schiffe brauchten für diese Entfernung mindestens 30 Minuten. Zeit genug für die Alarmstaffel. Er brauchte Fakten, bevor er seinen Kopf riskierte.

Mit einer schnellen Geste schloss er das Tetrisspiel und räumte die Reste seines Imbisses zusammen, für den Fall, dass ein Vorgesetzter hier auftauchte. Tarek verspürte wenig Lust auf Knüppelschläge.

Da endlich tat sich etwas auf einem der Monitore. Vier schmale Rechtecke erschienen, eines etwas länger als die anderen. Tarek ertappte sich dabei, wie er versuchte, sie im Geist übereinanderzustapeln. Er tippte auf den Screen, um weitere Informationen abzurufen, aber produzierte damit lediglich eine kleine Infobox »Data not available«.

Seufzend lehnte er sich in seinen Sessel zurück und starrte die Anzeigen an. Ungeduld brachte ihn nicht weiter. Sobald die Sensoren die Schiffe analysiert hatten, würden sie es melden. Er konnte nur hoffen, dass er es hier nicht mit einem Vergeltungsschlag der Union zu tun hatte. Sie hatten lange Glück gehabt. Es war nur eine Frage der Zeit, bis die Raumflotte ihren Schlupfwinkel finden und angreifen würde.

Das Funkgerät erwachte zum Leben. »... Xator Seifuko ... schwerer Kreuzer ...«

Die Durchsage war nicht zu verstehen. Vermutlich war das Gate noch offen gewesen, als der Spruch abgesetzt worden war, und hatte den Funkverkehr gestört. Tarek langte nach der Sendetaste, aber ließ seine Hand wieder sinken, als ihm einfiel, dass es gut drei Minuten dauern würde, bis seine Signale das Schiff erreichen konnten.

Auf dem Monitor öffnete sich ein Fenster mit Daten.

Schwerer Kreuzer ›Perseus‹, Kennung: U-SK-4302. Kommandant: unbekannt

Wieder zuckte seine Hand zum Alarmknopf. Die Kennung verriet ein Schiff der Raumflotte.

Kreuzer ›Qorxu‹, Kennung: Kom-K 2301. Kommandant: Xator Seifuko

Zerstörer ›Amir‹, Kennung: Kom-Z 1801. Kommandant: Hakan Celik

Zerstörer ›Ridvan‹, Kennung: Kom-Z 1802. Kommandant: Faris Alijev

Was war hier los? Wurden ihre Schiffe verfolgt? Wenigstens bestand keine unmittelbare Gefahr für den Planeten. Mit einem einzelnen schweren Kreuzer sollten ihre Abfangjäger schon fertigwerden.

Das Funkgerät knackte und gab ein kratzendes Geräusch von sich, dann stabilisierte sich das Signal. Xators Stimme klang durch den Raum.

»Ich wiederhole. Hier spricht Xator Seifuko. Wir haben einen schweren Kreuzer der Union erbeutet. Es besteht keine Gefahr. Wir sind auf dem Weg nach Liman.«

Tarek jubelte. Er drückte die Sprechtaste. »Hier Kyros Control. Wir haben verstanden. Meinen Glückwunsch, Herr Kommandant!«

Jetzt hielt ihn nichts mehr davon ab, zum Khan zu laufen. Gute Nachrichten überbrachte er gern.

*****

In dieser Nacht schlief er sehr unruhig. Er wälzte sich von einer Seite auf die andere, schließlich hörte er jemanden seinen Namen rufen.

Jonas! Jonas!

Die Stimme erschien ihm so realistisch, dass er hochfuhr, das Licht einschaltete und sich suchend umsah. Natürlich war niemand zu sehen.

Du hast bloß geträumt, sagte er sich, aber dennoch wollte das unbehagliche Gefühl nicht weichen. Seufzend löschte er das Licht, schloss die Augen und versuchte, wieder einzuschlafen. Doch jetzt begannen die Gedanken in seinem Kopf zu kreisen.

Was würde auf ihn zukommen?

Wartete ein Disziplinarverfahren auf ihn?

Verdammt, wie hatte er sich nur so gehen lassen können! Selbst wenn Stella einverstanden gewesen wäre, hätte er sich ihr niemals in dieser Weise nähern dürfen. Das war ein klarer Verstoß gegen die Dienstvorschriften. Als Seelsorger war für ihn jede erotische Nähe zu Ratsuchenden absolut tabu. Wenn es ganz dumm lief, konnte dies den Abschied von der Peacemaker bedeuten, das Ende seines Lebenstraumes, das Ende seiner Karriere. Eine unehrenhafte Entlassung wegen sexueller Belästigung. Die Kommandantin verstand keinen Spaß an diesem Punkt. Er schlug die Hände vors Gesicht; so fest, dass es wehtat.

Jonas!

Wieder rief jemand seinen Namen, obwohl er diesmal ganz sicher war, nicht zu träumen.

Jonas?

Er hörte es ganz deutlich, aber nicht mit den Ohren – es kam ihm eher so vor, als spräche die Stimme direkt in seinem Kopf. War er dabei, durchzudrehen?

Jonas, ich weiß, dass du mich hören kannst!

Er verspürte den Impuls, schreiend davonzulaufen, beherrschte sich aber und vergrub sich stattdessen unter seinem Kissen. Er presste die Hände auf die Ohren, summte vor sich hin, irgendeine improvisierte Melodie, ganz egal, nur keine Stille, nur diese Stimme nicht mehr hören müssen.

Nach einer ganzen Weile, in der nichts Aufregendes passiert war, entspannte er sich allmählich. Er legte sich wieder auf den Rücken und lauschte.

Nichts. Er vernahm nur ein leichtes Rauschen in seinen Ohren und ein fernes Summen der gewaltigen Antriebsaggregate der Peacemaker.

Schließlich hielt er die Spannung nicht mehr aus.

»Wer bist du, und was willst du?«, fragte er in die Dunkelheit hinein, obwohl er sich albern dabei vorkam. Die Antwort ließ nicht lange auf sich warten.

Erkennst du, dass Schuld mehr ist als ein veraltetes Konzept?

Jonas durchflutete es heiß und kalt. Das war das Thema seiner vorletzten Andacht gewesen: Es gäbe keine Schuld im althergebrachten Sinne, es gäbe nur Lernprozesse und damit verbundene Fehler, die nötig seien, um sich weiterzuentwickeln. Er war recht stolz gewesen auf diese Rede. In seiner aktuellen Lage kam sie ihm jedoch plötzlich ziemlich hohl vor.

»Was willst du mir damit sagen? Wer bist du?« – Seine eigene Stimme klang merkwürdig fremd. Er horchte minutenlang in die Stille seiner Kabine hinein, doch die Antwort blieb aus.

Unruhig setzte Jonas sich auf die Bettkante. Was geschah hier mit ihm?

Es müssen meine Schuldgefühle sein, die sich zu Wort melden, dachte er. Ich muss was dagegen unternehmen, muss mit Stella sprechen, ihr erklären, wie alles gekommen ist. Ihr sagen, dass es mir leidtut. Gleich morgen früh.

Er griff nach seinem Sketchboard. Als es die Bewegung registrierte, glomm es sanft auf, der Dunkelheit der Kabine angepasst. Jonas wischte über die Oberkante und aktivierte die Mannschaftsdatenbank, auf die er als spiritueller Begleiter Zugriff hatte. Er rief den Datensatz von Stella Obermayer auf. Sektor 9, Deck 8, Kabine B 42.

Das passte. Die Messe, in der sie ihn angesprochen hatte, lag auch im Sektor 9. Er beschloss, am Morgen dort zu frühstücken. Vielleicht würden sie sich zufällig über den Weg laufen.

Er gähnte, doch er spürte, dass an Schlaf nicht mehr zu denken war. So rief er die Fachbibliothek auf und las Artikel über Psychosen und das Hören von Stimmen, bis das Signal zum Wecken ertönte.

Sein erster Weg an diesem Morgen führte ihn in Alisters Kabine. Buddy saß mitten im Raum und sah ihn erwartungsvoll an.

»Na, das ist aber fein, dass du mit dem Versteckspiel aufgehört hast«, sagte Jonas mit Kinderstimme. »Komm her, ich gebe dir ein feines Fresschen!«

Buddy blieb sitzen. Aufmerksam beobachtete er jede Bewegung. Jonas blickte in seine Augen, und plötzlich überkam ihn das eigenartige Gefühl, ein uraltes, weises Wesen vor sich zu haben. Diese putzigen Knopfaugen schienen Dinge gesehen zu haben, die jenseits aller Vorstellungen lagen.

Jonas besann sich auf seine Fachartikel und schüttelte sich.

»Entschuldigung«, sagte er zu Buddy, »jetzt projiziere ich meine Unterlegenheitsgefühle sogar schon auf dich.«

Mit einem großen Schritt stieg er über den Wombat hinüber, der nach wie vor bewegungslos in der Mitte des Raumes saß und anscheinend beschlossen hatte, sich für den Rest des Tages nicht mehr zu bewegen. Jonas nahm den Napf, leerte den verbliebenen Inhalt der Futterschachtel hinein, dann stellte er ihn wieder auf den Fußboden.

»Guten Appetit«, sagte er und strich dem Tier freundlich über den Rücken. Es fühlte sich so struppig an, wie es aussah.

»Ich gehe jetzt wieder. Ich muss gleich noch jemanden in der Messe treffen.«

Jonas zuckte zusammen. Für einen Moment hatte es so ausgesehen, als hätte der Wombat energisch seinen Kopf geschüttelt.

Er ist nur ein Tier, rief er sich zur Ordnung. Wahrscheinlich hat es ihn gejuckt oder so.

Dennoch verließ er die Kabine mit einem unguten Gefühl.

*****

»Mein Khan.« Ehrerbietig verbeugte sich der junge, dünne Mann, so gut es ihm mit seinem Gehstock möglich war. Dabei rutschte ihm beinahe die Brille von der Nase, was er im letzten Moment verhindern konnte.

»Was gibt es, Raschad? Die Schiffe werden bald hier sein.« Der großgewachsene, breitschultrige Anführer, in dessen dichtem schwarzem Haar sich allmählich die ersten Silberstreifen zeigten, war gerade damit beschäftigt, seine Paradeuniform zu richten.

»Ich habe es gehört und möchte Euch zu dem großartigen Erfolg Eures Sohnes beglückwünschen.«

»Ja, ja.« Der Khan wedelte ungeduldig mit der Hand. »Komm zur Sache.«

»Können wir uns einen Augenblick setzen? Ich möchte Euch gern etwas zeigen.« Raschad glühte sichtbar vor Begeisterung.

»Meinetwegen.« Bakur schloss mit einiger Mühe den obersten Kragenknopf, der von seinem schwarzen Bart überragt wurde, und deutete auf den kleinen Besprechungstisch. Der junge Mann platzierte sein Sketchboard darauf. Ein kurzer Wisch ließ eine komplizierte Grafik in die Luft steigen.

Der Khan legte die Stirn in Falten und betrachtete das Gewirr aus verschiedenfarbigen Linien. Raschad schwieg respektvoll. Nervös fuhr er sich über sein glatt rasiertes Kinn. Er wusste aus schmerzhafter Erfahrung, dass der Anführer sich von voreiligen Erklärungen in seiner Intelligenz beleidigt fühlte und sich dann mit Ohrfeigen Ruhe zu verschaffen pflegte.

»Eine Wirtschaftsprognose?«, fragte der schließlich.

»Ganz recht, mein Khan. Wie ihr sicherlich gleich erkannt habt, geht es um die Abhängigkeit der Komanda von der Wirtschaftsleistung der Kolonie. Abgesehen von den Tributlieferungen ist sie ein wichtiger Handelspartner – genau genommen unser einziger –, sodass unsere wirtschaftlichen Schicksale miteinander verknüpft sind ...«

»Komm zur Sache, Raschad, und erzähl mir nichts, was ich schon weiß. Was willst du?«

»Eine engere Beziehung zur Kolonie. Wenn wir enger zusammenarbeiten würden, sozusagen auf Augenhöhe ...«

»Vergiss es. Diese Wilden haben uns Tribut zu zahlen und fertig. Ich wünsche keine Beziehung, die darüber hinausgeht.«

»Aber ...«

In den schwarzen Augen blitzte es bedrohlich. Raschad schluckte den Rest seiner Bemerkung eilig herunter.

»Ganz wie Ihr meint, mein Khan. Danke für Eure Zeit.«

Mit einer Handbewegung beendete er die Präsentation, nahm sein Sketchboard und den Gehstock an sich und schlurfte aus dem Raum.

*****

Als Jonas die Messe in Sektor 9 betrat, schienen schlagartig alle Gespräche zu verstummen. Er blickte in ein Meer von ablehnenden Gesichtern – oder bildete er sich das nur ein? Verdammt, er wusste nicht mehr, wie weit er seinen Wahrnehmungen noch trauen konnte. Seine Schuldgefühle spielten ihm einen Streich nach dem anderen. Hatte dahinten wirklich jemand so etwas gesagt wie: »Was will der denn hier?«

Jonas ließ seinen Blick durch den Raum schweifen. Etwa zwei Drittel der Tische waren besetzt, aber Stella war nicht hier. Er ging an den Tresen, zapfte einen Cappuccino am Kaffeeautomaten und setzte sich an einen der leeren Tische. Während er an seinem Becher nippte, spürte er, wie seine Spannung ein wenig nachließ. Es war früh am Morgen, 5:30 Uhr Bordzeit, die Menschen waren um diese Zeit einfach noch nicht so gesprächig. Und falls er richtig gehört haben sollte, konnte die Bemerkung auch einfach damit zu tun haben, dass er erst vorgestern hier zu Abend gegessen hatte. Normalerweise schaute er höchstens einmal in der Woche in jeder Messe vorbei.

Er holte sich einen weiteren Cappuccino und ein belegtes Brötchen. Die ganze Zeit über behielt er die Tür im Blick, doch Stella tauchte nicht auf. Vielleicht hatte sie Spätschicht oder dienstfrei.

Allmählich leerte sich der Saal, gleich war auf den meisten Stationen Dienstbeginn. Jonas beschloss, Stella in ihrer Kabine zu besuchen. Er stellte sein Geschirr weg, bestieg den Mover und fuhr zum Deck 8 hinunter, wo die Mannschaftsquartiere lagen.

Die Etage war in Lindgrün gehalten. Jonas bog in den B-Gang ab und ging an den verschlossenen Kabinentüren vorbei, bis er Nummer 42 erreichte.

»Raumkadettin Stella Obermayer« zeigte das Display an der Tür. Jonas klopfte, doch alles blieb ruhig. Anscheinend war Stella nicht da. Er beschloss, zu seiner Kabine zurückzukehren und weiter an der Rede für die Trauerfeier zu arbeiten. Es hatte wohl keinen Zweck, hier länger rumzustehen.

Als er sich zum Gehen wandte, kamen ihm drei Soldaten entgegen – einen davon erkannte er. Es war Maat Dave Lennox.

»Hey, Seelenklempner, läufst du der Kleinen jetzt schon bis in ihre Kabine nach?«, dröhnte er. Mit einer schnellen Bewegung packte er Jonas am Kragen und drückte ihn gegen die Wand.

»Hör mal, ich sage es dir nur einmal«, sagte er. Er kam mit seinem Kopf so dicht heran, dass sich ihre Stirnen fast berührten und Jonas nicht umhinkonnte, den unangenehmen Atem seines Angreifers zu riechen. »Lass deine Finger von Stella, oder es wird dir leidtun.«

Er hob seine Linke und wollte Jonas einen Fausthieb verpassen, doch der riss seinen Arm hoch und fing den Schlag ab. Lennox sah ihn überrascht an.

»Lass uns doch erst mal über die Sache reden«, sagte Jonas. »Das hier bringt doch nichts. Ich will gar nichts von Stella, ich wollte nur etwas mit ihr klären.«

Der Griff an seinem Kragen lockerte sich.

»Ich verstehe ja, dass du sie magst, und ich will dir da auch gar nicht in die Quere kommen«, fuhr Jonas fort, wobei er sich um eine beruhigende Stimmlage bemühte – etwa so, wie er mit einem wütenden Schäferhund gesprochen hätte. »Wirklich nicht.«

Lennox ließ ihn los und warf seinen Gefährten einen verunsicherten Blick zu. Einer machte eine auffordernde Bewegung mit dem Kopf.

»Nur für den Fall, dass du es vergessen solltest«, sagte der Maat und schlug ein weiteres Mal nach Jonas' Gesicht; diesmal mit rechts. Jonas fing den Schlag erneut ab und setzte zum Gegenangriff an. Im letzten Moment drehte Lennox den Kopf beiseite, sodass die Faust ihn nur leicht streifte.

»Ihr habt gesehen, dass er mich angegriffen hat!«, sagte er zu seinen Begleitern. Dann ging er auf Jonas los. Der packte die Hände seines Angreifers und hielt sie mit aller Kraft fest.

»Hört auf damit«, presste er zwischen seinen zusammengebissenen Zähnen hindurch. Lennox war stark. »Wir kommen beide vor die Innere, wenn wir uns hier prügeln.«

»Wir prügeln uns doch gar nicht«, lachte der Maat. »Ich bin gar nicht hier. Meine Freunde werden das bezeugen.« Er knallte seine Stirn gegen Jonas' Nasenbein, dann rammte er ihm das Knie in den Unterleib. Keuchend ging der spirituelle Begleiter der Peacemaker zu Boden, wo er sich wimmernd krümmte. Der Schmerz war unbeschreiblich.

»Wir sehen uns, Seelenklempner«, sagte Lennox und trat ihm zum Abschied in die Rippen. »Und vergiss nicht, hier stehen drei Aussagen gegen eine.«

Nachdem sie gegangen waren, ließ Jonas seinen Tränen freien Lauf. Er weinte vor Schmerz und Scham und Wut und Enttäuschung darüber, nach allem, was er für die Menschen hier an Bord getan hatte, nun so behandelt zu werden.

Glücklicherweise blieb es in dem Flur ruhig. Niemand kam vorbei, der ihn so hätte sehen können. Irgendwann rappelte sich Jonas auf und humpelte zum Mover, der ihn zurück zu seiner Kabine brachte. Dort legte er sich aufs Bett und schlief bald ein. Die wenigen Stunden Schlaf der vergangenen Nacht zeigten ihre Auswirkungen.

Wieder weckte ihn eine Stimme.

Jonas! Jonas!

»Ja, was ist?« Schlaftrunken versuchte Jonas herauszufinden, ob er noch träumte oder ob dies die Wirklichkeit war. Seine schmerzenden Rippen und das Pochen im Nasenbein gaben ihm eine unmissverständliche Antwort.

Bevor er sich dagegen wappnen konnte, fuhr die Stimme fort: *Ich möchte, dass du etwas für mich tust. Du musst dieses Schiff verlassen und eine Botschaft für mich ausrichten.*

Jonas fühlte sich, als hätte ihm jemand den Boden unter den Füßen weggezogen, und er würde, hilflos mit den Armen rudernd, ins Nichts stürzen. Das hier war sein Leben. Hier wurde er gebraucht. Es war ganz und gar undenkbar, von der Peacemaker zu gehen, um irgendwelchen Einflüsterungen zu folgen. Andererseits wusste er aber auch nicht, wie er dieser Stimme entkommen konnte. Vermutlich sollte er professionelle Hilfe in Anspruch nehmen, doch das würde mit Sicherheit den Abschied von seinem Dienst zur Folge haben.

»Wer bist du?«, fragte er ängstlich. »Warum lässt du mich nicht in Ruhe?«

Du weißt, wer ich bin.

Ach wirklich?, dachte Jonas. Wenn es so wäre, hätte ich ja wohl kaum diese Scheißangst, durchzudrehen. Ob die Stimme auch meine Gedanken lesen kann? Das kann sie bestimmt, schließlich kommt sie aus den Tiefen meiner Psyche. Vielleicht hilft sachliches Argumentieren.

Laut sagte er: »Aber ich kann dieses Schiff nicht verlassen. Jetzt nicht. Ich habe eine große Trauerfeier auszurichten!«

Womöglich bist du nicht so wichtig, wie du glaubst?

Jonas war überrascht und empört zugleich. Verzweifelt suchte er nach Worten der Entgegnung, doch ihm wollte einfach kein passendes Argument einfallen.

Stunden später schreckte er hoch, als er das leise »Pling!« seines Kommunikators hörte. Er wischte sich die Augen und las: *Mitteilung der Kapitänin: Trauerfeier für die gefallenen Kameraden morgen 11:00 Uhr in der Sportarena Sektor 7.*

Ungläubig starrte er das Display an. Diese Veranstaltung fiel in seinen Verantwortungsbereich. Er hatte zwar bereits mit den Vorbereitungen dafür begonnen, war aber noch längst nicht fertig. Wie konnte es sein, dass der Termin mit ihm nicht vorher abgesprochen worden war?

Er aktivierte den Kommunikator, ließ ihn eine Verbindung zur Brücke herstellen. Nach dem dritten Klingelton meldete sich eine jugendliche Stimme.

»Walters.«

»Hier ist Jonas Rothenfels. Ich möchte gerne mit Kapitänin Fairchild sprechen.«

»Die Kommandantin ist zurzeit beschäftigt. Ich bin ihr persönlicher Referent. Vielleicht kann ich Ihnen weiterhelfen?«

»Eben erhielt ich die Nachricht, dass morgen eine Trauerfeier für die gefallenen Kameraden stattfinden soll.«

»Um elf Uhr in der Arena. Das ist richtig.«

»Aber wieso bin ich als der zuständige spirituelle Begleiter darüber nicht informiert worden?«

»Weil die Kapitänin die Ansprache selbst halten wird.«

Jonas überlief ein Schauer. Wieder fühlte er sich, als würde ihm der Boden unter den Füßen weggezogen.

»Nun, das ist natürlich ihr gutes Recht, aber trotzdem hätte ich erwartet, dass sie sich vorher mit mir abstimmt.«

»Unsere Kommandantin hat nach dem Angriff der Piraten jede Menge zu tun. Unter uns gesagt, würde ich sie in dieser Angelegenheit nicht weiter behelligen.« Die Stimme des Referenten bekam einen drohenden Unterton.

»Aber – es kann sich dabei doch wohl nur um ein Versehen handeln!«, beharrte Jonas. »Bestimmt ist ihr in ihrem Stress einfach entfallen, dass ich für die Trauerfeier verantwortlich bin.«

»Da wäre ich mir nicht so sicher.«

»Wie bitte?«

»Ich sage es Ihnen nur ungern, und von mir haben Sie es nicht gehört, aber ihre Worte waren: ›Ehe ich mir das Gelaber von diesem Rotzfels antun muss, halte ich die Rede doch lieber selbst.‹«

»Danke für Ihre Offenheit«, zwang Jonas sich zu sagen, dann beendete er die Verbindung. Er brauchte dringend Urlaub.

Jonas, meldete sich die Stimme zu Wort.

»Nein, lass mich in Ruhe. Du bist nicht real!«

Ich möchte, dass du einen Auftrag für mich ausführst.

»Einen Auftrag? Was für einen Auftrag?«

Jetzt, wo du erkannt hast, dass Schuld Gewicht hat, fliege zum Planeten Kyros und verkünde Bakur Khan, dass er von seinem mörderischen Vorhaben ablassen soll. Es brächte großes Unheil über ihn und den Rest der Galaxis.

»Ich soll was? Bist du wahnsinnig? Hast du eine Vorstellung davon, was die Piraten mit mir anstellen werden, wenn sie mich in die Finger bekommen?«

Ich habe einem meiner Engel befohlen, dich zu beschützen.

»Engel gibt es nicht!« Jonas schrie es fast.

Die Stimme schwieg. Jonas dachte einen Augenblick nach, dann fasste er einen verzweifelten Entschluss. Das Hören von Stimmen war ein deutliches Zeichen von Erschöpfung. So konnte es nicht weitergehen. Er griff zum Kommunikator und stellte einen Antrag auf Heimaturlaub zum nächstmöglichen Zeitpunkt.

In den letzten drei Jahren hatte er auf Urlaub verzichtet, weil er wusste, dass er hier an Bord unersetzlich war. Die Raumflotte stellte keine Vertretungsdienste. Angeblich wegen Personalknappheit. Da hatte er die Soldaten, die ihm anvertraut waren, nicht einfach alleine lassen können. Doch nun ging es nicht anders. Er brauchte dringend Erholung. Die Mannschaft musste irgendwie ohne ihn auskommen. Es waren ja nur drei Wochen.

Der Kommunikator summte.

Antrag genehmigt. Abflug Versorgungsschiff morgen 14.00 Uhr.

Das war gut, so blieb ihm etwas Zeit zum Packen. Außerdem hatte er noch ein anderes wichtiges Problem zu lösen.

Jonas machte sich auf den mittlerweile vertrauten Weg zu Alisters Kabine. Er trat ein, und kaum dass er die Tür hinter sich geschlossen hatte, stürmte Buddy auf ihn zu. Zutraulich rieb der Wombat seinen Kopf an Jonas' Bein.

»Ja, ja, du bekommst dein Futter«, sagte er lachend. Die Zuneigung des kleinen pelzigen Tieres war eine Wohltat für seine Seele. Leicht fiel es ihm nicht, ihn hier zurückzulassen.

»Hör mal, Buddy«, sagte er, während er die Körner in den Napf füllte. »Ich muss auf eine Reise gehen. Leider weiß ich noch nicht, wen ich fragen könnte, aber ich werde bestimmt jemanden finden, der sich in der Zwischenzeit um dich kümmert.«

Buddy schüttelte leicht seinen Kopf und sprang mit einem Satz aufs Bett. Dort stützte er sich mit den Vorderbeinen auf die Reisetasche und sah Jonas aufmerksam an.

»Du hast genau verstanden, was ich gesagt habe«, stellte der verwundert fest. »Und du willst, dass ich dich mitnehme.«

Diesmal gab es keinen Zweifel. Buddy nickte eindeutig. Jonas griff nach der Tasche und öffnete sie. Überrascht stellte er fest, dass sie fast leer war. Lediglich etwas Wäsche befand sich darin, auf eine Art zerdrückt, die es wie ein Nest wirken ließ.

»Alister wollte dich mitnehmen, aber dann kam ihm dieser Unfall dazwischen ...«, sagte er nachdenklich.

Buddy drängte sich an ihm vorbei, kletterte in die Tasche, kuschelte sich in die Mulde und blinzelte zu Jonas hinauf.

»Na gut, ich nehme dich mit. Aber ein bisschen dauert es noch. Das Schiff fliegt erst morgen Mittag. Bis dahin muss ich mir etwas einfallen lassen, wie wir dich durch die Kontrollen bekommen.«

Diesmal hätte Jonas schwören können, dass Buddy mit einem Auge gezwinkert hatte.

Er brauchte wirklich dringend Urlaub.

*****

Der Khan überprüfte ein letztes Mal im Spiegel den Sitz seiner Uniform und trat dann hinaus auf den Balkon, von wo aus er den größten Teil Evinins überblicken konnte. Auf den Gassen summte es vor Aufregung. Die Menschen strömten zum Raumhafen, wo hinter der Absperrung des Rollfeldes bereits ein chaotisches Gedränge herrschte. Frauen, verhüllt mit schwarzen Kopftüchern, erfüllten die Luft mit lebhaftem Geschnatter. Kinder wuselten in der Menge herum. Einige wenige Alte standen gelassen am Rand und beobachteten das Treiben. Bakur Khan konnte vom Balkon seines Hauses alles gut verfolgen. Er lächelte.

Plötzlich erhob sich ein lautes, vielstimmiges Rufen. »Sie kommen, sie kommen!«

Bakur kniff die Augen zusammen und suchte den Himmel in östlicher Richtung ab. Doch er sah nur die blasse schmale Sichel von Cavab, dem kleineren der beiden Monde von Kyros. Sie wirkte leicht verzerrt.

Müde strich sich der Khan über das Gesicht.

Meine Augen lassen nach, dachte er düster. Gerade mal 52, und ich komme mir manchmal schon wie ein alter Mann vor.

Endlich erkannte er eine Handbreit links von Cavab einen leuchtenden Punkt, der sich allmählich vergrößerte. Dann tauchte daneben ein zweiter, etwas schwächerer auf, schließlich ein dritter. Zweifellos, das waren die Shuttles, die seine Männer vom Raumhafen auf Liman zurückbrachten.

Der erste Lichtpunkt hatte sich jetzt zu einer brennenden Fackel weiterentwickelt, die eine schwarze Rauchspur hinter sich herzog.

»Nicht so schnell, Jungs«, murmelte Bakur und raufte seinen schwarzen Bart. »Diese Hitzeschilde halten nicht alles aus.«

Nun hingen drei Fackeln am Himmel und zeichneten ein beeindruckendes Muster an das rötliche Firmament. Endlich setzten sie zu einer eleganten Kurve an. Die Flammen verlöschten, die Rauchfahnen wurden kleiner.

Bakur verließ seinen Balkon und eilte zum Flughafen. Die Menschen, an denen er vorüberging, grüßten ihn ehrerbietig, doch er beachtete sie nicht. Er betrat den VIP-Bereich, eine kleine hölzerne Tribüne am Rand des Rollfeldes.

»Salam, mein Khan!«

Ein grauhaariger, elegant gekleideter Mann stand auf und verbeugte sich.

»Salam, Alim!« Bakur legte dem Wesir freundschaftlich die Hand auf die Schulter. »Schön, dass du da bist.«

»Wie könnte ich diesen Moment verpassen? Ein doppelter Sieg gegen die Union; dieser Tag wird in die Geschichte eingehen!«

»Ja, Xator hat sich in seinem Kommando hervorragend bewährt. Er wird ein großartiger Nachfolger sein.« Bakur lächelte stolz.

»Wenn es an der Zeit ist, mein Khan. Wir wollen doch nichts überstürzen.«

Das Lächeln auf Bakurs Gesicht erlosch. »Ich war jünger als er, als ich Khan wurde.«

»Das ist richtig. Aber du hattest keine Wahl. Als dein Vater fiel, musste eine rasche Entscheidung getroffen werden, damit unsere heilige Komanda nicht auseinanderfällt.«

»Auch mir könnte etwas zustoßen!«

»Das sei ferne, mein Khan.« Der Wesir neigte sein Haupt.

»Ja, ja. Dennoch soll meine Nachfolge gut vorbereitet sein. Du weißt genau, wie lange es dauert, bis ein Anführer reif genug ist, um die Komanda zu führen. Er muss Erfahrungen sammeln und sich das Vertrauen der Männer erarbeiten, und dafür braucht er Erfolge.«

»Das ist klug gedacht, mein Khan. Du solltest nur darauf achten, dass dir dein Nachfolger das Amt nicht vor der Zeit streitig macht.«

Bakur fuhr auf. Seine Augen blitzten.

»Was willst du damit sagen? Xator ist mein Ziehsohn. Er würde sich niemals gegen mich erheben!«

Der Wesir verneigte sich. »Verzeiht mir, mein Gebieter. Ich wollte Euren Sohn ganz gewiss nicht beschuldigen. Es war nur die Besorgnis eines alten Mannes.«

»Genug jetzt.«

Der Khan wandte sich ab und beobachtete die herannahenden Shuttles, deren Triebwerke nun deutlich zu hören waren. »Ein Treffer auf die Peacemaker und ein erbeuteter schwerer Kreuzer. Das kann man wohl als Erfolg bezeichnen, denke ich.«

Alim Badawi neigte respektvoll sein graues Haupt und schwieg.

Der Lärm schwoll an und übertönte den Jubel der Menge. Die Shuttles setzten auf und kamen im Antigravfeld bald zum Stillstand.

Es waren plumpe Raumfahrzeuge, die aussahen wie übergroße Reisebusse mit Stummelflügeln. Aber sie erfüllten ihren Zweck, der darin bestand, Mannschaften schnell und zuverlässig zur Mondbasis und wieder zurückzubringen.

Nachdem das Bremsfeld sie freigegeben hatte, rollten die Shuttles an den Rand der Absperrung, wo sie im gleichmäßigen Abstand voneinander stehen blieben. Die Türen schwangen auf.

Begleitet vom Beifall der Menge, strömten die Kämpfer im Laufschritt heraus und stellten sich in perfekt ausgerichteten Reihen vor ihren Raumfähren auf. Xator erschien als Letzter. Als der junge breitschultrige Mann aus der Tür trat, stieß er in Siegerpose seine Faust gen Himmel. Prompt erreichte der Jubel eine ohrenbetäubende Lautstärke.

Dann griff der Khan zum Mikrofon.

»Die Komanda begrüßt ihre Helden!«, rief er, und seine Stimme hallte über den Platz. »Willkommen zu Hause. Ihr habt einen großartigen Sieg errungen.«

Der Rest seiner improvisierten Rede ging darin unter, dass das Rollfeld von den Zuschauern gestürmt wurde. Unter lauten Rufen umarmten Mütter ihre Söhne, Frauen ihre Männer und Kinder ihre Väter. Milde lächelnd sah der Khan zu, wie die militärische Ordnung seiner Krieger im Chaos versank. Dann machte auch er sich auf den Weg, schritt würdig auf die Shuttles zu und schloss seinen Ziehsohn in die Arme.

»Ich bin stolz auf dich«, sagte er und hielt ihn an beiden Schultern vor sich. »Dein erstes Kommando war ein voller Erfolg. Al Kahar hat dich reich gesegnet.«

»Wir müssen reden«, presste Xator heraus. Seine verkniffene Mine stand im Kontrast zum allgemeinen Jubel.

»Später.« Der Khan blickte prüfend zum Himmel. Die rote Sonne stand kurz davor, den Horizont zu berühren. »Erst einmal ist es Zeit für das Abendgebet. Führe deine Männer ins Gebetshaus.«

Eine halbe Stunde später saß Bakur Khan auf seinem Ehrenplatz im Gebetsraum.

Seine Krieger standen in Zwölferreihen vor ihm, perfekt ausgerichtet, die Anführer in den vorderen Reihen.

»Al Kahar ist groß!«, rief Bakur und hob die Hände empor. Ein vielstimmiger Chor antwortete ihm. »Al Kahar ist groß!«

In vollkommen synchronisierter Bewegung sanken alle Männer auf ihr rechtes Knie. Xator, als der ranghöchste anwesende Offizier, begann zu sprechen.

»Wir dienen Al Kahar, dem Allmächtigen, der zu uns gesprochen hat durch die heiligen Propheten. Wir bekennen Amir Abdul Salam als seinen letzten Gesandten. Der Segen Gottes sei über ihm. Wir dienen Bakur Khan, seinem Bevollmächtigten, und folgen willig seinen Befehlen. Der Segen Gottes bleibe auf ihm.«

Die Männer sanken auf beide Knie, ihre Stirn berührte den Boden.

»Preis sei Al Kahar, dem alles Bezwingenden. Niemand kann ihm widerstehen. Preis sei Amir Abdul Salam, seinem Propheten.«

Wie auf Kommando standen die Männer auf, die geballten Fäuste in Höhe ihrer Gürtel.

»Rache und Vernichtung den Vernichtern der heiligen Schriften!«

Die Beter rissen ihren rechten Arm hoch; in den Händen hielten sie imaginäre Säbel.

»Tod allen Ungläubigen und Zerstörung den Feinden des Glaubens!«, Xator brüllte es fast.

Der imaginäre Säbel kam in Bewegung und hieb einen unsichtbaren Kopf ab.

Es schloss sich eine Folge von Vorstößen und Paraden an, Fußtritte zum Kopf und zum Bauch unzähliger Gegner, trickreiche Wendungen und Sprünge, die die gut 120 Mann in exakter Choreografie aufführten, bis sie schließlich wieder in der Grundposition ankamen, in aufrechter Haltung, die Fäuste in Höhe der Gürtel geballt. Auf einigen Gesichtern zeigten sich Schweißperlen.

»Al Kahar ist groß!«, riefen sie ein letztes Mal, die rechte Faust in den Himmel gereckt. Die Gebetszeit war zu Ende.

Der Khan wartete schweigend, bis Alisha die mit Tee gefüllten Gläser vor ihnen auf den Tisch gestellt und den Raum lautlos wieder verlassen hatte.

Er blickte sich in der kleinen Runde um, die aus ihm, seinem Wesir Alim, Xator und den beiden Zerstörerkommandanten Hakan und Faris bestand.

»Wie man hört, hat Al Kahar euch einen großen Sieg geschenkt. Ihr sollt dafür belohnt werden. Doch zuerst erstattet Bericht. Xator?«

»Ich verlange keine Belohnung, sondern eine Bestrafung für Hakan«, platzte er heraus. »Er hat meine Befehle missachtet.«

»Er hat einen schweren Kreuzer erbeutet«, sagte Alim. »Er ist ein Held. Und du willst ihn bestrafen?«

»Er hatte klare Anweisungen, auf mein Eintreffen zu warten. Stattdessen hat er eigenmächtig gehandelt und damit seine Mannschaft gefährdet.«

»Hakan?« Die rabenschwarzen Augen des Khans fixierten den Kommandanten, der unbehaglich zu Boden starrte.

»Es stimmt, mein Khan. Bei der Einsatzbesprechung hat Xator angeordnet, dass alle Schiffe gemeinsam angreifen. Doch nach dem Hypersprung wurden wir getrennt. Seine Qorxu war weit weg und die Perseus direkt vor uns. Ich musste eine Entscheidung treffen.«

»Augenblick.« Der Khan hob die Hand. »Was soll das heißen, dass ihr nach dem Hypersprung getrennt wurdet?«

»Es war ein ungeregelter Sprung, mein Khan. Xator hat die Hypergatebindung aufgelöst, sodass wir nicht durch das korrespondierende Gate geflogen, sondern direkt im Weltraum rematerialisiert sind. Darum wurden wir auch getrennt. Die Qorxu hat eine viel größere Masse als die beiden Zerstörer.«

»Ich verstehe. Bitte lasst mich jetzt einen Moment mit Xator allein.«

Die Männer erhoben sich, legten ihre rechte Hand aufs Herz, verbeugten sich vor dem Khan und verließen den Raum.

»Du hast einen ungeregelten Sprung durchgeführt?«, zischte der Khan. »Ist dir klar, welches Risiko damit verbunden ist?«

»Wer nichts wagt, der kann auch nichts gewinnen. Das hast du mir beigebracht! Außerdem gibt es neue Gleichungen für den Hypersprung. Man kann ihn jetzt viel präziser berechnen als früher.«

»Das haben wir gesehen. Deswegen waren eure Schiffe auch nach dem Sprung verstreut. Du kannst von Glück sagen, dass du nicht in einer Sonne gelandet bist oder in einem Meteoritenfeld!«

»Du übertreibst. So ein Risiko besteht heute nicht mehr. Und außerdem – ohne den Sprung hätte der ganze Angriff nicht funktioniert. Es ging nicht nur um das Überraschungsmoment. Sondern die Raumwellen des Sprunges haben die Peacemaker für einen Moment komplett wehrlos gemacht. EMP ist nichts dagegen!«

Xators Augen leuchteten. »Bakur, wir haben einen Volltreffer auf die Peacemaker gelandet! Das Schiff, von dem es immer hieß, dass es unangreifbar sei! Überleg mal, was das heißt!«

»Mir ist klar, was das heißt. Sie werden Jagd auf uns machen. Sie werden nicht ruhen, bis sie Evinin gefunden haben, und uns vernichten. Die Energiespuren deines Sprunges werden ihnen den Weg weisen.«

»Nein. Vertrau mir. Die haben jetzt die Hosen voll.«

»Wir werden sehen. Nun weiter: Warum willst du einen verdienten Mann bestrafen?«

»Er hat sich meinem Befehl widersetzt. Und er ist ein unnötiges Risiko eingegangen, nur seines persönlichen Ruhmes wegen.«

»Er hat korrekt gehandelt. Auch die Perseus war vom Hypersprung geblendet. Hätte er auf dich gewartet, hätte er seine Chance vertan. Ich werde diesen Mann belohnen und nicht bestrafen.«

»Aber ...«

»Schweig jetzt. Das ist meine Entscheidung, und du wirst sie akzeptieren.«

2. AUF DER REISE

»Auch die weiteste Reise beginnt mit dem ersten Schritt.«
(Buch der Weisheit)

Der vierte Planet von Ran hatte bei seiner Entdeckung für Jubelstürme gesorgt. Von der Größe her entspricht er der Erde, zudem verfügt er über Wasservorkommen. Vor allem aber liegt er in der sogenannten habitablen Zone, was bedeutet, dass er seine Sonne in einem Abstand umkreist, der lebensfreundliche Temperaturen garantiert. Da das Ökosystem der Erde zu diesem Zeitpunkt schwer angeschlagen war, taufte man den neuen Planeten »New Hope« und sandte ein Siedlungsschiff nach ihm aus.

Das lag mittlerweile hundert Jahre zurück. Die anfängliche Aufbruchstimmung war inzwischen längst einer großen Ernüchterung gewichen. New Hope galt als der erste, aber leider fehlgeschlagene Versuch von Terraforming. Trotz aller Bemühungen war der Sauerstoffgehalt seiner Atmosphäre immer noch so niedrig, dass menschliches Leben nur in hermetisch verschlossenen Gebäuden möglich war. Die einzige Stadt »Fortuna«, benannt nach dem ersten Siedlungsschiff, bestand im Wesentlichen aus dem Raumhafen, einigen Hotels und den Häusern der hier ansässigen Arbeiter. Sie war ein typisches Relikt der Pionierzeit. Alles wirkte provisorisch und heruntergekommen.

Ein Shuttle brachte Jonas und die anderen Passagiere vom Versorgungsschiff »Liverpool«, deren Gäste sie in den letzten 12 Stunden gewesen waren, hinunter zur Planetenoberfläche. Jonas starrte durch das kleine Bullauge. New Hope wirkte bräunlich und tot, lediglich ein leuchtender Fleck zeigte die Anwesenheit von zivilisiertem Leben an – das musste Fortuna sein.

Das Shuttle landete auf einer grauen Betonpiste, die beachtliche Schlaglöcher aufwies, und rollte zum Terminal hinüber, wo eine flexible Schleuse eine luftdichte Verbindung herstellte.

Jonas löste seinen Sicherheitsgurt und blickte zu seinen Kameraden hinüber, die wie er in den Urlaub gingen.

»Wie geht es jetzt weiter?«, fragte er Ernesto Rodriguez, einen dunkelhäutigen IT-Techniker aus Sektor 7.

»Das bleibt dir überlassen. Unsere geliebte Raumflotte kommt nur für den Transport zur nächsten Basis auf, den Rest muss jeder selbst organisieren. Ich fliege in einer Stunde weiter nach Orion Beta 3. Zwei Wochen Paradies all inclusive. War gar nicht einfach, da einen Platz zu bekommen – ich musste drei Monate im Voraus buchen. Hast du denn keinen Anschlussflug?«

»Ich fürchte, nein. Meine Urlaubspläne waren eher ... spontan.«

»Verstehe.« Ernesto nickte. »Na dann viel Glück. Aber du hast ja einen guten Draht nach oben!«

»Da bin ich mir nicht so sicher«, murmelte Jonas, während er sich durch den Mittelgang schob und der Menge zur Gepäckausgabe folgte. Nach kurzer Zeit erschienen seine beiden Reisetaschen auf dem Förderband.

»Buddy, geht es dir gut?«, murmelte er, als er sie anhob. Er hörte ein leises Scharren und spürte eine Änderung der Gewichtsverteilung, als der Wombat sich in der Tasche bewegte.

»Halt durch, bald hast du's geschafft!«

Jonas wuchtete seine Taschen auf einen Elektrokarren und strebte dem Ausgang zu. Er wollte sich erst einmal ein Zimmer nehmen und die Lage peilen. Buddy brauchte bestimmt etwas Erholung, bevor sie zur Erde weiterflogen.

Jonas fühlte Sehnsucht in sich aufsteigen. Drei Jahre lang war er nicht mehr auf der Erde gewesen, kannte blauen Himmel nur noch vom Holodeck und hatte mit seinen Eltern ausschließlich durch Videobotschaften kommunizieren können, die Tage brauchten, bevor sie ihren Weg über die Hypergate-Relaisstationen zur Erde zurückgelegt hatten.

»Einen Augenblick bitte!« – die Stimme eines Zollbeamten schreckte Jonas aus seinen Gedanken.

»Stimmt etwas nicht?«

»Wenn Sie mir bitte folgen würden.« Der Beamte wies mit der offenen Hand auf ein kleines Büro. Augenblicklich bekam Jonas weiche Knie.

»Ja, selbstverständlich«, sagte er heiser.

»Ihre ID-Card bitte«, forderte der Zöllner, nachdem sie den kleinen Raum mit dem großen Tisch betreten hatten. Jonas gab sie ihm und sah zu, wie der Beamte sie in ein Lesegerät schob. Minutenlang starrte er schweigend auf den Bildschirm. Jonas begann zu schwitzen.

»Bitte stellen Sie Ihr Gepäck hier auf den Tisch, Herr Rothenfels.« Jonas tat, wie ihm geheißen. Der Beamte öffnete die erste Tasche, fuhr mit geübten Griffen durch die Wäsche, dann wandte er sich Buddys provisorischer Unterkunft zu. Jonas hielt den Atem an.

»Warum fliegen Sie mit zwei Gepäckstücken?«

»Das zweite gehört einem Freund, der leider verstorben ist. Er bat mich, es seiner Familie zu bringen.«

»Haben Sie es durchsucht?«

»Nein, das fand ich unpassend.«

Der Beamte nickte verständnisvoll. »Dennoch muss Ihnen klar sein, dass Sie für den Inhalt die volle Verantwortung tragen.«

»Natürlich.«

Der Zöllner machte sich am Reißverschluss zu schaffen.

Jonas glaubte, jeden Moment umzufallen. Seine Knie waren wie aus Gummi. Auf das Schmuggeln lebendiger Tiere standen hohe Strafen. Was hatte er sich nur dabei gedacht?

Die Tasche klappte auf, und Jonas sah, dass sie bis zum Rand mit Wäsche gefüllt war. Akkurat gefaltete Uniformteile, Hemden, Schuhe, Waschzeug. Der Zöllner warf einen kurzen Blick hinein, ließ die Hände kurz durch die Sachen gleiten und nickte dann.

»Alles in Ordnung. Danke für Ihre Kooperation.«

Jonas versuchte, sich seine Erleichterung nicht anmerken zu lassen, als er das Gepäck und die ID-Card zurückbekam. Zugleich war er verwirrt. Wie konnte das sein? Hatte Alister ihn mit seinem Wahn doch irgendwie angesteckt? Existierte Buddy, dessen Bewegungen in der Tasche er inzwischen wieder deutlich spüren konnte, nun wirklich, oder handelte es sich um eine Halluzination?

Er verließ den Raumhafen und checkte im angrenzenden Hotel ein. Ein trister Laden, dem ein frischer Anstrich gutgetan hätte. Das Zimmer war halb so groß wie seine Kabine auf der Peacemaker und kostete dennoch stolze zwölf Units pro Nacht.

Jonas legte die Reisetasche auf das Bett und öffnete sie. Buddy steckte seine Schnauze heraus.

»Wie hast du das vorhin bloß angestellt?«, fragte Jonas und strich dem Wombat behutsam über den pelzigen Kopf. »Ich hatte ganz schön Schiss, das kann ich dir sagen.«

In Gedanken ging er die Situation am Zoll noch einmal durch. Er konnte sich immer noch keinen Reim darauf machen.

»Woher kann ich wissen, ob du real bist?«, sagte er nachdenklich. »Vielleicht bilde ich dich mir genauso ein wie diese merkwürdige Gottesstimme.«

Plötzlich schnappte Buddy zu. Jonas heulte auf, als sich die scharfen Zähne in seine Hand bohrten. Der Wombat sprang aus der Tasche und verschwand unter dem Bett.

Erschüttert sah Jonas auf seine Hand, aus der feine Blutstropfen sickerten. Er ging in die Nasszelle und ließ Wasser über die Wunde laufen. Immerhin hatte er jetzt eine klare Antwort auf seine Frage.

Er kehrte in das Zimmer zurück, setzte sich an den kleinen Schreibtisch und fuhr mit seinem Finger über den altmodischen Touchscreen, der in die Tischplatte eingelassen war. Als könnte das Gerät seine Gedanken lesen, öffnete sich die Raumhafenseite und zeigte die abgehenden Flüge der nächsten Tage an.

Jonas scrollte durch die Seite und stöhnte auf. So wie es aussah, waren in den kommenden vierzehn Tagen alle Passagen zur Erde ausgebucht. Das durfte doch nicht wahr sein! Hatte sich denn die ganze Welt gegen ihn verschworen?

Er schloss die Augen, konzentrierte seine Willenskraft und bestellte beim Universum einen Flug zur Erde. Angeblich sollte das ja funktionieren.

Dann legte er sich aufs Bett und versuchte, sich zu entspannen.

Dabei musste er wohl eingeschlafen sein, denn er schreckte hoch, als die Stimme seinen Namen rief.

Jonas! Jonas!

Er vergrub seinen Kopf unter einem Kissen, aber es nützte nichts.

»Wer bist du?«, stöhnte er schließlich. »Warum kannst du mich nicht in Ruhe lassen?«

Ich bin der Gott, der das Universum erschaffen hat. Und ich möchte, dass du nach Kyros fliegst, um den Menschen dort meine Botschaft zu bringen.

»Hör auf, du bist nicht real!«

Ich bin real, Jonas, und du wirst noch erkennen, dass ich der Herr bin. Mach dich auf den Weg nach Kyros!

»Nein!« Jonas sprang auf und rannte zu dem kleinen Waschbecken im Nebenraum. Er drehte den Hahn auf, ließ kaltes Wasser in seine Hände laufen und klatschte es sich ins Gesicht. Die Bisswunde brannte.

Er fuhr sich ein, zwei Mal durch die Haare und beschloss, in die Hotelbar zu gehen. Jetzt brauchte er dringend menschliche Gesellschaft.

Ein lautes Durcheinander verschiedener Unterhaltungen schlug ihm entgegen, als er den Lift verließ. Die Luft war abgestanden. Jonas sah sich kurz um und stellte fest, dass alle Tische besetzt waren. So setzte er sich an den Tresen und bestellte ein Bier.

»Was haben Sie denn mit Ihrer Hand gemacht? Sie bluten ja!«, bemerkte der Barkeeper.

Jonas zuckte gleichmütig mit den Schultern. Immerhin freute es ihn, dass auch andere die Wunde sehen konnten. Nach den Ereignissen der letzten Tage wusste er nicht mehr, inwieweit er seinen Wahrnehmungen noch trauen konnte.

Der Kellner verschwand kurz hinter dem Regal mit den Flaschen und kehrte mit einer Spraydose zurück.

»Erlauben Sie?«, fragte er, dann besprühte er die Wunde. Augenblicklich stoppte die Blutung. Der leicht pochende Schmerz in der Hand ließ nach. Jonas erkannte das Präparat: BMF 25, ein Multifunktionsspray für kleinere Verletzungen. Wirkt schmerzlindernd, antibakteriell, versiegelt die Hautoberfläche und unterstützt den natürlichen Heilungsprozess. Auf der Krankenstation der Peacemaker wurde es regelmäßig verwendet.

»Danke schön!«, nuschelte er.

»Keine Ursache.« Der Barkeeper stellte ein großes Glas unter den Zapfhahn und ließ das Bier hineinströmen. »Wo kommen Sie her?«

»Von der Peacemaker«, sagte Jonas und registrierte befriedigt den respektvollen Blick des Bediensteten.

»Ich habe spontan Urlaub eingereicht, aber nun sitze ich hier fest, weil alle Schiffe ausgebucht sind.«

»Wohin wollen Sie denn?«

»Zur Erde.«

»Hmm, das ist schwierig. New Hope wird in letzter Zeit nicht mehr so häufig angeflogen. Unsere besten Zeiten sind wohl vorbei«, bemerkte er traurig. Er stellte das gefüllte Glas vor Jonas auf den Tresen. »Haben Sie es schon mit dem Ticketmarkt versucht?«

»Nein, was ist das?«

»Ein Portal, auf dem bereits gebuchte Flüge angeboten werden. Manchmal hat man Glück, dass ein Passagier seine Reise aus irgendeinem Grund nicht antreten will und sein Ticket zum Verkauf anbietet.«

»Danke für den Tipp!«

Wortlos schob der Barkeeper ihm ein Sketchboard über den Tresen und wandte sich anschließend den anderen Gästen zu. Jonas rief den Ticketmarkt auf.

Als Erstes begegnete ihm ein Angebot für einen Flug nach Kyros. Besten Dank, dachte er und ließ den Eintrag mit einem Wisch seines Fingers verschwinden. Dieser Ort war der letzte, zu dem er jetzt fliegen wollte.

Ansonsten war die Auswahl überschaubar – es gab zwei Tickets nach Plintan, eines nach Orion Beta 3 und sogar einen Flug zur Peacemaker in der nächsten Woche.

»Scheiße«, entfuhr es ihm, »will denn niemand mehr zur Erde fliegen?«

»Kommt darauf an«, brummte eine Stimme hinter ihm. Sie gehörte einem bärtigen Mann in einer verschlissenen Uniform, dessen Dialekt und leicht bläuliche Hautfarbe verrieten, dass er auf Sirius 4 aufgewachsen war. Wie alle Sirianer war er aufgrund der hohen Schwerkraft, die dort herrschte, klein und gedrungen und wirkte bärenstark.

»Kommt ganz darauf an, was du anlegen willst«, ergänzte er. »Ich bin Gantor, erster Offizier der Marad. Wir haben einen kleinen Forschungsauftrag im Nachbarsystem zu erledigen und wollen dann weiter zur Erde. Für 500 Units bist du dabei!«

Jonas schluckte. Der Preis war unverschämt hoch, mehr als das Dreifache dessen, was ein normaler Linienflug kostete.

»Das ist aber ganz schön teuer.«

»Jipp. Nimm es oder lass es. Wir starten in zwei Stunden.«

»Also schön. Wie es aussieht, habe ich keine große Auswahl. Wo steht das Shuttle?«

»Wir brauchen kein Shuttle. Die Marad ist planetenlandetauglich. Du findest uns am Gate 13.«

»In Ordnung.« Jonas steckte dem Fremden die Hand entgegen, doch dieser machte keine Anstalten, sie zu ergreifen.

»Wir sehen uns«, knurrte Gantor, drehte sich um und verließ die Bar.

Jonas bezahlte sein Bier und kehrte beschwingt ins Zimmer zurück.

Wer sagte es denn, das Universum hatte alles bestens für ihn geordnet. Es sollte alles so sein. Hätte Buddy ihn nicht gebissen, wäre er vermutlich nicht mit dem Barkeeper ins Gespräch gekommen, hätte nicht im Ticketmarkt geforscht und wäre Gantor nicht begegnet. Der Preis war zwar gepfeffert, aber was soll's. Angebot und Nachfrage. Das Spiel war so alt wie die Menschheit.

Er packte seine Sachen – das meiste lag ohnehin noch in der Reisetasche –, dann rief er seinen Begleiter. »Komm, Buddy, wir fliegen zur Erde!« Doch im Zimmer rührte sich nichts.

»Buddy, nun komm schon, ich bin dir auch nicht böse!«

Jonas kniete sich vor das Bett und spähte darunter. Die Futterschale war leer, der Wombat hockte im entferntesten Winkel.

»Buddy, bitte, wir müssen los. Ich kann dich doch nicht hierlassen!«

Mit deutlichem Widerwillen schob sich das pelzige Tier unter dem Bett hervor.

»Ja, Buddy, so ist es gut. Du bist ein braver Junge! Jetzt ab in deine Tasche!«

Buddy blieb unbeweglich vor ihm auf dem Boden stehen und sah ihn mit seinen klugen Knopfaugen an.

»Na los, du verstehst doch, was ich von dir will. Was hast du denn bloß?«

Endlich setzte Buddy sich in Bewegung. Missmutig kletterte er aufs Bett, setzte sich neben die Reisetasche und starrte Jonas vorwurfsvoll an.

»Ja, ja, ich weiß. Es tut mir ja auch leid. Wir haben einen langen Flug hinter uns, und nun sollst du schon wieder in diese doofe enge Tasche. Aber bitte beeile dich jetzt, du hast ja keine Ahnung, wie viel es mich gekostet hat, ein Schiff zur Erde zu bekommen!«

Mit einem Seufzer, wie es schien, tat Buddy Jonas endlich den Gefallen und stieg in die kleine Mulde aus Wäsche. Die Unlust und die Missbilligung, die er ausstrahlte, waren so intensiv, dass Jonas laut lachen musste.

»Du tust gerade so, als wollte ich dich zum Schlachter bringen«, prustete er. »Warte nur, bis du die Erde siehst, du wirst sie lieben!«

Jonas erreichte pünktlich das Gate.

Es hätte schlimmer kommen können, dachte er, als er die Marad sah. Sie war eindeutig in die Jahre gekommen, wirkte aber gut gepflegt. Die Metallhülle des tropfenförmigen Schiffes schimmerte leicht bläulich, als wäre sie aus Rhodanium. An der Unterseite waren Wartungsdroiden am Werk, die den kleine Kreuzer mit Tritium versorgten.

Ein älterer Mann mit ungepflegten langen grauen Haaren und einem zerfurchten Gesicht sah Jonas misstrauisch entgegen.

»Bist du unser Passagier?«, fragte er.

Jonas nickte.

»Hast du Stress mit den Behörden?«

Jonas sah ihn erstaunt an. »Nein, wieso?«

»Gantor erzählte mir, dass du auf der Flucht bist. Und ich weiß immer gern, worauf ich mich einlasse.«

»Ich bin nicht auf der Flucht. Keine Ahnung, wieso er das denkt. Mit den Behörden ist alles bestens«, beteuerte Jonas. »Ich komme von der Peacemaker und habe Heimaturlaub. Darum möchte ich möglichst schnell zur Erde, das ist alles.«

Der Alte sah ihn prüfend an. »Du halbe Portion kommst von der Peacemaker? Machst du da die Toiletten sauber, oder was?«

Der Zorn stieg Jonas in den Kopf. »Nein«, sagte er, ohne nachzudenken, »ich bin Waffenoffizier!«

Der Alte nickte anerkennend. »Wichtige Funktion. Ich bin Kapitän Ahab. Willkommen an Bord!«

»Alister McGregor«, sagte Jonas. »Ich freue mich auf den Flug!«

Nachdem Jonas seine Taschen in der winzigen Kabine verstaut und Buddy aus seinem Gefängnis befreit hatte, betrat er das Passagierdeck und sah sich verstohlen um. Acht der zwölf Sitze waren belegt.

Links von ihm, in der mittleren Reihe, fiel ihm sofort eine Frau auf, deren wild zerzauste Haare in allen Regenbogenfarben schillerten. Sie trug eine verschlissene schwarze Robe, in der einzelne Goldfäden glänzten, und hielt einen Stapel Karten in der Hand, die sie murmelnd auf dem leeren Sitz neben sich auslegte. Hinter ihr saßen zwei adrett gekleidete junge Frauen, die anscheinend Zwillingsschwestern waren.

Daneben, auf der anderen Seite, ein vierschrötiger Typ am Gang, der Jonas wie ein Kopfgeldjäger vorkam – der schüchterne junge Mann neben ihm am Fenster war dann wohl sein Gefangener. Ein junges Ehepaar in der Reihe davor – die Frau trug ein schwarzes Kopftuch, der Mann hatte schwarze Haare und einen mächtigen schwarzen Schnurrbart. So stellte Jonas sich die Piraten vor.

Er beschloss, gleich in der ersten Reihe zu bleiben, und wählte den Platz am Fenster.

Höflich nickte er dem Mann auf der anderen Seite des Ganges zu, einem übergewichtigen Glatzkopf, der einen teuren Anzug trug, doch der wandte sich grußlos von ihm ab. Schon klar. Wer an Bord solch eines Schiffes reiste, schätzte Diskretion.

Jonas klinkte das altmodische Gurtzeug ein und wartete auf den Start. Ein sanftes Zittern ging durch das Schiff, als die Arbeitsdroiden begannen, es aus dem Hangar zu schleppen. Langsam fuhr das gewaltige Tor vor ihnen beiseite und gab den Blick auf den verhangenen Himmel über New Hope frei, der in einem unwirklichen Rosaton leuchtete. Ran selbst war nur als schwache Scheibe am Himmel auszumachen.

Nachdem die Droiden das Schiff an den Abflugpunkt gebracht hatten, liefen die Hydraulikpumpen an und hoben die Marad in die senkrechte Startposition. Nun lag Jonas mehr auf dem Rücken, als dass er saß. Plötzlich heulten die Triebwerke auf. Jonas fand es spannend; dies war sein erster Start mit einem planetenstarttauglichen Raumschiff, und das fühlte sich viel urtümlicher an, als mit den kleinen Shuttles abzuheben, die normalerweise für diesen Zweck verwendet wurden.

Ein Zittern ging durch das Schiff. Jonas wurde in seinen Sitz gepresst. Erst nur leicht, aber der Druck verstärkte sich schnell. Ihm wurde schwarz vor Augen, er bekam keine Luft mehr und fühlte sich, als würde ein Sumoringer auf seinem Schoß sitzen. Ein Keuchen neben ihm verriet, dass der Glatzkopf mit ähnlichen Problemen zu kämpfen hatte. Irgendwie fand Jonas den Gedanken tröstlich.

Allmählich wich der Druck wieder. Das Schiff hatte die nötige Geschwindigkeit erreicht. Der Sessel schwenkte in die Waagerechte zurück, und Jonas beugte sich zu dem kleinen Bullauge vor. New Hope lag jetzt unter ihnen und wurde schnell kleiner. Er atmete tief durch. So weit hatte alles ganz gut funktioniert. Wie es schien, meinte das Universum es gut mit ihm. Jonas schnallte sich los und machte sich auf den Weg zu seiner Kabine. Er war hundemüde und wollte nur noch schlafen.

Jonas schreckte hoch, als es an seiner Kabinentür klopfte. Gantor, der erste Offizier, streckte seinen Kopf hindurch. Er wirkte viel freundlicher als bei ihrer ersten Begegnung.

»Hey, Alister«, sagte er, »die Crew veranstaltet einen kleinen Umtrunk und würde sich freuen, wenn Sie dazukämen!«

Es dauerte einen Moment, bevor Jonas begriff, dass er gemeint war. Richtig, er reiste ja nun unter einem Pseudonym.

»Ist gut, ich komme«, krächzte er. »Meine Kehle ist wie ausgedörrt.«

Gantor lachte. »Dem werden wir bald abgeholfen haben!«

Als sie die kleine Messe betraten, wurde Jonas mit großem Hallo begrüßt. Er stellte fest, dass er der einzige Passagier war, der an dieser Runde teilnahm, und das machte ihn ein wenig stolz.

»Komm, Alister, trink mit uns!«, schallte es ihm entgegen. »Wir haben nicht oft das Glück, einen Offizier der Peacemaker bei uns begrüßen zu dürfen!«

Man reichte ihm ein Glas mit einer bernsteinfarbenen Flüssigkeit, an der er vorsichtig schnüffelte. Ein stechender Alkoholgeruch biss ihm in die Nase.

»Komm schon, runter damit«, gröhlte ein junger Mann, der mit seinen blauen Augen und blonden Haaren wie eine germanische Gottheit wirkte. »Das ist *Mezza*, unser Spezialgetränk. Akina hat es selbst gebraut.« Er wies mit einer unsicheren Handbewegung auf eine ebenso junge Frau, die einen weißen Laborkittel trug.

»Was ist da drin?«, fragte Jonas misstrauisch, aber die Angesprochene lachte nur.

»Betriebsgeheimnis. Probier's einfach!«

Jonas trank einen Schluck. Der Alkohol brannte in der Kehle und hinterließ eine angenehme Wärme. Er konnte ungewohnte, exotische Aromen ausmachen, es schmeckte nach Dschungel und etwas Metall. Gewöhnungsbedürftig, aber nicht schlecht.

Dann probierte er noch einmal und hatte plötzlich das Gefühl, dass sich die Aromen um ein Vielfaches verstärkt hatten; auch die Farbe des Getränkes wirkte nun intensiver, geradezu unnatürlich leuchtend. Er schnupperte daran. Die Gerüche schienen sich zu überschlagen. Mit einem großen Zug trank er das Glas leer. Das hier war definitiv das Köstlichste, was er je getrunken hatte. Die anderen lachten.

»Ja, das ist *Mezza*. Er wird mit jedem Schluck besser!«

Jonas ahnte, dass in diesem Gebräu nicht nur reichlich Alkohol, sondern bestimmt auch diverse synthetische Drogen steckten, aber heute Abend war es ihm egal. Er genoss es, anerkannt und beliebt zu sein, und als das Gespräch auf die Peacemaker kam, erzählte er nur allzu gern, was er wusste.

Er gab Anekdoten und Geschichten zum Besten, die ihn selbst verwunderten. Es waren abenteuerliche Mischungen aus selbst Erlebtem, aus Dingen, die er an Bord aufgeschnappt hatte, und Fantasien, die aus den Spielen seiner Kindheit stammten. Er fabulierte von geheimnisvollen fernen Planeten und gefährlichen Piratenangriffen, machte Andeutungen über geheime Weiterentwicklungen der Rhodanium-Laser, berichtete von wilden Raumschlachten und lustigen Begebenheiten im Maschinenraum. Und er war der Held aller seiner Geschichten. Er war Alister McGregor, Waffenoffizier an Bord der Peacemaker. Er hatte das Schiff mindestens fünf Mal vor dem Untergang bewahrt und allen Feinden das Fürchten gelehrt.

Er erzählte ohne einen Anflug von Zweifel daran, dass er diese Dinge tatsächlich genau so erlebt hatte. Sie fühlten sich so wahr an, wie etwas nur sein konnte.

Es war ein langer Abend, den Jonas genoss wie kaum einen anderen zuvor. Es war, als wären seine tiefsten Sehnsüchte endlich gestillt worden. So wie er es seinen staunenden Zuhörern aufgetischt hatte, so hätte sein Leben eigentlich verlaufen sollen.

Als er schließlich in seine Kabine wankte, fühlte er sich großartig. Die kleinen Ungeschicklichkeiten, die ihm dabei widerfuhren, störten ihn nicht weiter. Er schaffte es gerade noch, einen seiner Stiefel auszuziehen, dann fiel er ins Bett und versank in einen tiefen Schlaf.

Hätte er gewusst, wie er erwachen würde, hätte er die Stiefel anbehalten.

*****

Die Küchenfrauen von Evinin hatten wahre Wunder vollbracht. Liebevoll angerichtete Speisen drängten sich auf dem Büffettisch, der für die zurückgekehrten Helden vorbereitet worden war.

Musiker erfüllten den Raum mit dezenten Klängen. Bakur Khan und sein Wesir Alim saßen in der Mitte der langen, U-förmigen Tafel, rechts von ihnen Xator, zur Linken die Zerstörer-Kommandanten Hakan und Faris, denen damit eine besondere Auszeichnung zuteilwurde. Immer wieder wurden Lobreden angestimmt, auf ihr Wohl getrunken, Applaus gespendet.

Xator, der Hakan anfangs noch mit feindseligen Blicken bedacht hatte, war mittlerweile dazu übergegangen, ihn zu ignorieren. Stattdessen sonnte er sich in der Begeisterung der Anwesenden. Er hatte beschlossen, heute Abend seinen Triumph auszukosten und ihn sich nicht durch Zorn verderben zu lassen. Es würde andere Tage geben, an denen er Rache nehmen konnte, so viel war sicher, und die unruhigen Blicke, die der Kommandant der Amir ihm hin und wieder zuwarf, zeugten von dessen Wissen darum, dass Xator den strittigen Vorfall keinesfalls einfach vergessen würde.

Eine Gruppe Tänzerinnen trippelte in den Raum. Die Musiker reagierten auf sie, indem sie ein neues Stück begannen. Sie spielten nun eine stark rhythmische, von orientalischen Melodiefiguren durchzogene Weise; ein gelungener Mix aus zeitgenössischem und traditionellem Stil. Die Tänzerinnen wirbelten über das Parkett und fanden sich dabei immer wieder auf einer imaginären Linie wieder, die direkt auf den Khan und seine Ehrengäste zulief. Die Mischung aus Anmut, Akrobatik und Erotik in ihrem Tanz war elektrisierend. Schlagartig verstummten alle Gespräche, auch das anzügliche Johlen, das ihren Aufmarsch begleitet hatte.

Je näher die Gruppe dem Ehrentisch kam, desto gewagter wurden ihre Sprünge und Figuren; bis sie schließlich in einer menschlichen Pyramide den Tanz beendeten – die Tänzerin, die auf der Spitze stand, zauberte ein Tuch hervor, das das Wappen der Komanda zeigte, und wedelte damit. Frenetischer Applaus ertönte. Mit einem eleganten Salto rückwärts verließ die junge Frau ihre erhöhte Position und lief mit der wehenden Fahne an den Tischen entlang. Plötzlich hielten alle Tänzerinnen die gleichen Fahnen in ihren Händen und folgten ihrer Kollegin.

Xator sprang auf und hob sein Glas in die Höhe. »Ein Hoch auf diese wunderbare Darbietung«, brüllte er. Vielstimmige Hochrufe antworteten ihm. Selbst der Khan, der ihn dabei stirnrunzelnd ansah, erhob sein Glas.

»Danke für dieses wunderbare Fest!«, sagte Xator zu ihm, um seinen protokollarischen Fehler zu überspielen. Bakur nickte milde.

»Das habt ihr euch verdient«, sagte er und stieß mit seinem Ziehsohn an.

Die Gespräche schwollen wieder an. Die Musiker begannen ein populäres Stück zu spielen, und etliche erhoben sich, um zu tanzen.

Xator stellte sein Glas ab und bahnte sich einen Weg durch die Menge. Im Vorbeigehen riefen ihm seine Männer anzügliche Bemerkungen zu. Sie übertrafen sich gegenseitig mit Anspielungen bezüglich Xator und den Tänzerinnen. Er tat, als überhörte er die Sprüche, zumal sie nicht ganz aus der Luft gegriffen waren, und trat hinaus, unter den strahlenden Sternenhimmel von Kyros. Die beiden Monde, Cavab und Liman, waren als schmale Sicheln zu sehen.

Xator atmete tief ein und blickte intensiv forschend gen Himmel, so als könnte er mit bloßen Augen das Treiben auf dem Raumhafen von Liman überwachen, doch dieser war nicht einmal ansatzweise sichtbar.

»Gratuliere zu deinem Sieg!« Träge wandte Xator sich der Stimme zu, die ihm von Kindesbeinen an vertraut war.

»Hallo, Raschad, mein Bruder, ich danke dir!«

Der schmale junge Mann im exklusiven Anzug war mehr als einen Kopf kleiner als er. »Es hat alles funktioniert, oder?«, fragte er aufgeregt.

»Ja, deine Gleichungen waren perfekt. Unser ungeregelter Hypersprung hat die Peacemaker total überrascht, und die Raumwellen des Sprunges haben sie außer Gefecht gesetzt, genau wie du es vorhergesagt hast.«

Raschad strahlte. »Du glaubst nicht, wie gerne ich dabei gewesen wäre!«

»Vielleicht ein anderes Mal. Hier auf Kyros bist du viel wertvoller für uns.«

»Das sagst du. Der Khan ist leider nicht so überzeugt von mir. Ich habe ihm gerade eine umfangreiche Wirtschaftsanalyse präsentiert, aber er wollte nichts davon wissen.«

»So, worum geht es denn?«

»Um die Kolonie. Wir könnten viel mehr erreichen, wenn wir enger mit ihnen zusammenarbeiten würden.«

»Mit diesen Heiden?«

»Für ihren Unglauben können sie nichts. Und außerdem spielt er für Wirtschaftsbeziehungen keine Rolle. Ich sage dir, wir vergeuden ein gewaltiges Potenzial!«

»Nun, wenn der Khan die Sache abgelehnt hat, lohnt es sich wohl kaum, weiter darüber zu diskutieren, nicht wahr?«

»Schon, aber ...«

Xator knuffte ihn gegen die Schulter. »Hör schon auf. Wir sind heute Abend hier, um uns zu amüsieren, nicht um zu arbeiten. Hast du vielleicht gesehen, wohin die Tänzerinnen entschwunden sind?«

Raschad blickte betrübt auf seinen Handstock und warf Xator dann einen neidvollen Blick zu.

»Ja, habe ich. Du hast es vielleicht gut, Mann!«

*****

Kabuto Kobayashi schloss die Augen und genoss die wärmenden Strahlen der orangeroten Morgensonne von Kyros. Heute war ein wunderbarer Tag, der Himmel wolkenlos und leuchtend im strahlenden Blauviolett. Die Bienen aus den drei Stöcken neben dem Haus summten um die Wette und waren emsig damit beschäftigt, Pollen einzusammeln.

Kabuto hielt die Augen weiterhin geschlossen, ließ seinen Atem fließen und konzentrierte sich ganz auf die Geräusche, die er wahrnehmen konnte – das Plätschern des kleinen Baches, das zufriedene Gurren und Glucksen seiner Hühner, das melodische Klappern eines Windspiels, welches sich in der sanften Brise gelegentlich bewegte. Gerüche von Heilkräutern lagen in der Luft.

Bedächtig ging er ein paar Schritte, tastete mit seinen nackten Füßen nach dem Steinweg, der ihn in die Mitte des Gartens führte. Er zählte sieben flache Felsen, dann öffnete er die Augen. Vor ihm lag ein Meer aus kleinen grauen Kieseln, sorgfältig zu konzentrischen Kreisen geharkt. Sie umgaben ein steinernes Mal, das sein Vater einst dort aufgestellt hatte. Es war ein Ort der Kraft, der kosmischen Energie, die hier spürbar verstärkt wurde.

Kabuto verbeugte sich respektvoll vor der Macht des Universums und hielt einen Moment inne, um seinen Geist zu leeren, sich empfänglich zu machen für die Schwingungen, die diesen Ort durchfluteten. Dann umrundete er das Meer und erreichte die Beete mit den Heilkräutern. Vor dem Amachazuru-Busch hielt er inne. Er zog eine kleine silberne Sichel aus seinem Kimono, trennte damit einige Ranken des fünfblättrigen Blattgewächses ab und flocht sie zu einem lockeren Kranz.

Unsterblichkeitskraut. Sein Vater hatte diese Pflanze geliebt. Ihr Sud verfügte über eine beachtliche Heilwirkung.

Mit feierlichem Schritt, so als leite er eine unsichtbare Prozession an, wandte Kabuto sich dem Bach zu. Er überquerte die Holzbrücke, die sich in einem ruhigen Bogen über das plätschernde

Wasser spannte, und gelangte schließlich an den Schrein – einen roten Miniaturtempel mit geschwungenem schwarzem Dach, der ein wenig abseits in einer stillen Ecke, fast schon am Rand des Gartens lag. Hoher Bambus schirmte den Ort vor neugierigen Blicken ab. Hier ließ Kabuto sich auf ein Knie sinken und legte den Kranz behutsam ab.

»Otôsan«, murmelte er. Er rutschte in den Fersensitz, neigte seinen Kopf und hielt inne, bis er die Gegenwart seines Vaters in sich zu spüren glaubte. Heute war dessen vierzigster Todestag.

Er selbst hatte mit seinen sechzehn Jahren gerade an der Schwelle zum Erwachsenwerden gestanden, als er Abschied nehmen musste. Nach dem Brauch der Kolonie war er daraufhin dessen Nachfolger als Heiler und Schamane geworden und trug seitdem eine Verantwortung, die ihn manches Mal fast erdrückte. An diesem Ort fand er Erneuerung und Orientierung.

Mühsam beschwor er fast verblasste Bilder seiner Kindheit herauf. Nun war er wieder ein schmächtiger Zehnjähriger, der an der Hand seines Otôsan seinen ersten Krankenbesuch machte, fühlte erneut den Stolz, den er damals empfunden hatte, sah das dankbare Lächeln des Patienten vor sich und hörte ihn sagen: »Akaya Kobayashi, ich danke dir vielmals. Meine Schmerzen sind schon fast verschwunden.«

»Otôsan, gib mir deine Kraft und Weisheit«, murmelte er.

»Ach, hier bist du! Mit wem redest du da?« Die Stimme einer jungen Frau durchschnitt die Stille.

Unwillig fuhr Kabuto hoch. Sein innerer Friede war in Sekundenbruchteilen verdampft.

»Du hast hier nichts zu suchen!«, zischte er. »Ab ins Haus! Ich habe dir gesagt, du sollst den Heiltee für Kalea zubereiten!«

Ungerührt schob sich das Mädchen näher heran und spähte Kabuto über die Schulter.

»Ah, Gynostemma pentaphyllum«, sagte sie. »Hast du Altersbeschwerden?«

Kabuto schwieg. Er schloss die Augen, konzentrierte sich auf seinen Atem und stellte sich vor, wie jedes Ausatmen einen Teil seiner Wut aus ihm herausbeförderte.

»Na gut, ich geh dann mal Tee kochen«, sagte die Stimme wenige Atemzüge später. Leichtfüßige Schritte entfernten sich.

Rilana. Seit Kurzem seine Schülerin. Ein überaus intelligentes Mädchen, aber anstrengender als eine Horde Affen. Gerade mal zwanzig Jahre alt, wähnte sie sich im Besitz aller Weisheiten des Universums. Er hatte sie nicht gewollt, wollte überhaupt keine Schüler, doch der Rat hatte es so beschlossen.

Seufzend erhob Kabuto sich und folgte ihr zurück zum Haus.

Als er in die Küche trat, brannte bereits das Feuer im Herd, der Wasserkessel stand bereit, und Rilana hockte auf dem Stuhl daneben. Sie hielt ein dickes Buch in ihren Händen, das sie aufmerksam studierte.

»Wusstest du, dass man Menschen aufschneiden und wieder zunähen kann?«, fragte sie eifrig. »Hier steht, dass viele Krankheiten nur auf diese Weise geheilt werden können ...«

Er trat zu ihr und nahm ihr das Buch aus der Hand.

»Das ist nicht unsere Form der Medizin«, sagte er bestimmt. »Ich will nicht, dass du dir dein Wissen aus Büchern aneignest. Der Sensei entscheidet, wann und was sein Schüler lernt.«

»Aber warum?« Ihre klugen schwarzen Augen funkelten. »Es hat doch sicher seinen Grund, dass dein Vater diese ganzen Bücher hierher mitgebracht hat?«

»Sprich nicht von ihm!«, herrschte Kabuto sie an.

Selbst erschrocken über seine Heftigkeit, fügte er hinzu: «Vertrau mir, ich werde dich alles lehren, was ich weiß. Aber alles zu seiner Zeit!«

Mit mürrisch verkniffenem Mund klappte Rilana den Wälzer zu. Es war ihr anzusehen, dass sie mit sich kämpfen musste, um nichts zu erwidern.

Kabuto sah sie mit gemischten Gefühlen an. Sie war eine hübsche junge Frau, die Tochter eines kenianischen Vaters und einer deutschen Mutter, die leider viel zu früh gestorben war. Hellbraune

Haut, eine zierliche Nase, die Zähne strahlend weiß und die schwarzen Haare ebenso widerborstig wie ihr ganzer Charakter. Vor allem aber war sie wirklich intelligent. Sie lernte in einer atemberaubenden Geschwindigkeit, und Kabuto war sich durchaus nicht sicher, ob er ihr gerecht werden konnte.

Seine eigene Ausbildung war durch den frühen Tod seines Vaters sehr unvollständig geblieben; vieles hatte er sich durch Erfahrung und manches durch reine Fantasie angeeignet. Einiges war wohl auch Begabung – er konnte bei der Untersuchung meist intuitiv spüren, was den Patienten plagte. Er bezweifelte, dass man diese Fähigkeit jemand anderem beibringen konnte.

»Hast du den Sud für Kalea fertig?«

»Wie denn, wenn der Herd so lange braucht?«, gab sie pampig zurück.

Er zwang sich zur Ruhe, strich mehrfach nervös über seinen kurzen schwarzen Ziegenbart. »Ich habe dir die Mischung bereitgestellt. Sag Bescheid, wenn du so weit bist.«

»Welche Kräuter sind da drin?«

Er seufzte. »Das erfährst du, wenn es an der Zeit ist«, sagte er. »Jetzt konzentrierst du dich erst mal auf den richtigen Temperaturverlauf.«

Bevor sie etwas erwidern konnte, verließ er die Küche.

*****

Die alte Berghütte lag gut versteckt zwischen zwei gewaltigen Felsen. Xator stellte sein Geländefahrzeug neben ihr ab, sprang hinaus und machte sich an der Tür zu schaffen, bis sie ihm endlich knarrend Eintritt gewährte.

Ein einfacher Raum lag vor ihm; ein Tisch, zwei Bänke, eine Feuerstelle. Nebenan ein Schlafraum, auf der anderen Seite ein Lagerraum. Xator verzog angewidert das Gesicht, als ihm der muffige Geruch in die Nase stieg. Diese Hütte stammte noch aus jener längst vergangenen Zeit, als der Weg über den Gebirgszug für Fahrzeuge unpassierbar gewesen war und man die Waren aus der Tributzahlung mühsam mit Transportkörben hinübergeschafft hatte. Danach war sie in Vergessenheit geraten – bis Xator sie wiederentdeckt und für seine Zwecke umgestaltet hatte.

Zielstrebig ging er ins Lager, rückte ein leeres Regal beiseite und betätigte einen verborgenen Mechanismus hinter einem der Wandbretter. Daraufhin verschob sich ein Teil der Vertäfelung und gab den Blick auf eine Funkanlage frei. Xator schaltete sie ein, wartete, bis die Antenne ausgefahren war, dann aktivierte er das Feld für eine verschlüsselte Verbindung.

Ein Geräusch ließ ihn zusammenzucken. Hatte sich außerhalb der Hütte etwas bewegt? Die Hand am Dolch, lauschte Xator minutenlang, bevor er sich wieder dem Funkgerät zuwandte.

Ein leuchtendes Display forderte einen Fingerabdruck an. Xator legte den rechten Zeigefinger darauf, die Anlage gab einen kurzen Bestätigungston von sich, schließlich ertönte eine Stimme.

»Raumbasis Liman, hier ist Elchin.«

»Xator hier. Gibt es etwas Neues?«

»Ja, wir haben endlich den Zugang zur Waffenkammer freilegen können. Eure Treffer haben den Kreuzer ganz schön zugerichtet. Anscheinend waren alle seine Schilde außer Betrieb, was ungewöhnlich ist ...«

»Erzähl mir etwas, das ich nicht schon weiß«, knurrte Xator. »Sind Waffen erhalten geblieben, oder ist alles zerstört?«

»Nein, so wie es aussieht, ist das Meiste intakt. Da hattet ihr Glück. Die Perseus verfügt über sechs Antimaterie-Torpedos. Wenn die hochgegangen wären, hätten sie eure Schiffe mitgerissen.«

»Könnt ihr die Waffen bergen?«

»Jipp, unsere Männer sind gerade dabei. Es dauert schon noch seine Zeit, weil sie seeehr vorsichtig sein müssen, kann man ja auch verstehen ...«

»Das ist gut«, unterbrach ihn Xator. »Bis auf Weiteres bleibt die Sache unter uns. Hast du verstanden? Keine Meldung an den Khan. Ich möchte ihm die Nachricht selbst überbringen.«

»Aye, aye. Das geht klar. Von mir erfährt niemand etwas.«

»Xator Ende.«

Er fuhr die Anlage wieder herunter und ließ die Holzvertäfelung an die alte Stelle zurückgleiten. Dann schob er das Regal an seinen vorherigen Platz zurück und warf einen prüfenden Blick auf den Raum. Mit einem befriedigten Kopfnicken verließ er die Hütte und stieg in sein Geländefahrzeug. Mit heulendem Motor ließ er das schwere Gerät den Weg, den er gekommen war, wieder hinabklettern.

*****

Das Holzhaus war windschief und fast schwarz. Einige seiner Fassadenbretter wirkten an ihrer Unterkante wie ausgefranst. Es schien nur noch eine Frage der Zeit und eines passenden Windstoßes zu sein, bis die ganze Hütte in sich zusammenfiel.

Kabuto und Rilana betraten die hölzerne Vortreppe, die bedenklich knarrte. Ein Brett darin war zerbrochen.

»Du hältst den Mund, schaust zu und lernst«, schärfte Kabuto seiner Schülerin mit ernster Miene ein, »ist das klar?« Rilana verdrehte die Augen und nickte trotzig.

Der Heiler pochte an die Tür und öffnete sie.

»Hallo, Denco!«, rief er in die Dunkelheit. »Ich bin's, Kabuto!«

Ein heiseres Murmeln antwortete ihm. Sie traten ein. Im Haus roch es nach Urin und erloschenem Holzfeuer. Es war kalt.

Rilana verzog die Nase und wollte etwas sagen, doch ein strenger Blick ihres Lehrers hinderte sie daran. Sie folgte ihm über einen dunklen Flur. Als Kabuto die Tür öffnete, waberte ihnen eine Wolke aus Schweißgeruch, Urin und Fäulnis entgegen. Rilana musste ein Würgen unterdrücken.

»Hallo, Denco, wie geht es dir?«

Der alte Mann lag auf einem einfachen Bett und hatte sich mit einer Wolldecke zugedeckt.

»Mein Bein quält mich«, klagte er mit heiserer Greisenstimme. »Es schmerzt bei jedem Schritt.«

»Lass mich mal schauen.« Der Heiler schob die Wolldecke beiseite. Ein bandagierter Unterschenkel kam zum Vorschein. Als Kabuto den Verband vorsichtig entfernte, wurde eine Wunde sichtbar, die größer war als Rilanas Hand. Ein unangenehmer Geruch stieg auf. Besorgt sah Kabuto sich nach seiner Schülerin um, forschte nach Anzeichen eines Schwächeanfalls, doch das Interesse in ihren Augen überwog den Ausdruck von Ekel im Rest ihres Gesichts.

Er nickte befriedigt und sagte: »Wir müssen die Wunde zuerst säubern. Bitte, gib mir mal die Dose mit den Tüchern.«

Rilana kramte das Gewünschte aus ihrem Rucksack heraus. Ein scharfer Geruch von Alkohol und Wacholder stieg auf, als Kabuto den Deckel öffnete und ein Tuch herausnahm, mit dem er behutsam die Wundränder abwischte. Anschließend verteilte er Kräuterbrei aus einem Schraubglas auf ein sauberes Tuch und verband damit die Wunde. Der Patient sog scharf die Luft ein.

»Denco, du hättest mich schon viel früher rufen lassen sollen«, tadelte Kabuto ihn. »Je länger man mit der Behandlung wartet, desto schwieriger wird sie.«

»Ja, ja, ich weiß. Aber man rennt doch nicht mit jedem Wehwehchen gleich zum Heiler. Das hat ganz klein angefangen. Ich dachte, ich habe mich irgendwo gestoßen und es heilt bald wieder. Aber es wurde immer größer.«

»Zeig mal deine Zunge.«

Gehorsam streckte der Greis seine Zunge heraus.

»Hmm«, machte Kabuto. »Leg dich bitte mal auf den Rücken.«

»Aber was soll das, ich habe doch nur einen Kratzer am Bein ...«

»Nun mach schon.«

Er schob das Hemd des Alten hoch und betastete dessen Bauch. Lange, sorgfältig, hochkonzentriert.

»Man darf nie nur das Symptom allein sehen«, sagte er zu Rilana gewandt, »sondern immer den Patienten als Ganzen. Der Bauch verrät uns eine Menge darüber, was in einem Körper vorgeht.«

Dann zog er das Hemd wieder herunter und griff nach Dencos Handgelenk. Aufmerksam fühlte er den Puls.

»Alles in Ordnung«, sagte er. »Ich werde dir einen Tee zusammenstellen. Rilana bringt ihn dir heute Nachmittag vorbei. Davon trinkst du drei Tassen am Tag, eine morgens, eine mittags, eine abends. Danach machst du jeweils einen kleinen Spaziergang. Und wenn du dich hinlegst, packst du zwei dicke Kissen unter dein Bein, damit es etwas höher liegt. Hast du das verstanden?«

Denco nickte.

»Wird es wieder heilen?«, fragte er ängstlich.

»Ich denke schon. Aber es dauert seine Zeit. Morgen komme ich wieder vorbei und wechsle den Verband. Gute Besserung!«

»Danke«, krächzte der Alte. »Danke, dass ihr hier wart!«

»Du hast dich gut gehalten«, lobte Kabuto seine Schülerin, als sie wieder draußen waren. »Medizin ist nicht immer angenehm.«

»Was hatte er? Und welchen Tee gibst du ihm? Und was hat sein Bauch mit seinem Bein zu tun?« Die Fragen sprudelten aus Rilana nur so heraus. Kabuto lächelte.

»Sein Puls war dünn und schwach. Ebenso fühlte sich sein Bauch kraftlos an. Es ist nicht nur die Entzündung in seinem Bein, die ihn plagt. Es ist auch ein inneres Ungleichgewicht. Wir müssen sein Yang stärken.«

»Sein was?«

»Es gibt zwei Aspekte, die sich im Universum gegenüberstehen und einander durchdringen. Yin und Yang, schwarz und weiß, männlich und weiblich, heiß und kalt. Nur wenn ihr Gleichgewicht stimmt, kann das Qi fließen. Die Lebensenergie. Denco fehlt es an Yang. Das hängt natürlich auch mit seinem Alter zusammen, daher wird Amachazuru ein Teil seiner Therapie sein. Diese Pflanze kennst du ja schon.«

Rilana schwieg. In ihrem Kopf arbeitete es. Die Skepsis stand ihr unübersehbar ins Gesicht geschrieben. Von diesen Dingen hatte sie noch nie gehört. Eine Weile lang ging sie wortlos neben ihm her. Schließlich brach eine andere Frage aus ihr heraus, die sie schon länger beschäftigte.

»Würdest du einem alten Menschen Gift geben, wenn er dich darum bäte? Oder einem todkranken Patienten?«

»Nein, das würde ich nicht. Ebenso wenig, wie ich selbst Gift schlucken würde«, sagte Kabuto bedächtig. »Als Heiler bin ich dazu da, Leben zu erhalten, nicht zu beenden. Der Tod steht allein in der Macht des Universums. Außerdem kann der Geist eines Menschen, der auf unnatürliche Weise gestorben ist, für lange Zeit keine Ruhe finden.«

Rilana, die aufmerksam zugehört hatte, verdrehte bei seinem letzten Satz die Augen, aber sie verkniff sich jede Bemerkung.

»Als Nächstes gehen wir zu Kalea. Diesmal darfst du sie untersuchen.«

»Ich? Wie denn? Das kann ich doch noch gar nicht!«

»Du fühlst zuerst ihren Puls, schaust dir dann ihre Zunge an und betastest danach ihren Bauch. Spür genau hin, und sag mir, was du wahrnimmst.«

Rilanas Herzschlag beschleunigte sich. Sie hatte aus Kabutos Büchern schon einiges gelernt, hatte eingehend die vielen Bilder von menschlichen Körpern betrachtet, die darin zu finden waren, aber einem lebenden Menschen gegenüberzutreten und die Dinge in der Praxis zu erleben war doch eine ganz andere Sache.

Das Haus, in dem Kalea wohnte, war sauber und hell. Ihr Mann arbeitete in der Mühle und sie normalerweise in der Weberei, doch nun saß sie zu Hause und strickte ein Babyjäckchen. Ihr Bauch hatte eine beachtliche Größe.

»Die Frau ist schwanger«, flüsterte Rilana.

»Richtig.« Kabuto lächelte. »Aber lass dich nicht vom Offensichtlichen blenden. Schau immer aufs Ganze.« Dann wandte er sich der jungen Frau zu.

»Guten Tag, Kalea«, sagte er freundlich. »Ich habe heute meine Schülerin mitgebracht.«

»Hallo, Kabuto, guten Tag, Rilana«, antwortete die Schwangere. »Ich habe von dem Beschluss des Rates gehört. Wie läuft es denn mit euch beiden?«

»Bestens«, sagte Kabuto. Rilana sah ihn überrascht an. »Sie ist ein aufgewecktes Mädchen und lernt sehr schnell. Hast du etwas dagegen, wenn sie dich heute untersucht?«

»Nein, lass sie nur machen. Sie soll ja etwas lernen.«

Ungewohnt schüchtern trat Rilana vor und griff nach Kaleas Handgelenk. Nach mehreren vergeblichen Anläufen fand sie endlich den Puls.

»Der Puls schlägt ruhig und kräftig«, verkündete sie nach einer Weile.

»Das ist gut«, konstatierte Kabuto. »Wie sieht die Zunge aus?«

Kalea öffnete den Mund und streckte ihr die Zunge entgegen.

»Sie hat leichte weiße Belege.«

»Was riechst du?«

Rilana wand sich vor Verlegenheit. »Ein leichter Geruch von Erbrochenem«, sagte sie schließlich.

»Immer noch diese Übelkeit?«, fragte Kabuto. Kalea lächelte.

»Ja, aber meist nur noch am Morgen. Es ist schon viel besser geworden.«

»Gut gemacht«, lobte der Heiler seine Schülerin. »Nun den Bauch. Dazu legt die Patientin sich am besten auf den Rücken.«

Schnaufend erhob sich die Schwangere und führte ihren Besuch in das Nebenzimmer, in dem ein breites Bett stand. Ohne große Umstände zu machen, legte sie sich auf den Rücken und zog die Bluse hoch. Rilana legte ihre dunklen, schlanken Finger auf die mächtige Wölbung.

»Die Bauchdecke ist straff gespannt ... Oh, da hat sich was bewegt!«, sagte sie und nahm erschrocken die Hände weg.

»Keine Angst. Du kannst ruhig ein wenig fester drücken. Versuche, das Kind zu fühlen.«

Vorsichtig tat Rilana, wie ihr geheißen wurde. Konzentriert tastete sie mit den Fingerspitzen. Plötzlich kräuselte sich ihre Stirn. Sie tastete erneut über dieselbe Stelle.

»Was fühlst du?«

»Kann – kann es sein, dass es zwei Babys sind?«

»Hervorragend«, sagte Kabuto. Er klang so stolz, als sei er der Vater.

»Nun lass mich mal an die Patientin«, sagte er und schob Rilana sanft zur Seite.

»Was machen deine Rückenschmerzen?«, fragte er die Schwangere.

»Werden mit jedem Tag schlimmer.«

»Ich werde sehen, was ich für dich tun kann«, sagte Kabuto und zog ein Kästchen aus seinem Rucksack. Es war mit geheimnisvollen Schriftzeichen verziert. »Leg deine Hände ganz entspannt neben dich.«

Kalea folgte seinen Anweisungen. Kabuto öffnete die Schatulle, nahm mehrere hauchdünne Nadeln heraus und stach sie der Patientin in die Hände.

»Aber ...«, begann Rilana.

»Schsch! Schau zu und lerne!«

Kabuto bat die Frau, sich auf die Seite zu legen, dann stach er ihr weitere Nadeln in die Füße und Kniekehlen. Schließlich presste er ihr den Daumen auf einen Punkt im unteren Rücken.

»Kommen die Schmerzen von hier?«

»Ja, genau«, keuchte die Frau.

Kabuto holte eine Art Zigarre hervor, zündete sie an und hielt die Glut in die Nähe dieser Stelle, wobei er sie langsam in Form einer Acht bewegte.

»Spürst du etwas?«

»Ja, die Wärme tut gut.«

Nach einer ganzen Weile löschte Kabuto die Zigarre, zog die Nadeln heraus, wischte sie mit Alkohol ab und verstaute alles wieder in seinem mysteriösen Kästchen. Er sah zu Rilana hinüber, die ihn mit gerunzelter Stirn beobachtete, sagte aber nichts.

»Du kannst dich wieder hinsetzen«, sagte er zu Kalea.

Sie richtete sich vorsichtig auf, zog ihr Hemd über den prallen Bauch und lächelte überrascht.

»Es tut nichts weh!«, sagte sie fröhlich. »Meine Rückenschmerzen sind – aua.«

Kabuto sah sie erstaunt an.

»Eines der Babys hat mich getreten. Es ist schon jetzt ein ziemlicher Rabauke«, erklärte sie und lächelte. »Ich danke dir vielmals. Deine Behandlung hat mir sehr gutgetan.«

»Gerne!«, sagte Kabuto. »Ich hoffe, dass die Wirkung einige Zeit anhält. Aber werde nicht übermütig. Du musst dich schonen. Wir müssen jetzt weiter.«

Kalea nickte.

»Auf Wiedersehen, Kabuto. Auf Wiedersehen, Rilana. Kommt bald wieder!«

Rilana nickte ihr schüchtern zu und folgte dem Heiler, der zielstrebig das Haus verließ.

»Was hat es mit diesen Nadeln auf sich?«, fragte sie ihn.

»Sie bringen das Qi wieder zum Fließen.«

»Das ist doch Unsinn. Was soll denn dieses Qi bitte sein?«

Kabuto sah sie erbost an. »Das Qi ist die Lebensenergie. Ohne das Qi wärst du nur ein Haufen Fleisch und Knochen.«

»Die Frau hatte Rückenschmerzen. Warum stichst du ihr dann Nadeln in die Hände und Füße?«

»Weil dort wichtige Punkte liegen. Du wirst sie alle noch kennenlernen.«

»So einen Blödsinn will ich aber nicht lernen. Ich habe schon genug über Anatomie gelesen, um zu wissen, dass ...«

»Schweig!«, herrschte Kabuto sie an. »Ich will nicht, dass du diese Bücher liest. Ein guter Arzt braucht mehr als Bücherwissen. Er braucht Einfühlungsvermögen und Intuition. Das findest du nicht in Büchern. Alles, was du wissen musst, lernst du bei mir.«

»Du willst also nicht, dass ich lese?«, fragte Rilana ihn ungläubig.

»Du hast es erfasst.«

»Was bist du denn für ein Lehrer?«, zeterte sie los. »Bücher sind Schätze des Wissens! Wie kannst du nicht wollen, dass ich selbstständig lerne? Soll ich denn nur nachbeten, was du mir vorkaust? Du hast doch bloß Angst, dass ich besser werde als du! Und dieser ganze Hokuspokus mit deinen Nadeln, das ist doch reine Placebotherapie!«

»Sie ist was?«

»Placebotherapie. Vielleicht solltest du auch mal in deine Bücher schauen, dann wüsstest du, was das ist.«

»Verschwinde«, brüllte Kabuto, außer sich vor Wut. »Kein Wort mehr. Geh mir aus den Augen, du unverschämte Göre!«

Rilana stampfte trotzig auf, warf ihm den Rucksack vor die Füße und lief davon.

Immer noch zornig, erreichte Kabuto sein Haus. Er legte seine Ausrüstung ab, ging hinaus in den Garten und machte sich daran, Brennholz zu spalten. Bewusst suchte er die knorrigen Stücke heraus, die nicht gleich beim ersten Schlag zersprangen. Mit aller Kraft drosch er auf sie ein.

Allmählich wuchs der Stapel gespaltenen Holzes. Kabutos Schläge wurden ruhiger und konzentrierter. Schließlich hängte er die Spaltaxt zurück an ihren Ort und betrat das Haus. Er ging in sein Labor, wo er das dicke grüne Buch heraussuchte, das er in Rilanas Hand gesehen hatte. Ein Schilfblatt steckte zwischen den Seiten.

Er atmete tief durch, wie jemand, der sich auf einen Kampf gefasst macht, und schlug es auf.

Es war wie beim letzten Mal. Die Buchstaben tanzten vor seinen Augen umher und weigerten sich, sinnvolle Aussagen zu ergeben. Kabuto streckte seinen Zeigefinger aus und versuchte, sie zu bändigen.

Pla-c-e-bot-he-rapi-e

Er biss sich durch. Es dauerte seine Zeit, aber er bewältigte die Seite. Entschlossen klappte er das Buch wieder zu. Das, was er gelesen hatte, bestätigte seinen ersten Eindruck: Es gab keine gemeinsame Basis für Rilana und ihn.

Mit finsterer Entschlossenheit zog er seinen Mantel an und machte sich auf den Weg zum Dorfältesten.

»Nando, es funktioniert nicht mit ihr.« Kabuto kam gleich zur Sache, kaum dass er und der Dorfälteste einige höfliche Worte miteinander gewechselt hatten.

Nando van Damm hatte seinen siebzigsten Geburtstag bereits einige Jahre hinter sich. Sein Haar war schütter und weiß geworden, doch seine blauen Augen blickten wachsam und klug wie eh und je. Er sog bedächtig an seiner Pfeife und stieß eine Rauchwolke aus.

»Erzähl mal.«

Aufmerksam hörte er Kabutos Bericht an, stellte keine Fragen, nickte nur hin und wieder bedächtig mit dem Kopf und blies dabei seinen Rauch in die Luft.

»Du kannst dankbar sein für diese Schülerin«, sagte er anschließend. »Ich weiß, wovon ich rede. Ich habe Dutzende von jungen Leuten ausgebildet. Das ist wahrlich nicht einfach. Manche waren schlicht dumm, andere faul und desinteressiert. Ganz selten war mal einer darunter, der wirklich etwas lernen wollte. Du, Kabuto, hast einen Rohdiamanten. Das, was du erzählt hast, bestätigt nur die Entscheidung des Rates. Das Mädchen ist klug, talentiert und wissbegierig. Mach was draus!«

»Aber ...«

»Kabuto, wir werden alle nicht jünger. Willst du verantworten, dass unsere Kolonie eines Tages ohne Mediziner dasteht? Wir wissen sehr wohl, wie schwer es dir fällt, auf Dauer mit anderen Menschen umzugehen, aber es muss nun mal sein. Unsere Zukunft hängt davon ab. Konzentriere dich auf die Stärken des Mädchens und fördere sie.«

Wortlos drehte Kabuto sich um und verließ das Haus.

*****

Ein kräftiges Schütteln ließ Jonas aufschrecken. Das Schiff ächzte und bebte, als würde es jeden Moment auseinanderbersten. Irgendwo jaulte es unaufhörlich. Er stöhnte auf. Seine Kopfschmerzen waren intergalaktisch.

Jonas wälzte sich auf den Bauch, zog die Bettdecke über den Kopf und schlief wieder ein. Er träumte, dass er auf einem wilden Hengst durch eine endlose Weite galoppierte. Immer wieder stieg das Tier und buckelte, aber es konnte ihn nicht abwerfen. Wie angeschweißt saß er auf dem Rücken des Pferdes und ließ sich von ihm tragen. Die Hufe donnerten über die Prärie – da packte ihn irgendetwas bei der Schulter. Jonas schlug die Augen auf, drehte seinen Kopf und sah in das Gesicht von Gantor.

»Junge, hast du Nerven, immer noch zu pennen«, rief er. Seine Stimme bebte vor Panik. »Wir haben Alarmstufe Rot. Ein Energiesturm. So etwas habe ich noch nie erlebt. Das Schiff kann jeden Moment auseinanderbrechen. Alle Passagiere sollen sofort in die Flugsessel!«

»Is gut, ich komm«, nuschelte Jonas. Er fühlte sich benommen. Die Reste des *Mezzas* kreisten in seinen Adern. Das Raumschiff rollte und stampfte wie ein Segelschiff in einem Seesturm. Jonas spürte, wie eine plötzliche Übelkeit in ihm hochstieg. Er sprang auf, kämpfte sich bergauf zur kleinen Nasszelle durch und bekam die Toilettenschüssel gerade noch rechtzeitig zu fassen. Ein dicker Schwall schoss aus seinem Mund. Er würgte wieder und wieder, bis er das unangenehme Gefühl hatte, dass er beim nächsten Würgen seinen Magen in der Schüssel wiederfinden würde. Mit aller Kraft unterdrückte er den Impuls, sich weiter zu übergeben.

Endlich gab ihm eine kleine Pause der Schiffsbewegungen die Gelegenheit, das Gesicht zu waschen und den ekligen Geschmack aus seinem Mund zu spülen. Die Übelkeit ließ so schlagartig nach, wie sie gekommen war.

Das Licht flackerte, ging kurz aus, kehrte dann wieder zurück. Die Marad wurde auf die andere Seite gedrückt, was die stählernen Eingeweide des Schiffes mit einem protestierenden Kreischen kommentierten. Nun musste Jonas abermals eine Steigung überwinden. Als er sein Bett erreichte, sah er seinen linken Stiefel – den rechten hatte er merkwürdigerweise noch an. Er bückte sich danach, prompt multiplizierte sich der Kopfschmerz, und es hätte Jonas nicht gewundert, wenn sein Hirn wie eine Fontäne aus dem Schädel gespritzt wäre. Er riss seinen Kopf hoch und ließ sich auf den Hintern fallen. Das war besser. Nach einigen vergeblichen Versuchen gelang es ihm endlich, den Stiefel an den Fuß zu ziehen, ohne von den Bewegungen des Schiffes wie eine Flipperkugel umhergeschossen zu werden.

Dann quälte er sich auf die Füße und kletterte durch die Kabinentür in den schmalen Gang, der zum Passagierdeck führte. Dessen Enge bot ihm einen gewissen Halt, sogar als das Raumschiff plötzlich auf dem Kopf stand und er wie eine Spinne an der Decke hockte. Mühsam hangelte er sich vorwärts. Seine Muskeln protestierten gegen diese ungewohnte Beanspruchung, aber er gab nicht auf.

Ohne Vorankündigung kehrte die Marad in ihre normale Lage zurück. Prompt fiel Jonas auf den Boden und rieb sich fluchend seinen Ellenbogen. Er rappelte sich auf und humpelte den Gang weiter, bis er die Luke erreichte, hinter der das Deck mit dem Flugsessel lag. Ein merkwürdiges Stimmengewirr quoll ihm entgegen. Er hörte Schluchzen, rhythmisches Sprechen, als rezitiere jemand klassische Gedichte, Flüstern und unerklärliche Schreie. Irritiert blieb er an der Luke stehen und spähte hindurch.

Der Kopfgeldjäger lag auf den Knien und murmelte unablässig vor sich hin. Der übergewichtige Geschäftsreisende bewegte seinen Oberkörper rhythmisch vor und zurück und gab dabei einen gleichförmigen Singsang von sich. Die Schwestern hielten einander an den Händen gefasst und jammerten um die Wette, während die Frau mit der schwarzen Robe brennende Räucherstäbchen in den Händen hielt, die sie in eigenartigen Bewegungen durch den Raum schwang.

»Was soll das hier?«, rief Jonas, »was macht ihr? Meint ihr, dass das irgendetwas bringt?«

Die schwere Pranke von Kapitän Ahab legte sich auf seine Schulter.

»Lass sie machen«, sagte der, »Gebet ist das Einzige, was uns noch weiterhelfen kann. Wissenschaft und Technik stehen jedenfalls am Ende ihrer Weisheit. Wenn der Energiesturm noch einmal auflebt, ist es vorbei mit uns. Scheint, als wolle uns das Universum ausradieren. Also, wenn du beten kannst – jetzt ist eine gute Gelegenheit dafür.«

»Du, was bist du für einer?«, knurrte die Schamanin und rückte gegen Jonas vor, die qualmenden Räucherkerzen noch immer in den Händen. Sie schloss die Augen und schien ihn trotzdem mit ihren Blicken zu durchbohren.

»Du bist nicht der, als der du dich ausgibst«, befand sie schließlich. »Zieh eine Karte!« Sie hielt Jonas einen speckigen Stapel Tarotkarten unter die Nase.

Er zögerte.

Der Kapitän gab ihm einen aufmunternden Rippenstoß. Fügsam griff Jonas zu, bekam eine Karte zu fassen und reichte sie der Frau. Ihm sagten die bunten Symbole nichts, sie hingegen nickte wissend und fragte: »Also, wovor bist du auf der Flucht?«

»Wer sagt denn, dass ich auf der Flucht bin?«, wandte Jonas ein, doch als er den eisigen Blick der Schamanin sah, brach er zutiefst verunsichert ab. Hatte sie am Ende recht? Wusste sie mehr über ihn als er selbst?

»Ich weiß nicht, ob man es Flucht nennen kann«, sagte er leise. »Ich wollte einfach nur nach Hause. Da ist diese Stimme in mir. Sie hat mir einen Auftrag gegeben. Sie verlangt von mir ...«

Eine herrische Handbewegung schnitt ihm das Wort ab. »Schweig, du Narr, bevor du uns noch weiter ins Unglück stürzt. Mach uns nicht zu Mitwissern!« Mit einer theatralischen Geste wandte sie sich an den Kommandanten: »Kapitän, verschließe nicht die Augen vor dem, was klar auf der Hand liegt: Dieser hier hat sich der höchsten Wahrheit widersetzt und wird nun dafür bestraft. Du musst ihn vom Schiff werfen, wenn wir überleben wollen!«

Wie zur Bestätigung rollte eine neue Energiewelle heran, erfasste die Marad und schüttelte sie wie ein Kind, das eine Spardose plündert. Die Passagiere kreischten auf und klammerten sich an ihren Sessellehnen fest. Jonas fand Halt an der Luke hinter ihm.

»Was hast du dazu zu sagen?«, knurrte Kapitän Ahab.

»Ich – Sie – ihr könnt mich doch nicht von Bord werfen?«, stammelte Jonas. »Ich habe Urlaub genommen, weil ich dachte, dass ich langsam verrückt werde. Diese – Stimme, ich weiß nicht, wer oder was sie ist ...«

»Die Sache ist ganz einfach«, konstatierte Kapitän Ahab. »Wir kommen sowieso alle um. Dann können wir ebenso gut dem Rat dieser Hexe folgen« – er ignorierte ihr empörtes Zischen – »und dich aussetzen. Wenn wir uns irren, ändert es nichts am Gesamtergebnis, aber wenn sie recht hat, rettet es uns den Arsch. Und wenn dein Gott noch was mit dir vorhat, wird er schon einen Weg finden, um dich aus der Sache rauszuholen. Klassische Win-win-Situation. Packt ihn!«

Jonas war fassungslos.

»Du bekommst eine faire Chance, Kleiner«, raunte der Kapitän ihm ins Ohr. »Wir stecken dich in eine Rettungskapsel. Fang endlich an zu beten!«

Ehe Jonas sich besinnen konnte, packten ihn kräftige Hände und zerrten ihn hinaus. Er spürte einen Stich in der Halsgegend und zuckte zusammen.

»Keine Bange, das ist nur ein kleines Sedativum«, grinste Kapitän Ahab, während vor Jonas' Augen die Konturen verschwammen. »Das macht die Sache für uns alle leichter. Wir wollen doch nicht, dass jemand verletzt wird, oder?«

Jonas fand die Aussage plausibel, aber er wusste nicht, ob er den Kopf schütteln oder nicken sollte. So wurde die Bewegung eine unklare Mischung aus beidem.

Willenlos stolperte er in die Richtung, die ihm gewiesen wurde, und versuchte dabei, seine Gedanken zu ordnen, die ihm jedoch immer wieder entglitten wie glitschige Fische. Die Rettungskapseln, die er von der Peacemaker kannte, hatten Platz für je fünf Personen. Was würde aus Buddy werden? Ob der Energiesturm ... Wo würde er landen? Wie lange ...? Ob ihn jemand suchen würde? Fliegt die Kapsel von allein oder – er war doch kein Raumpilot ...

Es war zwecklos. Jonas stellte das Denken ein und konzentrierte sich stattdessen auf seine Füße, die ihm vorkamen, als hätte sie jemand in Gummi verwandelt. Glücklicherweise war der Energiesturm für einen Moment eingeschlafen. Das Schiff lag ruhig. Jonas wollte den Kapitän darauf hinweisen, ihm sagen, dass damit die ganze Aktion nun überflüssig wäre, aber seine Zunge gehorchte ihm nicht mehr.

Eine Schiebetür glitt vor ihnen zur Seite. Sie betraten einen Frachtraum, der im Halbdunkel der Notbeleuchtung lag. Jonas sah sich um, so gut es mit seinem herunterhängenden Kopf ging, aber er konnte keine Raumkapsel entdecken.

»Wosinnwirnhier?«, versuchte er zu sagen. Niemand antwortete ihm. Kapitän Ahab drückte auf einen faustgroßen roten Knopf. Mit einem Zischen fuhr eine Liege aus der Wand.

»Mach es dir bequem, Alister!«, sagte der Grauhaarige. »Gute Reise. Möge dein Gott dir gewogen sein. Und uns auch«, fügte er nach einer kleinen Pause nachdenklich hinzu.

Sie bugsierten Jonas auf die Liegestatt und legten ihm einen Gurt an. Dann hieb der Kapitän erneut auf den Knopf. Jonas wurde in die Wand hineingefahren, hörte ein Knacken, als rastete etwas ein. Ein leises Zischen folgte, wie von ausströmendem Sauerstoff. Anscheinend versetzt mit einem Narkosegas, dachte Jonas noch, kurz bevor ihn das Bewusstsein endgültig verließ.

Das Letzte, was er wahrnahm, war eine zunehmende Beschleunigung, als würde er wie ein Spacetorpedo in den Weltraum hinausgeschossen.

*****

Es gab Gemla-Brei, wie immer. Liko formte ihn zu einem Gebirge, und Rilana stieß ihrem kleinen Bruder in die Rippen.

»Du sollst essen, nicht spielen.«

»Aber ich habe keinen Hunger.«

»Iss, wenn du stark werden willst. In dem Brei steckt alles drin, was deine Muskeln brauchen, um zu wachsen.«

Mit großen dunklen Augen sah der Kleine abwechselnd auf seine dünnen Arme und die gelbrote Pampe vor ihm.

»Wirklich?«

»Klar. Das habe ich bei Kabuto gelernt.«

»Aber ich esse dieses Zeug schon seit Jahren. Warum bin ich dann noch nicht superstark?«

»Das erkläre ich dir später. Nun iss.«

Murrend schob Liko sich einen Löffel voll Brei in den Mund.

»Als Mama noch da war, hat er besser geschmeckt«, beklagte er sich.

Mit einem schnellen Seitenblick auf ihren Vater gab Rilana zurück: »Liko, das ist nicht fair. Ich gebe mir so viel Mühe beim Kochen, aber Mama kann ich nicht ersetzen.«

Naaji Buhari, der kein Mann großer Worte war, hatte dem Dialog schweigend zugehört. Nachdem er seine Schüssel geleert hatte, legte er den Löffel beiseite und sagte: »Heute ist Tributtag. Ich habe einen Sack Gemla bereitgestellt. Rilana, bitte bringe du ihn zum Dorfplatz. Ich muss dringend die Wasserleitung am Steinacker reparieren.«

»Aber Papa, ich muss doch zu Kabuto!«

»Du kannst anschließend zu ihm. Er wird es verstehen.«

»Ja, Papa«, murmelte Rilana ohne große Begeisterung. »Liko, du musst los. Die Schule fängt gleich an.«

»Aber ich habe keine Lust. Frau Gruber ist immer so streng. Kann ich nicht lieber mit dir kommen?«

»Nein. Heute nicht. Ich möchte, dass du so viel lernst, wie du nur kannst. Du sollst mal ein kluger junger Mann werden.«

»Aber ich möchte lieber stark sein. Matteo kann schon sieben Klimmzüge, und ich schaffe nicht mal einen.«

Rilana seufzte. »Dafür hat Matteo auch nur Stroh in seinem Kopf.«

»Sag das nicht. Matteo ist mein Freund!«

Rilana biss sich auf die Zunge. Sie sah es mit Sorge, mit welchen Rabauken sich ihr kleiner Bruder herumtrieb.

»Entschuldige. Ich habe es nicht so gemeint. Aber nun beeil dich! Ich habe dir für die Pause eine Tüte Erdnüsse eingepackt. Die sind aus Kabutos Garten.«

»Danke, das ist lieb von dir!« Liko stand vom Tisch auf und holte die Schiefertafel vom Regal. »Vielleicht komme ich heute etwas später nach Hause«, sagte er mit wichtiger Miene. »Meine Freunde und ich haben ein neues Geheimversteck.«

»Meinetwegen«, sagte Rilana mit einem Seitenblick auf ihren Vater, der sich aus der Sache heraushielt. »Aber zum Abendessen bist du spätestens zu Hause!«

»Allerallerspätestens!«, versprach Liko und machte sich davon, während Rilana die Schüsseln einsammelte und zum Brunnen im Hof brachte.

Es war noch ein Rest Wasser in dem hölzernen Eimer. Sie spülte das Geschirr darin ab und trug es zurück in die Küche, wo ihr Vater gerade seine schweren Stiefel schnürte.

»Es kann ein wenig dauern, bis ich wieder da bin«, sagte er. Dann verließ er das Haus.

Rilana räumte das Geschirr in den Schrank, wischte den Tisch ab und ging dann hinüber zum Lagerschuppen, wo die hölzerne Schubkarre bereitstand. Sie war mit einem Sack Gemla beladen. Rilana packte sie und schob sie ins Freie. Das hölzerne Rad quietschte und wackelte bedenklich. Rilana zögerte einen Moment, doch dann beschloss sie, den Weg mit dem klobigen Ungetüm zu wagen. Immer noch besser, als den Sack zu schleppen.

»Hallo, Kaktusblüte!«, ertönte es, als sie kurz darauf am Nachbarhaus vorbeikam. Der schlanke, schwarzhaarige Mann mit den lebhaften dunkelgrauen Augen war in Rilanas Alter. Er trug einen Sack auf der Schulter.

»Hallo, Franco! Wir haben uns lange nicht gesehen.«

»Das ist wahr!«, stellte er betrübt fest und setzte seine Last ab. »Seitdem ich bei Meister Ecker bin, komme ich praktisch nur noch zum Schlafen nach Hause. Wie läuft es mit dir und Kapputo?«

»Geht so. Ich glaube, er mag mich nicht besonders. Aber da muss er durch.«

Franco lachte.

Eifrig fuhr Rilana fort: »Gestern habe ich dabei zugesehen, wie er einen offenen Knochenbruch behandelt hat. Gebbo aus dem Bergwerk ist in einen Schacht gestürzt und hat sich den Arm gebrochen. Ziemlich blutig, das Ganze. Aber ich fand es superinteressant. Und ich durfte die Wunde zunähen!«

Franco verzog angeekelt das Gesicht. Seine dichten dunklen Augenbrauen berührten sich beinahe.

»Also für mich wäre das nichts«, stellte er fest. »Mir ist Kabuto auch irgendwie unheimlich. Da bleibe ich doch lieber bei meinen Bauzeichnungen.«

Er wuchtete den Sack Getreide wieder auf seine Schulter. »Dann wollen wir mal.«

»Willst du den nicht lieber mit auf meine Schubkarre stellen?«

Er musterte das klapprige Holzrad und schüttelte den Kopf. »Ne, lass mal. Du kannst so schon froh sein, wenn die Karre bis zum Marktplatz durchhält.«

Rilana lachte.

»Und wie gefällt dir die Arbeit bei Meister Ecker?«, fragte sie, während sie den Sandweg zum Dorfplatz entlanggingen.

»Megaanstrengend, aber hochinteressant. Wir bauen gerade einen neuen Dachstuhl für die Färberei. Von den Zeichnungen her kannte ich das ja alles, aber wenn man die Balken mal selbst in der Hand hat, bekommt man einen ganz neuen Blick auf die Dinge.«

»Du wirst bestimmt ein richtig guter Architekt.«

»Meinst du wirklich?« Er sah sie verunsichert an. »Meister Ecker erzählt mir jeden Tag, was ich alles nicht kann und wie viel ich noch zu lernen habe. Das hebt nicht wirklich mein Selbstbewusstsein. Du weißt ja, ich träume davon, Architekt zu werden, seit ich Kind bin, aber es gibt Tage, da zweifle ich daran, ob ich wirklich das Zeug dazu habe. Du glaubst nicht, an was man alles denken muss, wenn man ein Haus plant!«

Rilana sah ihn lächelnd an. »Du kannst das. Ganz bestimmt. Und dein erstes Haus gehört mir.«

Er sah sie irritiert an. »Wie meinst du das?«

»Erinnerst du dich noch an das Puppenhaus, das du mal für mich gebaut hast? Es steht auf meinem Schrank.«

Franco strahlte. »Du hast es noch? Das war mein erstes Bauprojekt! Ich habe tagelang darüber gebrütet. Du glaubst nicht, wie viel ich dabei gelernt habe.«

Der Sandweg beschrieb eine scharfe Kurve, dann lag der Dorfplatz vor ihnen.

Hier wimmelte es bereits von Menschen. Sie waren beladen mit Säcken, Kisten und Käfigen, in denen sie den vorgeschriebenen Tribut herbeischafften. Ein anschwellendes Motorengeräusch aus der Ferne kündigte die Ankunft der Piraten an. Rilana fiel die gedrückte Stimmung auf; es gab kein fröhliches Schwatzen und Lachen, wie sie es von den Markttagen kannte.

Drei staubige kleine Lastwagen mit offener Ladefläche brausten heran. Sie hielten, einige Männer und Frauen sprangen heraus und machten sich daran, provisorische Tische aufzubauen.

Ein Mann mit einem langen grauen Pferdeschwanz und einer hässlichen Narbe im Gesicht brüllte: »Los, los, los, ihr wisst doch, wie es läuft. Feldfrüchte links, Tiere in die Mitte, und der Rest geht nach rechts.«

Rilana und Franco stellten sich in der linken Reihe an und warteten. Interessiert sah Rilana sich um. Sonst hatte ihr Vater sich immer selbst um die Tributzahlung gekümmert. Sie war nur einmal mit ihm gekommen, vor vielen Jahren, als kleines Mädchen, nachdem sie stundenlang darum gebettelt hatte. Aber es war eine riesengroße Enttäuschung gewesen. In ihrer Erinnerung bestand dieser Tag, der sie so mit Vorfreude erfüllt hatte, nur aus beißendem Staub, einer viel zu heißen Sonne und langweiligem, endlosem Warten. Danach war sie nie mehr mitgegangen.

Doch nun sah alles ganz anders für sie aus. Was waren das für Fahrzeuge, mit denen die Piraten gekommen waren? Womit wurden sie angetrieben? Und diese kleinen Bildschirme auf den Tischen mit den vielen Knöpfen davor – was war das? Wie funktionierte das?

Schritt für Schritt bewegte die Schlange sich vorwärts. Ein Mann, der einen Impulsstrahler an einem breiten Gurt über dem Rücken trug – Rilana hatte davon gelesen, aber noch nie einen gesehen –, nahm die Gaben entgegen und stellte sie auf eine Waage. Bestimmt war das eine Waage, aber eine, die ohne Messgewichte auskam! Stattdessen leuchteten Zahlen auf, die das Gewicht anzeigten. Die Frau neben ihm tippte dabei unablässig auf dem Ding mit dem Bildschirm herum. Sie trug ein dunkles Tuch auf ihrem Kopf, das die Haare und einen Teil ihres Gesichtes verhüllte.

Hinter den beiden stand ein Mann, der bereits ergraut war, und verstaute die abgegebenen Waren auf der Ladefläche eines ihrer Fahrzeuge. Immer wieder hielt er inne und wurde von einem schrecklichen Husten geschüttelt.

Plötzlich gab es Unruhe in der Menge. Es wurde gedrängelt und geschubst, bis sich eine kleine Gasse bildete, durch die zwei Männer einen hohen Leiterwagen schoben, der bis an den Rand mit Gemla vollgeladen war. Davor stolzierte ein Mann mit einer auffälligen Hakennase.

»Henk Jonker«, flüsterte Franco. »Der größte Bauer muss sich natürlich nicht hinten anstellen wie das gemeine Fußvolk.«

Der hustende Pirat winkte den Leiterwagen heran und begrüßte den Bauern mit Handschlag. Während sie sich angeregt unterhielten, luden dessen Männer die Säcke mit den kleinen Rüben um.

Endlich stand Rilana am Anfang der Schlange und ließ den mitgebrachten Sack von der Schubkarre auf die Erde gleiten.

»Name?«, knurrte die Frau mit dem Kopftuch.

»Rilana.«

Die Frau schaute sie böse an. »Und weiter?«

»Äh Buhari. Rilana Buhari.«

Die Frau tippte auf ihre Tasten. »Und was bringst du?«

»Gemla.«

»27,3 Kilo«, sagte der Mann mit dem Impulsstrahler und reichte den Sack an seinen grauhaarigen Kollegen weiter. »In Ordnung. Der Nächste.«

Franco trat vor.

»Franco Ritchello. Ich bringe einen Sack Triticale.«

Die Gewichtsangabe konnte Rilana nicht mehr verstehen, denn ein weiteres Fahrzeug dröhnte heran. Es hatte acht Räder mit mächtigem Profil und sah aus, als gäbe es nichts auf der Welt, was es stoppen könnte. Ein dunkelhaariger Mann mit glänzender Sonnenbrille saß in dem offenen Wagen. Auf der Ladefläche hinter ihm war eine schwarz glänzende Waffe montiert, die bedrohlich in den Himmel ragte.

Der Mann brachte sein Fahrzeug zum Stehen, sprang heraus, kletterte auf den vorderen Lastwagen und begann mit lauter Stimme zu sprechen.

»Bürger der Kolonie, ich grüße euch! Mein Name ist Xator Seifuko, und ich bin gekommen, um euch eine wichtige Botschaft zu bringen.«

Erstaunt bemerkte Rilana, dass die muffigen Eintreiber keinerlei Anstalten machten, diese Störung ihrer Arbeit zu unterbinden. Entweder war der Auftritt abgesprochen, oder der Mann stand in der Hierarchie über ihnen.

»Schon seit Jahrzehnten leistet ihr treu eure Abgaben, so wie es unsere Väter einst festgelegt haben. Dafür danke ich euch, denn das ist die Grundlage des Friedens, der seitdem herrscht. Uns sollte aber mehr verbinden als nur das Geben und Nehmen. Wir sollten eine Gemeinschaft sein. Brüder im Glauben. Schließlich sind wir alle die Geschöpfe des einen Gottes, teilen alle denselben Atem ...«

Rilana war verblüfft. Dieser Mann besaß eine unglaubliche Ausstrahlung und sprach mit einer Leichtigkeit, die sie noch nie erlebt hatte. Wenn ihr Vorsteher eine Rede halten musste, dann rang er um jedes einzelne Wort. Oft genug verspürte sie beim Zuhören Mitleid mit ihm. Doch diesem – wie sie fand, auch noch ausgesprochen attraktiven – Mann flossen die Worte anscheinend einfach zu.

Es verwunderte sie nur, dass er von einem Gott sprach, obwohl er diese ganze Technik zur Verfügung hatte. So wie sie es bisher gesehen hatte, gehörte der Glaube an übersinnliche Wesen einer niederen Entwicklungsstufe der menschlichen Gesellschaft an.

»... ja, es gibt nur einen Gott: Al Kahar, der Allmächtige, dem alles und jedes untertan ist. Ich lade euch heute dazu ein, meine Brüder im Geiste zu werden. Weggefährten, die füreinander einstehen. Ich zeige euch heute den Pfad, der zum Paradies führt, weil ich den Gedanken nicht länger ertragen kann, dass ihr aus lauter Unwissenheit im Höllenfeuer landet. Al Kahar ist barmherzig mit jedem, der ihm sein Leben weiht. Und seine Gebote sind nicht schwer: Tapferkeit im Kampf, Ehrlichkeit im Umgang mit den Brüdern, Barmherzigkeit mit den Armen, Treue im Gebet. Wer Al Kahar dient, der führt einen täglichen Kampf gegen das Böse – das Böse in ihm und um ihn herum. Er wird ein besserer Mensch, führt ein besseres Leben und wird zum Segen für sein Volk. Al Kahar ist groß!«

Den letzten Satz brüllte er wie einen Schlachtruf.

»Wer sich mir anschließen will, der spreche mir nach: ›Al Kahar ist groß!‹«

Die Kolonisten sahen sich betreten an.

»Al Kahar ist groß, und Amir Abdul Salam ist sein Prophet!« Xator streckte die rechte Faust gen Himmel. Er sprühte vor Begeisterung.

»Woher weißt du das?«

Erschrocken hielt Rilana sich den Mund zu. Die Frage war einfach so aus ihr herausgeplatzt.

Xator nahm seine Sonnenbrille ab und sah sie mit blitzenden Augen an.

»Wie bitte?«

Seine Frage schwebte in der Luft wie eine dieser schwarzen Kampfdrohnen. Es gab kein Zurück mehr. Rilana holte tief Luft.

»Woher weißt du, dass dieser Amir Irgendwas wirklich ein Prophet ist?«

Eine gefährliche Ruhe lag über dem Platz. Aus den Augenwinkeln registrierte Rilana, wie die Leute hinter den Tischen nach ihren Waffen griffen. Die Menschen neben ihr wichen ängstlich zur Seite, soweit das in dem Gedränge möglich war.

Die Angst vor den Besatzern gehörte zum genetischen Code der Kolonie. Man zahlte seinen Tribut und fertig. Man provozierte sie nicht, ebenso wenig wie man sich vor einen Holzstapel stellte und dessen Stützen wegschlug.

Xator räusperte sich. Ihm war anzusehen, dass es ihn einige Mühe kostete, sich zu beherrschen.

»Das ist eine sehr gute Frage, Mädchen«, sagte er schließlich mit überraschend freundlicher Stimme. »Ich hätte euch längst von Amir Abdul Salam – Al Kahar schenke ihm Frieden – erzählen sollen. Wie könnt ihr jemandem vertrauen, von dem ihr nichts wisst?«

Er machte eine kurze Pause, bevor er fortfuhr.

»Vor vielen Jahrzehnten war unser Glaube in allen Ländern der alten Erde verbreitet. Er sorgte für Frieden und Eintracht. Mekka, das Heiligtum aller Heiligtümer, war das Zentrum. Von überall her reisten die Gläubigen dorthin, um die heilige Wallfahrt zu begehen. Doch unsere Feinde, Ungläubige, genannt die *Vereinigten Staaten*, wollten uns vernichten. Sie schickten Raketen nach Mekka, töteten Hunderttausende von Gläubigen und zerstörten das Heiligtum. Daraufhin brach ein Krieg aus, der das Angesicht der Welt veränderte. Der Glaube wurde verboten und alle heiligen Bücher verbrannt. Die Ungläubigen wollten jede Erinnerung an den einzig wahren Glauben auslöschen.

Doch Al Kahar sprach zu Amir Abdul Salam, unserem Propheten. Er beauftragte ihn damit, Menschen um sich zu sammeln und mit ihnen zu fliehen, um dann zu gegebener Zeit Rache für diesen Frevel zu nehmen. Zusammen mit einigen Getreuen gründete er die Komanda und kam hierher, um darauf zu warten, dass die Stunde der Vergeltung kommt. Nach seiner Lehre leben wir – und wer mit uns diesen Weg geht, wird erfahren, dass er der wahrhaft von Gott Gesandte ist. Noch Fragen?«

Rilana hatte in der Tat noch viele Fragen, doch ihr Mut hatte sie verlassen. Stumm schüttelte sie den Kopf.

Xator nickte ihr freundlich zu.

»Wer von euch mit uns den Weg Al Kahars gehen will, wer Teil unserer Bruderschaft werden will, der komme nun hier herüber.«

»Ich will! Lasst mich durch!«, tönte es von hinten. Überrascht drehten die Menschen sich um. Die Stimme gehörte Thomas, dem Schmied. Der breitschultrige Mann bahnte sich einen Weg nach vorn, gefolgt von einem guten Dutzend weiterer Männer. Auch Franco machte Anstalten, nach vorne zu gehen. Rilana hielt ihn am Ärmel fest.

»Was tust du da?«

Er entwandt sich ihrem Griff: »Was ist falsch an Tapferkeit und Ehrlichkeit?«, erwiderte er und sah sie an. »Wenn es dabei hilft, aus dieser Unterdrückung herauszukommen und von den Piraten zu lernen, bringt es doch nur Vorteile.«

Er schob sich ebenfalls durch die gaffende Menge und gesellte sich zu denen, die bereits vorne standen. In Rilanas Kopf arbeitete es.

Er hat recht, dachte sie. Sie haben Wissen, und sie haben Technik. Ein aufgeregtes Prickeln durchfuhr sie. Noch nie hatte sie die Kolonie verlassen. Der kurze Wortwechsel mit Xator war ihr erstes Gespräch mit einem Menschen von außerhalb gewesen.

Wenn sie mit ihrem Lernen weiterkommen wollte, dann nur dort. Kabuto konnte ihr jedenfalls nicht allzu viel beibringen. Sein Tamtam schien mehr auf Fantasie zu beruhen als auf Wissenschaft. So viel war ihr nach dem, was sie in seinen Büchern gelesen hatte, bereits deutlich geworden.

Entschlossen arbeitete sie sich durch die Menge nach vorn.

»Ich mache auch mit«, sagte sie mit fester Stimme und stellte sich neben die knapp 30 Männer, die sich mittlerweile bei Xator versammelt hatten. Zu ihrer Überraschung wurde das Prickeln stärker, als sie an ihm vorbeiging. Sie hatte es zuvor noch nie erlebt, dass ein Mensch solch eine Wirkung auf sie hatte.

Er fuhr herum und blitzte sie an. »Was willst du hier?«

»Ich will mitmachen. Diese Sache mit Al Kahar, mit Ehrlichkeit und Treue und so.«

»Zurück zu den anderen. Die Bruderschaft ist nur für Männer.«

»Wie bitte? Wieso das denn?« Rilana war empört. »Ich will auch mitmachen. Ich kann genauso gut wie jeder Mann ... Hey, was soll das?«

Auf ein Kopfnicken Xators hin hatten zwei seiner Gefolgsleute Rilana ergriffen und schleppten sie dorthin zurück, wo sie hergekommen war.

»Al Kahars Wille ist es, dass jeder lernt, wo sein Platz ist«, dröhnte Xators Stimme ihr hinterher. »Eine Armee kann nur funktionieren, wenn jeder auf seinem Posten ist. Und die heilige Aufgabe der Frauen besteht nun mal darin, ihre Männer zu versorgen und ihnen viele Kinder zu schenken.«

Verwirrt und gedemütigt stahl Rilana sich davon. Sie war wütend. So konnte man nicht mit ihr umgehen. Aber wie die Dinge lagen, blieb ihr nichts anderes übrig, als es über sich ergehen zu lassen. Die Komanda-Typen hatten nun einmal die Macht.

Zugleich verunsicherte sie ein merkwürdiges Gefühl, das sie nicht recht einzuordnen wusste. Dieses seltsame Prickeln, das sie in Xators Nähe verspürt hatte ... Wenn sie an seine scharfen Gesichtszüge, seine stolze Haltung, die energisch blitzenden Augen dachte, kehrte es ansatzweise zurück. Irgendetwas hatte dieser Mann an sich, das sie faszinierte ...

Entschlossen schob Rilana diese Regungen beiseite. Ihr Verstand rebellierte gegen das, was er auf dem Marktplatz gesagt hatte – nicht nur gegen seinen Satz über Frauen, der war ohnehin völlig indiskutabel, sondern auch gegen seine Äußerungen über diesen Kriegerpropheten und seinen blutrünstigen Gott.

Andererseits schien ihr gemeinsamer Glaube die Piraten wirklich zu tragen und zu verbinden. Sie hätte gern mehr darüber herausgefunden.

Immer noch sauer, brachte sie ihre Schubkarre nach Hause und beschloss dann, zu Kabuto zu gehen. Mit etwas Glück war er noch nicht zu seinen Patienten aufgebrochen.

Sie traf Kabuto in seinem Labor, wie er den düsteren Raum voller getrockneter Kräuter und merkwürdig geformter Geräte gerne nannte. Die Wände standen voller deckenhoher Regale, in denen teilweise Bücher, teilweise geheimnisvolle, mit japanischen Schriftzeichen versehene Glasflaschen aufgereiht waren. Die gleichmäßige Staubschicht auf allem, was sich in den Regalen befand, verriet, dass Kabuto weder das eine noch das andere verwendete.

»Du kommst spät«, sagte er statt einer Begrüßung.

»Heute ist Tributtag. Mein Vater hat mich zum Markt geschickt.«

Kabuto nickte mit ausdrucksloser Mine, während er mit geschickten Bewegungen in einem Mörser rührte.

»Das war seit vielen Jahren das erste Mal, dass ich am Tributtag dabei gewesen bin«, sagte Rilana mehr zu sich selbst. »Es war ganz interessant, fand ich. Musst du eigentlich keinen Tribut leisten?«

»Nein«, sagte Kabuto. »Mein Vater hat vor vielen Jahren ausgehandelt, dass er als Heller eine Sonderstellung innehat. Und an unseren Heilpflanzen sind die Piraten nicht interessiert. Sie betreiben eine andere Art von Medizin.«

Rilana wurde hellhörig: »Weißt du etwas mehr darüber?«

Kabuto schüttelte den Kopf. »Soviel ich davon gehört habe, setzen sie Maschinen anstelle von Ärzten ein. Ich kann mir aber nicht recht vorstellen, wie das funktionieren soll.«

Nein, weil dein Horizont viel zu beschränkt ist, dachte Rilana.

»So, das sollte reichen«, sagte Kabuto und ließ die breiige Masse aus dem Mörser in ein Glasfläschchen gleiten. »Damit gehst du zu Denco und behandelst sein Bein.«

Rilana verzog das Gesicht.

»Kein Wort«, sagte Kabuto. Seine Augen funkelten hinter seiner Brille. »Wir können uns unsere Patienten nicht aussuchen. Und er braucht nun mal unsere Hilfe, auch wenn es unangenehm ist.«

»Deine Kräuter scheinen aber nicht wirklich zu helfen.«

»Manchmal muss man erst verschiedene Behandlungsmöglichkeiten ausprobieren, bevor man den richtigen Weg findet. Die Menschen sind nun mal unterschiedlich und reagieren nicht alle gleich gut auf dieselben Kräuter. Und ein wenig Besserung hat Denco ja schon erfahren. Die Entzündung ist weg, und die Schmerzen haben nachgelassen. Nun müssen wir seinem Körper helfen, sich selbst zu heilen. Er ist ein alter Mann, da braucht es eben ein bisschen Geduld.«

Blablabla, dachte Rilana, sagte aber nichts. Gehorsam packte sie ihre Tasche zusammen und machte sich auf den Weg in das stinkende Haus.

3. DAG GADOL

»Nur was wir tragen, verleiht uns Gewicht.« (Buch der Weisheit)

Jonas erwachte von einem gleichmäßig auf- und abschwellenden Ton. Mühsam öffnete er die Augen. Eine computergenerierte Stimme begann zu reden. »Erfolgreiche Landung. Ihre Vitalfunktionen sind normal. Dieser Planet verfügt über eine atembare Atmosphäre. Ich erwarte ihre Anweisungen.«

»Wasser«, krächzte Jonas, dessen Kehle wie ausgedörrt war.

Ein leises Summen ertönte, kurz darauf spürte Jonas einen schmalen Schlauch an seinen Lippen. Vorsichtig sog er daran. Ein dünner Strom Wasser rann ihm durch den Mund. Er verschluckte sich, musste husten. Seine Finger tasteten nach dem Gurtsystem, das ihn auf seinem Lager festhielt. Er entriegelte die Schnalle, die Gurte zogen sich zurück. Jonas richtete sich auf, bis sein Kopf an die durchsichtige Decke der Kapsel stieß, griff nach dem Schlauch und sog mit aller Kraft. Jetzt funktionierte es besser. Kühles Wasser strömte durch seine trockene Kehle. Eine Wohltat.

»Wo bin ich?«, fragte er, als er wieder sprechen konnte.

»Sie sind auf Dag Gadol, dem zweiten Planeten von Tau Ceti.«

»Das sagt mir nichts. Mehr Erklärungen bitte.«

»Die Bezeichnung ist historisch. Tau Ceti ist ein Stern im Sternbild Walfisch. Der Abstand zur Erde beträgt rund 12 Lichtjahre.« Auf dem Sichtfenster über Jonas' Kopf erschien eine Sternkarte, auf der sein Aufenthaltsort blinkte.

»Gibt es hier Leben?«

»Kein originäres. Aber der Planet ist besiedelt. Er verfügt über reiche Erzvorkommen. Die nächste Schürfstelle befindet sich in etwa

70 Kilometer Entfernung. Dort liegt auch ein kleiner Raumhafen. Soll ich versuchen, eine Verbindung herzustellen?«

»Ja, bitte tu das. Und setz ein Rettungssignal ab.«

»Das Rettungssignal auf der allgemeinen Notruffrequenz wurde direkt nach der Landung automatisch aktiviert. Kontaktaufnahme zur Schürfstelle derzeit nicht möglich.«

»Was soll das heißen?«

»Fehlerdiagnose läuft.«

Die Sternkarte verblasste, ein Fortschrittsbalken erschien.

»Fehlerdiagnose abgeschlossen. Der Planet hat ein ungewöhnlich starkes Magnetfeld, das den Funkverkehr blockiert.«

»Kann ich die Schürfstelle zu Fuß erreichen?«

Ein stilisierter Weg erschien auf der Glasscheibe.

Darunter stand: Berechnete Wegstrecke: 73 km.

Zu überwindende Höhenmeter: 1360 m.

Schwerkraft: 1,2 g. Außentemperatur: 42° C.

Luftfeuchtigkeit: 15 % Windgeschwindigkeit: 5 km/h.

Jonas stöhnte. Mit seiner Kondition stand es nicht zum Besten. In den vergangenen drei Jahren auf der Peacemaker hatte er sich mit Laufband und Fitnessraum eher zurückgehalten.

»Wie lange bleibt es noch hell?«

»Zwölf Standardtage.«

»Wie bitte?«

»Aufgrund der Rotationsgeschwindigkeit des Planeten beträgt die durchschnittliche Tageslänge 21 Standardtage.«

»Das heißt, die Nacht ist dann genauso lang?«

»Das ist korrekt.«

»Wie sieht es mit Ausrüstung aus?«

»Die Rettungskapsel verfügt über ein Survival-Bagpack mit sieben Tagesrationen. Sie finden es im Laderaum. Soll die Kapsel nun geöffnet werden?«

»Ja, bitte.«

»Ich empfehle, Ihren Kommunikator neu zu kalibrieren und die Routendaten darauf zu speichern.«

»Einverstanden.«

Das Gerät an Jonas' Handgelenk blinkte einmal kurz und signalisierte Einsatzbereitschaft. Dann sprang das Oberteil der Kapsel auf. Jonas kletterte mit steifen Gliedern hinaus. Die Luft war warm und trocken. Der rötliche Boden erinnerte ihn an den Mars – nur dass hier die Sonne ungleich größer war als dort. Sie wirkte verwaschen, so als schiene sie durch Nebel hindurch. Obwohl sie hoch am Himmel stand, leuchtete der Horizont in gelbroten Farbtönen, als stünde bereits die Abenddämmerung bevor, was die Landschaft seltsam unwirklich erscheinen ließ.

Jonas umrundete die Kapsel, die wie ein ägyptischer Sarkophag im Sand lag. Er fand den Zugang zum Laderaum und drehte den zum Öffnen bestimmten Hebel herum. Mit einem leichten Schnaufen sprang eine breite Klappe auf und gab den Blick auf die Ausrüstungsgegenstände frei. Jonas nahm das Bagpack heraus und öffnete es. Wasserflaschen, Energieriegel, Nahrungskonzentrat, Blechdosen mit Proteinpaste, ein wenig Verbandszeug.

Er lud sich das Pack auf die Schultern, hängte sich einen Faust-Laser und ein langes Messer an den Gürtel und blickte auf sein Handgelenk. Der Kommunikator wies ihm die Richtung und zeigte die verbleibende Entfernung an. Noch 73,30 km. Auf geht's, ermunterte er sich selbst und stapfte los.

Er war noch keine fünf Minuten gegangen, als er einen durchdringenden Warnton hörte, dem bald darauf eine Explosion folgte. Die Raumkapsel hatte sich selbst zerstört – eine Standardprozedur bei Landungen auf fremden Planeten, die verhindern sollte, dass Technologie in falsche Hände geriet.

Jonas kannte das Protokoll, aber trotzdem fühlte er sich beim Anblick der Rauchwolke plötzlich zutiefst einsam. Nun war er unwiderruflich auf sich allein gestellt.

Das Laufen auf dem rötlichen Sand fiel ihm schwer – bei jedem Schritt sank Jonas bis zu den Knöcheln ein. Die verschwommene Sonne verstrahlte eine unerbittliche Hitze. Das Bagpack drückte auf seine Schultern, das Hemd klebte an seinem Rücken, und er wünschte, dass er sich einen Hut mitgenommen hätte. Noch 69,87 km, und Jonas hatte schon die zweite Tagesration Wasser konsumiert.

Der Untergrund wechselte, aus dem feinen Sand wurde Geröll, das Gelände stieg merklich an. Jonas keuchte die Anhöhe hinauf. Vielleicht konnte man von oben schon das Ziel sehen, sagte er sich, doch diese Hoffnung erwies sich als vergeblich. Um ihn herum gab es nichts als Sand und Steine und eine Sonne, die wie festgelasert am Himmel hing. Jonas setzte sich auf einen Felsbrocken, der halbwegs im Schatten lag, und überdachte seine Lage.

Wollte das Universum ihn strafen? Etwa für seine Lüge, dass er behauptet hatte, Alister zu sein?

Nein, der Gedanke war absurd. Das Universum strafte nicht, es schenkte Gelegenheiten, sich weiterzuentwickeln. Allerdings kam ihm seine aktuelle Situation eher wie ein Rückschritt als eine Weiterentwicklung vor – auf eigenen Füßen große Entfernungen zurückzulegen, das hatte was Archaisches. Aber möglicherweise war es ja genau das, was das Universum ihn nun lehren wollte: zurück zu den Wurzeln. Altes neu entdecken. Oder auch: Schritte tun. Hindernisse überwinden. An die eigenen Grenzen gehen und daran wachsen.

Jonas seufzte. Das war alles schön und nett. Vielleicht sollte er sich diese Gedanken irgendwo notieren, damit er sie für eine seiner Andachten verwenden konnte. Aber hier halfen sie ihm nicht weiter.

Ob er jemals wieder eine Andacht halten würde?

Zum ersten Mal wurde ihm bewusst, dass er auf diesem Planeten durchaus sein Leben verlieren könnte. Dazu brauchte es nicht viel. Eine ungeschickte Bewegung, ein verstauchter Knöchel, ein Sturz auf einem Abhang konnten reichen.

Mit einer Handbewegung wischte er die bedrohlichen Fantasien weg. Er hatte den schweren Energiesturm nicht in einer Nussschale überlebt, um anschließend durch einen dummen Zufall in dieser Wüste umzukommen.

Wenigstens schien es ihm mental jetzt besser zu gehen. Die Stimme in seinem Kopf war verstummt. Er konnte immer noch nicht fassen, dass diese … Hexe auf der Marad einer vorübergehenden Psychose solch eine Bedeutung beigelegt hatte. Hätte er doch bloß nichts gesagt. Schuld waren der Stress und die Nachwirkungen vom *Mezza*. Sei's drum. Geschehen ist geschehen.

»Also, liebes Universum«, sagte er laut, »sei doch bitte so gut und schicke mir jemanden entgegen, damit ich nicht die ganze Strecke zu Fuß laufen muss. Ich finde, ich habe jetzt genug gelernt.«

Unwillkürlich lauschte er auf Turbinengeräusche, doch die Rettung ließ offensichtlich auf sich warten. Seufzend stand er auf und schulterte sein Bagpack. Ein paar Kilometer konnte er bestimmt noch schaffen.

Endlich hatte er sich zum Gipfel der Anhöhe emporgekämpft. Er hielt einen kurzen Moment inne, blickte sich in der eintönigen rotgrauen Landschaft um und freute sich darauf, dass es nun bergab ging. Doch er stellte schon bald fest, dass ihm der Abstieg deutlich schwerer fiel als der Aufstieg. Jonas musste höllisch aufpassen, dass er sein Gleichgewicht nicht verlor. Immer wieder rutschte das Geröll unter seinen Stiefelsohlen zur Seite. Ein Wanderstab wäre eine große Hilfe gewesen, aber so etwas gab es in dieser Einöde nicht. Die Schmerzen in seinen Füßen wurden jetzt unerträglich. Die ungewohnte Beanspruchung hatte sie anschwellen lassen, und das Abwärtslaufen drückte sie quälerisch an die Vorderwand seiner Schnürstiefel. Jonas versuchte es mit Serpentinenlaufen. Anstatt geradeaus den Hang hinabzuschlittern, ging er hin und her – wodurch er zwar eine größere Strecke zurücklegen musste, aber sicherer vorankam.

Der Kommunikator zeigte 67,33 km restliche Entfernung an.

Jonas hätte wohl besser daran getan, nicht auf sein Handgelenk zu schauen, denn dann hätte er vermutlich den losen Stein bemerkt. So aber gab der Untergrund unerwartet nach, und Jonas ging zu Boden. Auf seinem Backpack liegend, wie ein Mistkäfer auf dem Rücken, rutschte er mit zunehmender Geschwindigkeit talwärts. Bei dem Versuch, sich umzudrehen und irgendwo Halt zu finden, schürfte er sich Arme und Hände auf, ohne jedoch sein Tempo entscheidend zu verändern. Er schrie auf. Mehrfach rammte er größere Felsbrocken, was sich anfühlte, als versetzte ihm jemand einen gewaltigen Tritt in den Rücken. Er wurde hochgeschleudert und krachte unsanft auf den Boden. Die erhöhte Schwerkraft des Planeten machte sich ausgesprochen unangenehm bemerkbar.

Endlich erreichte er das Tal und kam zum Stillstand. Staub knirschte zwischen seinen Zähnen. Jonas blieb einen Moment benommen liegen, als könne er noch nicht glauben, dass seine Rutschpartie hier zu Ende war. Zaghaft bewegte er Arme und Beine. Bis auf ein paar blaue Flecken und Schürfwunden schien er unverletzt zu sein.

Er befreite sich von den Tragegurten des Backpacks und stand vorsichtig auf. Seine Glieder schmerzten, aber gebrochen hatte er sich nichts. Immerhin. Doch um das Backpack herum bildete sich nun eine schnell größer werdende Pfütze.

Jonas öffnete vorsichtig die Verschlüsse und spähte hinein. Der Anblick erschütterte ihn: Sein Proviant hatte sich großteils in eine breiige Masse verwandelt; ein Teil des Wassers war ausgelaufen. Mühsam bekämpfte Jonas die aufsteigende Panik und machte eine Bestandsaufnahme. Immerhin drei Wasserflaschen waren unversehrt geblieben, zwei weitere waren leicht beschädigt, aber noch dicht. Zwölf Powerriegel und drei Einheiten Konzentrat hatten den Sturz überstanden. Der Rest war verloren.

Jonas überwand sich dazu, etwas von der ekligen Mischung zu probieren, die sich im Innenraum des Backpacks ausbreitete, durchsetzt von Kunststoffsplittern und Staub, doch die Pampe war ungenießbar.

66,4 verbleibende Kilometer zeigte sein Kommunikator an. Bei diesem Gelände wären das mindestens zwei Standardtage Fußmarsch, wenn nicht drei. Bisher hatte er schon sechs Flaschen Wasser ausgetrunken. Selbst wenn er den Vorrat rationierte, was in der Wüste vermutlich keine gute Idee war, reichte die verbliebene Menge nicht einmal für den halben Weg.

Aber Jonas weigerte sich, aufzugeben. Das Universum würde

schon einen Weg finden, um ihn am Leben zu halten. Er aß einen Powerriegel, trank den Rest Wasser, der sich in einer der geplatzten Flaschen noch fand, und machte sich wieder auf den Weg.

Die Hilfe des Richtungssensors brauchte er kaum, da sich die Sonne auf diesem Planeten praktisch nicht bewegte. Jonas ging los, bemühte sich ungeachtet seiner Schmerzen um ein konstantes Tempo und kam nun relativ zügig voran. Der Untergrund wurde fester, eher Felsen als Sand, zugleich änderte sich die Farbe. Das rötliche Schimmern ging in ein stumpfes Grau über.

Noch 59,3 Kilometer. Demnach war er jetzt genau vierzehn Kilometer gelaufen. Jonas war völlig fertig. Noch nie in seinem Leben hatte er zu Fuß solch eine Distanz bewältigt. Er fragte die Uhrzeit ab – 226:35:22 Ortszeit. Na toll. 42 Standardtage mal 24 Stunden – das waren also, keine Ahnung, über 1000 Stunden pro Tag. Damit konnte er nichts anfangen und stellte auf Bordzeit der Peacemaker um. 02:36 Uhr. Eine gute Zeit, um ein paar Stunden zu schlafen, dachte er, aber in diesem Backofen gab es nirgendwo einen geeigneten schattigen Platz. Im Gegenteil. Der graue Felsboden strahlte mindestens genauso viel Wärme ab wie die verschwommene Sonne an dem blauorangeroten Himmel. Ober- und Unterhitze. Es kam ihm so vor, als sei die Temperatur in den letzten Stunden noch weiter gestiegen, aber der Sensor seines Kommunikators zeigte nichts mehr an. Wahrscheinlich hatte er bei dem Sturz Schaden genommen.

Jonas aß einen weiteren Energieriegel, trank etwas Wasser und beschloss, solange weiterzugehen, bis er eine Höhle oder Ähnliches fand. Seine Füße und Knie schmerzten wie die Hölle. Er versuchte, es so gut wie möglich zu ignorieren, und ging wieder los.

Endloser grauer Fels mit merkwürdig weichen Kanten. Vielleicht von Sandstürmen rundgeschliffen. Wie beerdigte man hier wohl Menschen?

Er erschrak über die Frage, die ihm da in den Sinn gekommen war. Er hatte nicht die Absicht, in dieser Wüste zu sterben, aber er musste sich eingestehen, dass er nicht mehr weit davon entfernt war. Unwillkürlich kamen ihm seine Standardfloskeln in den Sinn, die er für Trauerfeiern verwendete – im Universum geht nichts verloren, jedes Kohlenstoffatom wird neu verwendet, Energie kann nicht verschwinden, sich nur umwandeln, blablabla. Kaum zu glauben, dass er das mal für tröstlich gehalten hatte. Sich als Ansammlung von Energie und Kohlenstoffatomen zu verstehen war ungefähr so sinnvoll, wie das Bild eines alten Meisters nach seinem Materialwert zu beurteilen.

Er wollte nicht sterben. Sein Leben hatte doch noch gar nicht richtig angefangen. Gut, er hatte es geschafft, an Bord der Peacemaker zu kommen. Ja, hurra, sein Kindheitstraum war erfüllt. Aber dafür hatte er auch seine Seele verkauft. Er erzählte den Leuten Dinge, die niemandem weiterhalfen. Er konnte es nachvollziehen, dass seine Kameraden ihn hinter seinem Rücken auslachten. Würde er, wenn dies hier vorbei war, zurück in seinen alten Dienst gehen? Er wusste es nicht. Ihm fiel auch keine Alternative ein. Überhaupt war es hier viel zu heiß zum Denken. Doch wie sollte er überleben, wenn ihm nichts einfiel, für das es sich zu leben lohnte?

Es würde sich schon etwas finden. Erst mal nur hier raus. Aber anscheinend hatte das Universum seine Bestellung ignoriert.

Mechanisch stapfte Jonas weiter. Die Stiefelsohlen schienen an dem heißen Untergrund festzukleben. Unablässig brannte ihm die Sonne auf die rechte Gesichtshälfte. Seine Augen tränten von der Helligkeit. Das Backpack wurde immer schwerer, obwohl er doch den Wasservorrat schon fast leer getrunken hatte. Kaum zu glauben, was lumpige zwei Prozent mehr Schwerkraft ausmachten. Er hatte Hunger. Er war müde. Er wollte jetzt auf der Stelle eine lange Pause machen.

Etwa einen Kilometer voraus hob sich eine merkwürdige Formation aus der Steinebene ab. Sie sah aus wie eine Pyramide. Jonas hielt drauf zu. Beim Näherkommen erkannte er, dass das kein Gebäude war, auch keine natürliche Formation. Es war ein riesiger Schutthaufen, akkurat aufgehäuft mitten im Nirgendwo. Spuren des Bergbaus, wie es schien. Wahrscheinlich verlassen – Hilfe war dort wohl nicht zu erwarten. Aber Schatten schon.

Er mobilisierte seine letzten Kräfte und schleppte sich zu der Halde. Als er in ihren Schatten eintrat, wurde es merklich kühler. Die Wärmestrahlung des Felsens hörte schlagartig auf, die Sonne verschwand hinter der Spitze des gigantischen Steinhaufens – geradezu paradiesisch.

Jonas setzte sich an den Fuß der Halde und nahm eine der Proviantdosen heraus. Es zischte leicht, als er den Verschlussring abzog. Misstrauisch schnupperte er an dem Inhalt. Von der Konsistenz her erinnerte es ihn an das Dosenfutter, das sein Kater Ganymed bekommen hatte. Aber es roch gut. Er zog sein Fahrtenmesser aus der Magnethalterung am Gürtel und steckte es in die rotbraune Masse. Vorsichtig löffelte er eine Probe heraus und führte sie zum Mund.

Die Proteinpaste schmeckte überraschend gut. Nur wenig fester als Pudding, aber würzig und saftig. Vermutlich steckte hier alles drin, was sein geschundener Körper jetzt brauchte.

Innerhalb kürzester Zeit hatte er die Dose geleert. Müde und satt rollte er sich neben einem großen Stein zusammen, schob das Backpack als Kopfkissen zurecht und schlief binnen weniger Minuten ein.

Ihn weckte ein stechender Schmerz am linken Bein. Jonas fuhr hoch und sah fassungslos, wie ein handtellergroßes Etwas auf seinen Stiefel fiel. Es zappelte mit seinen acht schwarzen Beinen, kam blitzschnell wieder auf die Füße und machte sich daran, an Jonas' Hosenbein hochzuklettern. Reflexartig kickte er das Vieh weg. Es flog im hohen Bogen davon, krachte auf den Felsen und blieb hilflos zappelnd liegen. Jonas riss den Faustlaser heraus und jagte drei Ladungen hinein, bis nur noch ein Häufchen rauchender Asche übrig war.

Sein Bein schmerzte. Knapp oberhalb des Stiefels prangte ein geldstückgroßes Loch in seiner Hose. Blut sickerte heraus und färbte den Stoff dunkel. Was war hier los? Der Bordcomputer hatte doch gesagt, dass es auf diesem Planeten kein originäres Leben gäbe. Eine bis dahin unentdeckte Spezies vielleicht? Das war unwahrscheinlich. Keine Lebensform konnte für sich allein existieren.

Jonas hörte es trippeln – etwa zehn dieser spinnenartigen Tiere näherten sich und machten sich über die Asche ihres Artgenossen her. Nun konnte er sie besser sehen: Es waren keine normalen Spinnen. Die schwarzen Biester besaßen einen langen Schwanz und ein beachtliches Scherenpaar. Skorpione.

Jonas hob den Laser und ließ sie verdampfen. Zeit zum Aufbruch, befand er. Er griff nach seinem Backpack. Gerade rechtzeitig entdeckte er mehrere kreisrunde Löcher darin – exakt so groß wie das Loch in seiner Hose. Er ließ das Pack fallen und sprang zurück. Drei dunkle Skorpione krochen heraus.

Jonas hob den Laser und feuerte wie ein Wahnsinniger. Die Viecher zerfielen zu Asche, das Backpack ging in Flammen auf, der Felsen dahinter begann zu glühen. Dann klickte es plötzlich trocken, und die Waffe blieb stumm. Ein kleines rotes Energiesymbol blinkte. Jonas fluchte, warf die nutzlos gewordene Pistole fort und machte sich daran, die Halde emporzuklettern, denn er konnte erneut ein Trippeln hören, das nichts Gutes verhieß.

Die Steine waren etwas wackelig, aber sie hielten sein Gewicht. Zügig arbeitete er sich fünf Meter nach oben, dann spähte er hinunter.

Mindestens zwanzig Skorpione fielen über sein verkohltes Backpack her. Sie kletterten hinauf, krochen hinein, und gelegentlich sah Jonas feine Blitze aufleuchten, wie von einem winzigen Laser abgefeuert. Anscheinend hatten die Biester ihn vorläufig vergessen – doch es lag auf der Hand, was geschehen würde, wenn sie das Interesse an seinem Pack verloren.

Jonas wusste, dass er in der Wüste ohne Vorräte keine Chance hatte und wahrscheinlich ohnehin in der Hitze sterben würde, aber diesen Monstern wollte er auf keinen Fall zum Opfer fallen. Was konnte er tun? Vielleicht Felsbrocken auf sie hinabwerfen? Diese Idee verwarf er schnell wieder, als ihm klar wurde, dass er sie wohl kaum treffen, stattdessen aber sofort auf sich aufmerksam machen würde.

Jonas versuchte sich zu beruhigen und atmete bewusst in den Bauch. Hier half nur Vernunft. Was waren die Fakten? Er war allein in der Wüste, hatte keine Vorräte mehr und wurde von einer Horde blutgieriger Achtbeiner angegriffen. Was noch?

Atmen, Jonas, atmen.

Dieser Geruch der eingeäscherten Skorpione erinnerte ihn an irgendetwas. Er kam nur nicht darauf. Was war es bloß?

Er musste an die Schule denken. Herr Löppel, der Hausmeister mit seinem Watchdog, auf den er so stolz gewesen war, obwohl er nur ein ranziges Uraltmodell besaß. Eines Tages hatten die Jungs dem Droiden mit einem Brennglas das Fell versengt. Das hatte genauso gerochen.

Biogel.

Natürlich. Das waren keine Lebewesen, das waren Biobs. Bestimmt gehörten sie der Schürfgesellschaft und suchten nach Bodenschätzen. Dafür nahmen sie Proben von allem, was nicht niet- und nagelfest war. Die wollten nicht töten, die wollten nur untersuchen. Was aber dazu führte, dass sie münzgroße Löcher in seinen Körper bohrten. Unterm Strich lief es auf dasselbe hinaus.

Als hätte er eine Witterung aufgenommen, ließ plötzlich einer der Skorpione vom Backpack ab und wandte sich nach oben. Ein weiterer lief ihm hinterher. Jonas erstarrte. Die Biobs folgten der Spur seines Blutes, das noch immer aus der Wunde an seinem Bein rann. Das Verbandszeug war zusammen mit den Vorräten in Flammen aufgegangen.

Hektisch kletterte er weiter nach oben. Es war ein ungleicher Kampf. Die flinken Achtbeiner kamen mindestens doppelt so schnell voran wie er. Nun hatten sich noch fünf weitere an die Verfolgung gemacht. Jonas sah sich verzweifelt nach einer geeigneten Waffe um, aber die Steine in seiner Nähe waren zu groß und zu fest verkeilt.

»O Gott«, schrie er, »ich will hier nicht verrecken! Hilf mir doch!«

Selbst überrascht von seinem Aufschrei, mobilisierte er noch einmal alle Kräfte. Er war jetzt fast auf halber Höhe der Halde. Etliche Meter links von ihm gab es einen besonders großen Felsen, der wie eine Aussichtsplattform im umgebenden Geröll steckte. Dort hätte er zumindest einen sicheren Stand und könnte versuchen, die angreifenden Skorpione einzeln wegzukicken. Auf keinen Fall würde er kampflos aufgeben.

Vorsichtig balancierte er seitwärts, bis er endlich auf die Felsplattform gelangte. Sie maß vielleicht zwei mal einen Meter und neigte sich leicht nach unten, als er sie betrat. Der erste Skorpion erreichte den Felsen zwanzig Sekunden später.

»Komm her, du, du Biest«, knurrte Jonas. Er verlagerte sein Gewicht auf das linke Bein und machte sich bereit für den Elfmeter. Doch der Biob tat ihm den Gefallen nicht. Unbeweglich blieb er am Rand der Plattform stehen und schien auf etwas zu warten.

Sie sammeln sich, dachte Jonas. Sie greifen gemeinsam an!

Eine böse Vorahnung ließ ihn sich umsehen. Etwa einen Meter über seinem Kopf entdeckte er zwei weitere Skorpione. Sie duckten sich zwischen die Felsen und funkelten ihn angriffslustig an. Auch sie bewegten sich nicht. Er war umzingelt.

»Spring doch!«, sagte eine innere Stimme. »Was hast du denn zu verlieren? Kein Proviant mehr, keine Waffe mehr – willst du dein Leiden wirklich bis zuletzt auskosten? Mach Schluss, solange du es noch kannst!«

Jonas blickte nach unten. Wenn er Anlauf nähme und weit genug absprang, könnte es klappen. So sportlich, wie er war, wäre aber eher damit zu rechnen, dass er zu kurz sprang, sich lediglich ein paar Knochen brach und dann seinen Angreifern erst recht hilflos ausgeliefert wäre.

Genug jetzt. Er wollte sich von ein paar Biobs nicht in den Tod treiben lassen.

Der Skorpion am Felsrand hatte seine Position immer noch nicht verändert. Jonas konnte dessen Augen nicht sehen, aber er war sicher, dass er ihn anstarrte. Seltsam. Worauf wartete er noch?

*****

Xator versammelte seine neuen Gläubigen in einem der Lagerhäuser am Rand der Kolonie, das er zu diesem Zweck hatte ausräumen und reinigen lassen.

»Ich heiße euch willkommen in der Bruderschaft!«, sagte er. »Wir dienen Al Kahar, lieben unsere Brüder und hassen unsere Feinde. Ich habe ein kleines Begrüßungsgeschenk für euch. Legt euer altes Leben ab, und zieht ein neues an!« Mit einer ausladenden Handbewegung deutete er auf mehrere Kleiderstapel, die auf Tischen bereitlagen: Berge der typischen Armeehosen der Komanda und Hemden aus hellem, kräftigem Stoff.

Franco sah an sich hinunter. Seine Klamotten waren schmutzig und verschlissen. Er hätte schon lange eine neue Hose gebraucht, aber er war chronisch knapp bei Kasse. Und Stoffe von der Qualität, wie sie dort auslagen, gab es in der Kolonie ohnehin nicht. Er blickte sich um und sah in ratlose Gesichter.

»Was sollen wir jetzt tun?«, flüsterte Ivan, einer der Schmiede, ihm zu.

»Nur nicht so schüchtern«, rief Xator. »Sucht euch etwas Passendes aus. Eure alten Sachen könnt ihr dann dort in den Container werfen.«

Franco ließ sich nicht weiter bitten. Er ging zu den Kleiderstapeln und durchsuchte sie nach einer Hose in seiner Größe. Das brach den Damm, und bald drängelten sich alle neuen Glaubensbrüder um die bereitgestellten Gaben.

Nachdem jeder neu eingekleidet war, ließ Xator die Männer in einer Reihe antreten. Die einheitliche Kleidung wirkte wie eine Uniform und verfehlte ihre Wirkung nicht. Es wehte ein Geist von Brüderlichkeit, dem man sich schwer entziehen konnte.

»Nun will ich euch zeigen, wie wir beten«, erläuterte Xator. »Es ist ein heiliger Ritus, der aus alter Zeit stammt. Er ehrt Al Kahar, erfrischt unseren Geist und stählt unsere Körper für den Kampf. Macht einfach nach, was ich euch vormache.«

»Al Kahar ist groß!«, rief er und sank auf sein rechtes Knie. Die gut dreißig Männer der Kolonie taten es ihm nach. Franco spürte die Macht der Gemeinschaft und ahnte, dass dies sein Leben nachhaltig verändern würde.

*****

»Meister Ecker, wie schön, dass ihr mich besuchen kommt! Was kann ich für euch tun?« Kabuto verbeugte sich ehrerbietig vor seinem Gast. »Macht mir die Freude, einen Tee mit mir zu trinken!«

»Wenn es dir keine Umstände macht ...«

»Nein, gar nicht. Das Wasser ist schon fast heiß. Bitte nimm Platz!«

Kabuto deutete auf einen bequemen Sessel und entschwand in sein Labor, wo er in der Tat bereits einen Kessel Wasser aufgesetzt hatte, um einen Sud zu bereiten. Er stellte eine Kräutermischung zusammen und goss den Tee auf. Bewaffnet mit Teekanne und zwei Schalen, kam er zu seinem Gast zurück.

»Ich will dich nicht lange aufhalten und muss ja auch selbst bald wieder an meine Arbeit«, begann dieser.

Kabuto lächelte ihn an. »Der Tee muss ohnehin noch ein paar Minuten ziehen. In der Zeit kannst du mir ebenso gut erzählen, was du auf dem Herzen hast.«

»Es ist diese neue Baustelle ...«

»Die Färberei?«

»Ja, genau. Es ist das größte Projekt, das ich je zu bewältigen hatte. Da gibt es so viel zu bedenken, dass ich nachts kaum noch schlafen kann.«

»Und nun bist du gekommen, um einen Segen zu erbitten.«

»Ja, genau. Das wäre schön.«

Kabuto goss Tee in die zwei Schalen.

»Du hättest keinen besseren Zeitpunkt wählen können«, sagte er. »Die Sterne stehen gerade besonders günstig. Wir wollen gleich nach hinten gehen und eine Segenszeremonie durchführen. Doch sag mir erst einmal: Wie geht es deiner Familie? Sind alle wohlauf?«

Meister Ecker berichtete, und die Anspannung fiel zusehends von ihm ab. Die verkniffene Falte auf der Stirn löste sich, seine Sitzhaltung wurde entspannter, die Stimme verlor ihren gepressten Klang. Kabuto registrierte es und lächelte.

Dann führte er seinen Gast zu dem Steinmal im Garten, hielt vor den konzentrisch geharkten Kreisen inne und ließ den Zimmermann auf einer Holzbank Platz nehmen.

»Ich bin gleich wieder da«, sagte er. »Schließe deine Augen, spüre deinen Atem, und gib deine Probleme an die Mächte des Universums ab.«

Kabuto ging ins Haus, legte einen aufwendig gearbeiteten Kimono mit Goldstickereien an und griff nach einer großen Handtrommel.

Dann fing er an zu singen, schlug dazu die Trommel, ließ die Tonsilben, die in ihm aufstiegen, erklingen, improvisierte ein Lied in einer ihm neuen Sprache.

»A-kanuto e pajanim ikanote pa e kuso ...«

Singend zog er in den Garten ein, umkreiste Meister Ecker, der noch immer mit geschlossenen Augen auf der Bank saß und nun begann, seinen Oberkörper im Takt der Trommel zu bewegen. Kabuto spürte, wie sich die Grenzen von Zeit und Raum auflösten; wie er und sein Gesang Teil eines größeren Ganzen wurden.

Unmöglich zu sagen, wie lange dieser Ritus dauerte. Irgendwann merkte der Schamane, dass sein Vorrat an unbenutzten Worten zu Ende ging, und beendete das Lied mit einem dramatischen Trommelwirbel. Meister Ecker öffnete die Augen.

»Danke«, sagte er. »Diese Energie – das war unbeschreiblich. War das ein japanisches Stück?«

»Frage nicht«, sagte Kabuto geheimnisvoll. Er schien von innen her zu leuchten. »Das Lied war an die Elemente gerichtet, nicht an deinen Verstand. Und nun geh – deine Arbeit wird gesegnet sein.«

Meister Ecker stand auf – nun wirkte er zuversichtlich und energiegeladen.

»Was bin ich dir schuldig?«, fragte er.

»Gib mir einfach, was du selbst für diese Zeit berechnet hättest«, antwortete Kabuto und verbeugte sich.

*****

In der Ferne brummte ein Triebwerk. Es klang nach einem Kopter, der sich schnell näherte. Jonas wandte den Kopf und versuchte, die Quelle des Geräusches zu erkennen. Eine zaghafte Hoffnung glomm in ihm auf. Konnte es sein, dass Hilfe nahte? Vielleicht war der Funkspruch der Kapsel doch noch durchgegangen?

Plötzlich stand der Hubschrauber über ihm. Jonas verrenkte sich fast die Arme, so sehr schwenkte er sie über dem Kopf. Das Fluggerät beschrieb eine Kurve, dann setzte es zur Landung an. Ein Mann in einem kakifarbenen Overall sprang heraus. Er hielt ein Ortungsgerät in der Hand, das er aufmerksam musterte.

»Hier bin ich! Hier oben!«, schrie Jonas.

Der Pilot sah überrascht zu ihm hoch. »Wie kommen Sie denn hierher?«, rief er.

»Ich bin abgestürzt. Mit einer Rettungskapsel. Bitte helfen Sie mir, ich bin verletzt!«

Der Mann zögerte. »Können Sie noch klettern?«

»Ich glaube schon, aber hier lauern überall Skorpione!«

»Kein Problem. Die Explos sind jetzt deaktiviert. Kommen Sie ruhig herunter.«

Vorsichtig machte Jonas sich an den Abstieg. Sein Bein schmerzte, aber wenigstens hatte die Blutung aufgehört.

»Mein Name ist Jonas Rothenfels. Ich war an Bord der Marad, aber wir sind in einen schlimmen Energiesturm geraten. Meine Rettungskapsel ist dann hier gelandet. Haben Sie das Notsignal aufgefangen?«

»Nennen Sie mich Hank. Ich weiß nichts von einem Notsignal. Ehrlich gesagt, bin ich auch nicht Ihretwegen hier, sondern wegen unserer Explos. Waren Sie das?«

Er deutete auf die Aschehäufchen, die noch immer schwelten und einen scharfen Geruch abgaben.

»Es tut mir leid, sie sind auf mich losgegangen, einer hat versucht, ein Loch in mein Bein zu bohren …« Jonas zeigte auf sein blutiges Hosenbein. Der Techniker lachte auf.

»Wir haben uns schon über die eigenartigen Messwerte gewundert! Steigen Sie ein, ich bringe Sie zur Basis!«

Schwerfällig humpelte Jonas zu der kleinen Maschine hinüber und zwängte sich hinein. Er war am Ende seiner Kräfte.

»Sie haben nicht zufällig etwas Wasser da, oder?«, krächzte er, nachdem der Pilot sich elegant auf seinen Sitz geschwungen hatte.

Hank langte in ein Fach im hinteren Teil der Kabine und zog eine dunkelblaue Flasche heraus. »Na klar. Hier, nehmen Sie. In der Wüste muss man viel trinken.«

Jonas verkniff sich jede Bemerkung, fummelte ungeduldig am Verschluss herum und kippte endlich die kühle Flüssigkeit mit gierigen Schlucken hinunter. Eine Wohltat.

Die Turbine lief an, der Kopter hob vom Boden ab. Sie überflogen die Halde, beschrieben einen leichten Bogen nach links und bewegten sich dann genau entlang der Route, der Jonas gefolgt war. Die Sonne stand noch immer halb rechts voraus. Das einheitliche Grau unter ihnen verschwand nach einiger Zeit. Stattdessen dominierten nun schroffe rotbraune Felsen die Landschaft. Kurz darauf erreichten sie eine Schlucht, die sich urplötzlich unter ihnen öffnete. Schaudernd blickte Jonas hinab. Er konnte keinen Grund erkennen, nur undurchdringliche Schwärze.

»Das ist die Höllenschlucht«, sagte Hank. »Sieben Kilometer tief. Da wären Sie niemals rübergekommen. Wir haben hier zwanzig Prozent mehr Schwerkraft als auf der Erde.«

Jonas nickte. Ach, zwanzig Prozent sind es, dachte er müde, nicht bloß zwei. Darum war alles so schwer. Ich und Mathe ... Laut sagte er: »Das habe ich gemerkt. Ich verdanke Ihnen mein Leben. Dafür werde ich Ihnen ewig dankbar sein!«

Hank legte den Kopf schräg und erwiderte nichts.

Vor ihnen tauchte ein Gelände auf, das deutliche Spuren von technischer Bearbeitung zeigte.

Mehrere kleine Raumschiffe parkten dort, Erztender, wie es schien. Sie wirkten abgenutzt und schlecht gewartet.

Der Kopter flog eine Linkskurve und ging tiefer. Zu ihrer Rechten lag eine Industrieanlage, vor der gewaltige Radlader umherfuhren.

»Das ist unsere Anreicherungsanlage«, schrie Hank gegen den

Rotorenlärm an. »Dort wird der Metallgehalt in den Erzen konzentriert, damit die Raumschiffe nicht zu viel Ballast transportieren müssen.«

»Was wird denn hier abgebaut?«

»Hauptsächlich Platin und Nickel.«

»Und was ist das da vorn?« Jonas deutete auf ein blaues Formteil-Gebäude, auf das sie zuflogen.

»Das ist unser Basislager. Im vorderen Teil sind ein paar Büros, und dahinter liegen Unterkünfte.«

Hank setzte den Kopter so geschickt auf, dass Jonas die Landung kaum spürte.

»Willkommen auf Dag Gadol«, sagte Hank. Er löste seinen Gurt, sprang aus der Kabine und erschien kurz darauf auf Jonas' Seite.

»Brauchen Sie Hilfe?«, fragte er, nachdem er die Tür geöffnet hatte. Dankbar ergriff Jonas die dargebotene Hand. Das Sitzen hatte seine erschöpften Muskeln steif werden lassen. Die Wunde am Bein pochte.

»CETUS ERZGEWINNUNG« stand auf einem großen Schild neben dem Eingang. Darüber spie ein stilisierter Walfisch eine Fontäne in die Luft.

»Ein Wal ist nicht gerade das erste Symbol, das mir für ein Bergwerk in der Wüste einfallen würde«, sagte Jonas, um sich von seinen Schmerzen abzulenken.

»Tau Ceti liegt im Sternbild Walfisch«, erläuterte Hank. »Natürlich nur von der Erde aus gesehen.« Er führte ihn durch die automatisch öffnenden Schiebetüren in ein Foyer, in dem eine angenehm kühle Temperatur herrschte. Der Boden war mit hellgrauem Stein gepflastert. In der Ecke wuchs eine große Grünpflanze in einem Kübel. Nach den vielen Stunden in der rotgrauen Wüste empfand Jonas sie als Wohltat für die Augen.

»Nehmen Sie einen Moment Platz«, sagte Hank, »ich melde Sie eben an.« Er deutete auf eine bequem wirkende Sitzgruppe an der Wand und verschwand durch eine Tür. Jonas ließ sich in die Polster sinken. Augenblicklich passten sie sich mit einem leisen Surren an seinen Körper an. Er schloss die Augen. Gerettet. Wer hätte das gedacht. Was für ein unglaublich glücklicher Zufall!

Die Bilder der vergangenen Stunden wirbelten durch seinen Kopf. Die Rettungskapsel. Der harte Marsch. Die heiße, verschwommene Sonne. Die Biobs – wie hatte Hank sie noch genannt? Explos. Seine Angst. Der Kopter.

»Der Chef sagt, Sie sollen sich erst mal auf der Krankenstation vorstellen.«

Die Stimme des Technikers holte Jonas in die Gegenwart zurück. »Bitte, folgen Sie mir!« Hank streckte ihm seine Hand entgegen und half ihm aus dem Sofa hoch, das leise zischte und die Vertiefungen, die es für Jonas' Körper angelegt hatte, wieder verschwinden ließ.

Sie durchquerten eine Kantine und einen kleinen Flur, dann betraten sie einen zweckmäßig eingerichteten Raum, der nach Sauberkeit und Desinfektionsmitteln roch. Schreibtisch, Medikamentenschrank, Untersuchungsliege. Die Tür zum Nebenraum stand offen, Jonas erkannte eine in die Jahre gekommene OP-Einheit, deren Roboterarme in sterilen Schutzhüllen steckten.

»Einen Moment«, sagte Hank, »unser Sani ist unterwegs.«

Der Kopterpilot verließ den Raum. Jonas setzte sich auf die Liege und wartete. Er fühlte sich elend. Seine Muskeln schmerzten, die Haut brannte von den Schürfwunden, das Loch im Bein pochte, und er war völlig fertig von den ungewohnten Strapazen. Ein leichter Schüttelfrost überkam ihn. Er konnte es noch immer nicht ganz fassen, dass er gerettet war. Vor einer Stunde hatte er sich halbwegs damit abgefunden, in der Wüste verdursten zu müssen, und nun war er in Sicherheit. Einen Moment lang fürchtete er, plötzlich aus einem Traum aufzuwachen, um festzustellen, dass er noch immer im Schatten der Halde lag.

»Guten Tag, ich bin Nate Veynar, die Sanitäterin.«

Eine angenehme Sopranstimme schreckte ihn auf, und Jonas glaubte mehr denn je zu träumen, denn diese blonde Schönheit im weißen Kittel sah aus wie ein Engel. Sie hatte leicht mandelförmige, grüne Augen, eine schmale Nase, hohe Wangenknochen und einen perfekt geformten Körper.

»Ich, äh, mein Name ist, äh, Jonas. Jonas Rothenfels«, stotterte er.

»Hallo, Jonas. Hank hat mir erzählt, dass er dich in der Wüste aufgesammelt hat und die Explos dir auf den Leib gerückt sind. Mach dich mal frei, ich möchte mir die Wunden gerne ansehen.«

Jonas wurde rot. »Ja, natürlich«, stammelte er. Er kam sich vor wie ein Fünfzehnjähriger. Ungeschickt streifte er Stiefel, Hemd und Hose ab. Es tat weh, als sich das Hosenbein von der verschorften Wunde löste, die prompt wieder zu bluten begann.

»Oh ja, ich sehe schon«, sagte sie mitfühlend.

Sie sprühte die Wundränder mit BMF 25 ein, tupfte sie vorsichtig ab und bestäubte dann die Wunde mit einem grauen Puder.

»Nanopartikel«, sagte sie, »sie unterstützen die Wundheilung.«

Jonas nickte. Er kannte die Vorgehensweise von seinem Dienst auf der Krankenstation.

»Dreh dich bitte mal auf den Bauch«, sagte die engelsgleiche Erscheinung und inspizierte die Wunden auf dem Rücken.

»Das ist alles nicht so schlimm«, befand sie und warf einen Blick auf den Scanner. »Deine Dehydrierung ist auch noch nicht so weit fortgeschritten, dass du eine Infusion bräuchtest. Ich verordne dir ein Heilbad.«

Sie warf einen Blick auf die Wunde am Bein, die bereits einen grau schimmernden Schutzmantel gebildet hatte, dann berührte sie einige Tasten an dem holografischen Bedienfeld, das neben ihr in der Luft schwebte.

»15 Minuten bei 38 Grad. Seife und Heilöl. Möchtest du Musik?«

»Ich ... nein, danke.«

»Die Wanne steht nebenan.« Sie deutete auf eine verschlossene Tür, an der ein lebensgroßes Bild eines Menschen ohne Haut hing. Es zeigte alle dreißig Sekunden eine andere Ansicht. Zuerst sah man die Muskeln, dann den Blutkreislauf, dann die inneren Organe, schließlich das nackte Skelett.

»Unser Droide wird dir neue Kleidung bringen. Gute Besserung!«

Sie lachte auf, als sie Jonas' ratloses Gesicht sah. Es klang wie eine Glocke.

»Was hast du denn? Hast du noch nie gebadet?«

»Doch, schon ... es ist nur ... ich bin selbst Sanitätsassistent, aber diese Form der Therapie kenne ich nicht!«

»Es ist eine Standardtherapie auf Chara, wo ich aufgewachsen bin. Und glaub mir, wenn du es hauptsächlich mit verschwitzten Männern zu tun hast, lernst du sie schnell zu schätzen!«

Sie zwinkerte ihm zu und verließ den Raum.

Jonas ging nach nebenan, wie sie es ihm aufgetragen hatte. Die Badewanne stand in der Mitte des Raums und maß mindestens zwei Meter in der Länge und einen Meter in der Breite. Die Luft war erfüllt von einem schweren, aromatischen Duft, wie er ihn noch nie gerochen hatte. Es gab keine Fenster, dafür ein angenehmes indirektes Licht, das ganz langsam seine Farben wechselte – von Rot über Violett zu Blau und Gelb auf Weiß, bis es wieder von vorn begann.

Jonas warf seine Kleider ab und steckte vorsichtig den Fuß in die Wanne. Die Temperatur war perfekt. Er ließ sich in das Wasser sinken, auf dem ein cremefarbener Schaum trieb, märchenhaft in der Farbe des Raumlichtes schimmernd. Auf dem Grund der Wanne passte sich ein Gelkissen an seine Konturen an und sorgte für den nötigen Halt.

Aufatmend ließ Jonas sich äußerlich und innerlich los. Er spürte, wie die Heilöle seine Wunden umspülten und das Pochen darin sanft zur Ruhe brachten. Seine überanstrengte Muskulatur entspannte sich, und seine geschundenen Füße jubelten über die wohltuende Behandlung. Es war paradiesisch. Vielleicht wären ein paar Sphärenklänge jetzt doch ganz nett gewesen. So wie an Bord der Peacemaker vor Beginn der Andachten.

Jonas schloss die Augen. Ob ihn jemand dort vermissen würde? Doch, sicherlich, er war ja ein akzeptiertes Mitglied der Crew. Alle für einen, einer für alle. Er hatte eine wichtige Funktion inne. Er half den Menschen, im seelischen Gleichgewicht zu bleiben.

War er selbst denn im seelischen Gleichgewicht?

Immerhin hörte er keine Stimmen mehr, und das, obwohl er in den letzten Tagen weiß Gott unter Stress gestanden hatte.

Er musste über seinen letzten Gedanken lächeln. Schon erstaunlich, wie lange sich archaische Ausdrucksweisen in der Sprache hielten. Heutzutage glaubte praktisch kein Mensch mehr an Gott, und trotzdem gab es noch immer diese Redewendung.

Na ja, eine Ausnahme war vielleicht dieser Kussolini, der sich immer bekreuzigte. Oder war das nur eine dumme Angewohnheit von ihm? Jonas wusste nicht genau, woran André Kussolini glaubte, obwohl er doch einer der wenigen war, die regelmäßig zu den Andachten erschienen. Er hatte mehrfach versucht, mit ihm ins Gespräch zu kommen, aber es war ihm nicht gelungen, diesem schweigsamen Mann mehr als ein paar Worte zu entlocken.

Stella vielleicht. Sie glaubte zumindest manchmal an einen Gott. Aber nur weil ihre Großmutter sie als Kind entsprechend beeinflusst hatte. Bei dem Gedanken an die Raumkadettin überrollte ihn eine Welle der Scham. Wie hatte er sich nur so gehen lassen können? Andererseits – er war auch nur ein Mann und hatte seine Bedürfnisse. Und Stella war ihm so nahegekommen ...

Und diese Sanitäterin hier auf der Basis war wirklich der Knaller ...

Er spürte, wie seine Männlichkeit zum Leben erwachte. Nun, auch dort musste man sich waschen.

Plötzlich rumpelte es an der Tür. Jonas fuhr zusammen. Seine Hand zuckte zurück, als hätte sie einen elektrischen Schlag erhalten. Als sie die Wasseroberfläche durchbrach, verteilte sie eine satte Portion Wasser und Schaum im Bad.

Die Tür öffnete sich, ein Droide summte herein. Ein hüfthoher kanariengelber Metallzylinder, der auf fünf Rollbeinen lief. Irgendein Spaßvogel hatte ihm einen schwarzen Rock mit weißer Schürze angezogen und ein weißes Häubchen auf der Halbkugel befestigt, die die Oberseite des Zylinders bildete. Das elektronische Zimmermädchen schob einen Servicewagen vor sich her, der höher war als es selbst. Handtücher, Kleider und eine Haarbürste lagen darauf.

»Guten Tag«, sagte es mit der typischen Ausdruckslosigkeit elektronisch erzeugter Stimmen und drehte die Kameraaugen in Jonas'

Richtung. Die angedeutete Mundöffnung war mit Lippenstift beschmiert. »Ich hoffe, Sie genießen Ihr Bad.«

Jonas wurde rot. Waren Droiden zur Ironie fähig?

»Ich bin ihr persönlicher Servicedroide. Möchten Sie mir einen Namen geben?«

»Was?« Jonas war verwirrt.

»Ich bin ihr persönlicher Servicedroide. Möchten Sie mir einen Namen geben?«

»Warum sollte ich das tun?«

»Wir möchten Ihnen den bestmöglichen Service bieten. Sie sollen sich bei uns wohlfühlen. Manche Gäste haben bevorzugte Namen, mit denen sie ihre Droiden ansprechen möchten.«

»Hast du denn keinen Namen?«

»Meine Betriebsbezeichnung lautet Pussy 4.«

»Wie bitte?« Jonas verbiss sich ein Lachen. »Wieso das denn?«

Der Droide blieb ungerührt.

»Pussy steht für ›Persönliches Unterstützungs- und Service-System‹. Ich bin das vierte dieser Systeme. Wie möchten Sie mich ansprechen?«

»Pussy ist gut, dabei bleibe ich«, gluckste Jonas.

»Sehr wohl. Das Handle wurde gespeichert.« Der Droide ließ den Wagen los und fuhr ein Stück rückwärts.

»Sie werden gebeten, nun Ihr Bad zu beenden und sich anzukleiden. Herr Hermanns erwartet Sie in fünfzehn Minuten in seinem Büro. Benötigen Sie Assistenz?«

»Nein, danke, ich kann mich alleine anziehen. Wer ist Herr Hermanns, und wo finde ich ihn?«

»Herr Hermanns ist der Leiter unserer Station. Sie finden das Büro ganz einfach, wenn Sie aus dieser Tür gehen und 29,3 Meter geradeaus gehen. Sollten Sie mich brauchen, dann sagen Sie einfach ›Pussy‹« – dieses Wort wurde nicht elektronisch erzeugt, sondern war eine Aufnahme von Jonas' Stimme – »in eine beliebige Sprechstelle. Dann stehe ich zu Ihrer Verfügung. Brauchen Sie noch etwas?«

»Nein, alles gut. Danke schön.«

Der Roboter wendete und fuhr aus dem Raum. Als sich die Tür hinter ihm schloss, stieg Jonas aus der Wanne und trocknete sich ab.

Die Kleidung, die für ihn zurechtlag, passte überraschend gut – kakifarbene Hosen, ein blaues T-Shirt mit dem weißen Walemblem der Firma, für die Füße einfache schwarze Slipper. Jonas kämmte sich und warf einen prüfenden Blick in den Wandspiegel. Das sommersprossige Gesicht mit den rötlichen Haaren, das er dort erblickte, hatte ihm noch nie besonders gefallen. Aber in Anbetracht dessen, was hinter ihm lag, hatte er sich gut gehalten. Wer hätte das vor ein paar Stunden in dieser höllischen Wüste gedacht, dass er davonkommen und im Paradies landen würde, wo es Badewannen und Pussys gab? Wieder musste er grinsen. Er hatte wirklich unverschämtes Glück.

Jonas wusste nicht, wie man das Wasser aus der Wanne abließ und wo die Handtücher hinkamen, also legte er sie auf den Servicewagen und hinterließ ansonsten alles, wie es war.

Er durchquerte Krankenstation und Kantine und erreichte das Foyer. Diesmal saß eine ältere Dame hinter der Empfangstheke und lächelte ihn an. »Guten Tag, Herr Rothenfels. Herr Hermanns erwartet Sie. Bitte hier entlang!«

Sie führte ihn an das Ende des Flurs, klopfte kurz an die Tür und steckte den Kopf hindurch. »Herr Rothenfels für Sie!«

Dann drehte sie sich zu Jonas um und hielt ihm die Tür auf. »Bitte schön!«

Jonas nickte ihr freundlich zu und trat ein.

Hinter dem mächtigen Schreibtisch, in dessen Arbeitsfläche ein überdimensionaler Touchscreen eingelassen war, saß ein korpulenter Mann, etwa 50 Jahre alt. Sein speckiges Gesicht war glatt rasiert, seine Stirn reichte fast bis zum Hinterkopf. Er trug ein sorgfältig gebügeltes Hemd ohne Krawatte, dazu gestreifte Anzughosen. Sein Sakko hing über der Lehne seines Chefsessels. Als Jonas den Raum betrat, erhob er sich.

»Willkommen, Sie Glückspilz«, dröhnte er und hielt ihm eine

fleischige Hand zum Gruß entgegen. Sein Händedruck war fest, fast brutal. »Ich bin Rado Hermanns, der Direktor dieser Anlage.«

»Jonas Rothenfels von der Peacemaker.«

Die Brauen des Mannes zogen sich anerkennend in die Höhe.

»Aus der Wüste kommen nur selten Leute zu uns.« Er lachte heiser. »Sie müssen eine Bombenkondition haben. Setzen wir uns!«

Er deutete auf einen Besprechungstisch in der Ecke. Jonas setzte sich auf einen der glatten Sessel, die danebenstanden.

»Hank erzählte, dass Sie abgestürzt sind?«

»Na ja, nicht direkt. Ich bin mit einer Rettungskapsel gelandet. Unser Schiff kam in einen Energiesturm und ... » Er schluckte.

»Wie war der Name dieses Schiffes?«

»Es war die Marad.«

»Ja, das dachte ich mir schon. Ich kenne Kapitän Ahab gut. Er war vor Kurzem hier und hat mir davon erzählt.« »Das gibt es nicht!«, unterbrach Jonas ihn aufgeregt. »Die Marad war hier? Sie hat den Sturm heil überstanden?«

»Ja, nach dem Start Ihrer Rettungskapsel hat sich sofort alles beruhigt. Allerdings nannte der Kapitän einen anderen Namen. Alister MacDingsbums.«

Jonas wurde rot. »Ja, das war dumm von mir. Ich habe auf der Marad unter dem Namen eines verstorbenen Freundes eingecheckt.«

»Das war wirklich dumm, denn wie hätte jemand nach Ihnen suchen sollen? Oder haben Sie irgendwem erzählt, dass sie unter falschem Namen reisen?«

»Nein, natürlich nicht. Das geschah ziemlich spontan, um ehrlich zu sein.«

»Wie dem auch sei. Kapitän Ahab hat zwei Reisetaschen bei uns zurückgelassen. Sie werden dann wohl Ihnen gehören.«

Jonas strahlte. Buddy!, dachte er. Ob er alles gut überstanden hat?

»Ich habe sie in Ihre Unterkunft bringen lassen. Bis wir einen Platz auf einem Raumschiff für Sie gefunden haben, sind Sie unser Gast!«

»Ich danke Ihnen von ganzem Herzen! Ohne Sie wäre ich sicherlich schon tot.«

»Ja, und das wäre doch schade, oder?« Das fette Gesicht verzog sich zu einem Grinsen.

Der Rufton der Sprechanlage unterbrach ihn.

»Bitte entschuldigen Sie mich. Die Pflicht ruft. Ihr Droide wird Sie zu Ihrem Zimmer bringen.«

»Ja, natürlich, und nochmals vielen Dank!«

Rado Hermanns machte eine wegwerfende Handbewegung und hatte schon den Hörer in der Hand.

Vor der Tür wartete bereits der baggergelbe Droide mit der Dienstmädchenverkleidung. »Ich bringe Sie zu Ihrer Unterkunft!«, verkündete er.

»Ja, und ich wäre dankbar, wenn es möglichst schnell ginge!«, sagte Jonas.

»Kein Problem«, antwortete Pussy und ließ die Servomotoren aufheulen. Jonas musste laufen, um mithalten zu können.

Unterwegs hatte er den merkwürdigen Eindruck, dass der kleine Roboter wachsen würde – und tatsächlich, seine Räder nahmen an Umfang zu und wurden zu Ballonreifen. Als der Droide auf die Ausgangstür zuhielt, verstand Jonas den Grund.

Die heiße Wüstenluft traf ihn, als würde er gegen eine Wand laufen. Hier draußen herrschten mittlerweile mindestens fünfzig Grad.

»Pussy, bitte, nicht so schnell«, keuchte er.

»Kein Problem« gab das elektronische Zimmermädchen zurück und reduzierte die Geschwindigkeit. Dennoch wirbelte sie braunrote Staubwolken auf, die sich auf ihrer Schürze niederlegten und ihr den Glanz der Sauberkeit raubten.

Sie umrundeten das Verwaltungsgebäude und hielten auf ein mehrstöckiges Haus zu, das plump und zweckmäßig wirkte – fantasielos aus einfachen Grundelementen zusammengesetzt, die unverkennbar aus dem 3-D-Plotter stammten.

Im Inneren war es wieder angenehm kühl. Pussy schrumpfte auf ihre normale Größe zurück und führte Jonas vor einen Aufzug.

»Vierter Stock«, sagte sie, als die Tür vor ihnen zur Seite rollte.

Mit einem jammernden Geräusch schwebte die Kabine aufwärts. Es klang, als hätte sich aller Staub des Planeten in ihren mechanischen Eingeweiden abgelegt und würde dort erbitterten Widerstand gegen jegliche Form der Bewegung leisten. Jonas spürte seine Beklemmungen aufsteigen, die ihn in engen Räumen immer mal wieder überfielen. Er schloss die Augen und konzentrierte sich auf seinen Atem.

»Geht es Ihnen gut, Herr Rothenfels?«, fragte der Droide mit ausdrucksloser Stimme. »Ihre Herzfrequenz ist in den letzten Minuten um 53 Prozent gestiegen.«

»Ja, ja, alles in Ordnung«, presste Jonas hervor. »Ich bin nur nicht gern in zu engen Räumen.«

»Möchten Sie, dass ich etwas Musik abspiele? Musik kann entspannend und angstlösend wirken.«

»Was? Nein, es geht schon.«

Sie erreichten das vierte Stockwerk – das oberste, wie es schien. Pussy wandte sich nach links und rollte bis ans Ende des Ganges. An der letzten Tür stoppte sie.

»Bitte legen Sie Ihren Daumen auf das Scanfeld.«

Jonas tat, wie ihm geheißen. Es dauerte einen Moment, dann klickte es, und die Tür ließ sich öffnen.

»Ihr Abdruck ist nun gespeichert. Die Tür verriegelt sich automatisch, wenn Sie den Raum verlassen, und lässt sich jederzeit mit Ihrem Daumenabdruck wieder öffnen. Möchten Sie, dass ich Ihre Koffer auspacke?«

»Nein, vielen Dank. Du kannst mich jetzt alleine lassen.«

»Wie Sie wünschen. Ich bleibe in diesem Gebäude. Wenn Sie mich brauchen, drücken Sie einfach den Rufknopf im Zimmer.«

»Ja, das mache ich. Danke schön.«

Pussy wendete und summte davon, während Jonas das Apartment betrat. Neben dem Bett standen seine beiden Reisetaschen.

»Buddy?«, rief er. »Bist du da? Geht es dir gut?«

Er zog den Reißverschluss auf. Ein verschlafenes Wombatgesicht blickte ihm entgegen. »Oh, ich bin ja so froh, dass dir nichts passiert ist!«, rief Jonas und kraulte das Tier hinter den Ohren. Buddy drückte den Kopf gegen seine Hände und ließ sich die Behandlung eine Weile gefallen. Dann sprang er aus der Tasche und rieb sich an Jonas' Bein.

»Ja, du hast mir auch gefehlt!«, rief Jonas. »Du hast sicher Hunger!«

Bei diesen Worten blickte Buddy so interessiert nach oben, dass Jonas lachen musste. Er öffnete die andere Tasche. Ein Teil des Futters fehlte.

»Anscheinend hat sich jemand um dich gekümmert. Das ist gut.«

Jonas holte zwei Edelstahlnäpfe heraus, die ineinandersteckten. Er füllte einen mit Futter und stellte ihn neben das Bett. Buddy machte sich mit Heißhunger darüber her.

»Ich hole dir eben noch Wasser!«, sagte Jonas und öffnete die Tür zu dem kleinen Badezimmer. Er ließ den Napf volllaufen, setzte ihn neben Buddy ab und sah ihm beim Fressen zu. Er konnte sein Glück kaum fassen.

Nicht nur, dass er Absturz und Wüste überlebt hatte – er war hier auch in allerbesten Händen, hatte einen persönlichen Butler bekommen und sogar seinen Wombat wieder. Das Universum meinte es offensichtlich gut mit ihm.

»Das Glück ist mit den Tüchtigen«, zitierte er aus dem Buch der Weisheit. Er hatte sich nicht unterkriegen lassen, hatte mit aller Kraft gekämpft und einen Ausweg gefunden. Die Welt war wieder im Gleichgewicht. Wenn er zurück auf der Peacemaker war, würde er von diesen Erlebnissen in seiner Andacht erzählen. Bestimmt konnten sie dem einen oder anderen Mut machen.

Jonas beschloss, ein wenig zu schlafen. Er gähnte, ging zum Fenster und ließ seinen Blick über die staubige Umgebung schweifen. Am Horizont erhoben sich schroffe Berge, die in der Sonne glühten, zur Linken lagen die Minenanlagen und rechts das Rollfeld des Raumhafens. Trotz der Hitze gab es dort Bewegung. Vielleicht ein Erzfrachter, der gerade in den Startbereich geschleppt wurde.

Jonas kniff die Augen zusammen. Etwas an diesem Raumschiff kam ihm bekannt vor. Es war kein Frachter, sondern eher ein kleiner

Kreuzer. Er hatte eine gedrungene Tropfenform und spiegelte das Sonnenlicht in blauen und violetten Tönen wieder.

»Das gibt es doch nicht!«, rief er aus. »Spinne ich, oder ist das die Marad?«

Jonas riss die Tür auf und stürmte zum Aufzug. Aber sosehr er auch suchte, er fand keinen Knopf, um ihn herbeizurufen. Es musste doch irgendwo Treppen geben in diesem Gebäude! Er rannte den Korridor bis zum Ende durch, überall nur Apartmenttüren wie seine, allesamt verschlossen.

»Pussy!«, brüllte er, aber ohne Resonanz. Dann besann er sich, sprintete zurück zu seinem Zimmer und hämmerte auf den Rufknopf.

Buddy, der auf einem Berg Handtücher lag und döste, hob seinen kleinen Bärenkopf und sah ihn verwundert an.

»Sie fliegen ohne uns ab!«, rief Jonas ihm zu, doch Buddy drehte sich gelangweilt zur Seite und schloss die Augen.

Jonas stürzte ans Fenster. Die Marad hatte den Startbereich erreicht und war dabei, ihre spitze Nase in den Himmel zu heben.

»Sie haben geläutet, Herr Rothenfels?«

»Pussy, du musst den Start dieses Raumschiffes verhindern!«

»Das kann ich nicht, Herr Rothenfels. Ich bin keine Kampfeinheit.« Jonas verdrehte die Augen.

»Kannst du nicht irgendwen anrufen? Sie fliegen zur Erde und sollen mich mitnehmen!«

»Einen Augenblick, bitte. Ich stelle eine Verbindung zum Tower her.«

Schweigen.

»Es tut mir leid, der Tower ist gerade nicht besetzt.«

»Das gibt es doch nicht! Weißt du, wie schwierig es war, einen Flug zur Erde zu finden?«

»Bedaure, darüber stehen mir keine Daten zur Verfügung.«

Jonas stieß einen Fluch aus. Am liebsten hätte er dieser sprechenden Blechbüchse einen kräftigen Fußtritt verpasst. »Ich will den Direktor sprechen«, sagte er. »Sofort.«

»Einen Augenblick bitte.«

Schweigen.

»Frau Gaspardin sagt, dass Herr Hermanns nicht gestört werden möchte.«

Jonas heulte auf. »Das darf doch wohl nicht wahr sein! Los, bring mich zu ihm! So schnell wie möglich.«

»Wie Sie wünschen.«

Der Droide wendete und fuhr zum Aufzug. Die Tür glitt zur Seite, Pussy rollte hinein und wartete darauf, dass Jonas folgte. Mit einem Satz war dieser neben ihr. Die Kabine setzte sich mit einem leichten Ruck in Bewegung.

»Wie hast du das gemacht? Ich habe die Fahrstuhltür nicht aufbekommen.«

»Internes Netzwerk.«

»Kann ich das auch alleine?«

»Ja, mit einem Transponder.«

»Wann bekomme ich den?«

Pussy schwieg einen Augenblick. Dann sagte sie: »Ein Transponder ist für Sie nicht vorgesehen.«

Jonas holte tief Luft und setzte zu einem wütenden Protest an, doch da hatte der Aufzug bereits das Untergeschoss erreicht. Die Tür öffnete, und Jonas rannte aus dem Fahrstuhl hinaus. Aber die Eingangstüren, durch die sie erst vor Kurzem das Gebäude betreten hatten, waren nun mit schweren Stahlschotten verschlossen.

»Was ist das denn hier?«, rief Jonas verzweifelt. »Ein Gefängnis?«

»Nein«, antwortete Pussy. »Es handelt sich um die Anwendung von Sicherheitsvorschriften. Sobald die Außentemperaturen fünfzig Grad übersteigen oder unter zwanzig Grad minus fallen, darf die Planetenoberfläche nur noch von Fachpersonal betreten werden. Aber es gibt eine unterirdische Verbindung zum Verwaltungsgebäude. Bitte hier entlang!«

Der Droide bog um die Ecke und blieb vor einem weiteren Aufzug stehen, der sie zwei Stockwerke weit in die Tiefe brachte. Dort begann ein gekachelter Gang. Jonas hetzte ihn entlang, bis er schließlich wieder vor einer Fahrstuhltür stand. Nervös trommelte er mit den Fingern, während Pussy den Lift anforderte.

Nach einer kleinen Ewigkeit hatten sie endlich das Foyer erreicht.

Ab hier kannte Jonas den Weg. Er steuerte zielstrebig auf den Gang zu, der zum Büro des Direktors führte.

»Einen Augenblick«, herrschte ihn die brünette Vorzimmerdame an. »Sie können hier jetzt nicht durch. Der Herr Direktor ist mitten in einer Vorstandssitzung!«

»Aber ich muss!«, keuchte Jonas. »Mein Schiff, er muss es aufhalten!«

»Welches Schiff?«

»Die Marad! Ich habe dort für einen Flug zur Erde bezahlt!«

»Einen Moment bitte ...« – Elke Gaspardin tippte etwas an ihrem Terminal. »Es tut mir leid, die Marad ist vor zwei Minuten gestartet.«

»Was? Aber das dürfen sie nicht.« Plötzlich schienen sich die Wände des Ganges zu bewegen und ihn zu erdrücken. Scheiße, jetzt bloß nicht in Panik verfallen, ermahnte sich Jonas und zwang sich entgegen aller Gefühle dazu, bewusst in den Bauch zu atmen.

»Der Direktor muss es gewusst haben«, fuhr er dann fort. »Er hat doch mit dem Kapitän gesprochen.«

»Ich bedaure, darüber weiß ich nichts.«

Jonas ließ sich auf die Polster fallen und versuchte, einen klaren Gedanken zu fassen. Das Sofa summte leise, als es sich an Jonas' Konturen anpasste. Was passierte hier mit ihm?

»Ich bin Opfer einer Verschwörung!«, rief eine seiner inneren Stimmen. »Nun sitze ich hier auf diesem Planeten fest!«

»Das ist alles nur eine unglückliche Verkettung von Umständen«, meldete sich eine andere, besonnenere zu Wort. »Die Sache ist natürlich ärgerlich, aber nun wirklich kein Weltuntergang. Bestimmt wird sich ein anderer Weg finden.«

Geistesabwesend verfolgten Jonas' Augen die goldfarbenen Einsprengsel auf dem hellen Steinfußboden und versuchten, Muster darin zu erkennen.

»Herr Hermanns? Herr Rothenfels möchte Sie gerne noch einmal sprechen.« Die Stimme der Sekretärin hallte einige Minuten später durchs Foyer. »Ja, das sage ich ihm.«

»Sie können jetzt zum Herrn Direktor«, sagte sie. »Die Konferenz ist beendet.«

»Danke«, sagte Jonas, »ich kenne ja den Weg.«

Kurz darauf stand er vor der beeindruckenden Bürotür – sie schimmerte grau und sah aus, als wäre sie aus poliertem Fels gefertigt – und klopfte an. Eine dumpfe Stimme bat ihn herein.

Rado Hermanns löste gerade seine Krawatte. Vor seinem Schreibtisch flackerten mehrere holografische Projektionen in der Luft, auf denen leere Plätze an einem virtuellen Konferenztisch zu sehen waren. Der Direktor reckte sich ausgiebig, dann berührte er eine Schaltfläche, und die Projektionen verschwanden.

»Vorstandssitzung«, erklärte er. »Viel warme Luft und Hyperfunkzeit, aber wenig greifbare Ergebnisse. Was kann ich für Sie tun?«

»Soeben ist die Marad gestartet. Warum haben Sie mir nicht erzählt, dass sie noch hier ist?«, platzte es ungewollt heftig aus Jonas heraus.

»Wo-ho-ho«, machte Rado Hermanns. »Glauben Sie mir, es ist keine gute Idee, nach einer Vorstandssitzung in diesem Ton mit mir zu reden.«

»Entschuldigung. Es ist nur – sie hätten mich mitnehmen können.«

»Natürlich. Ich wusste aber nicht, dass das Schiff noch da ist. Es gibt ziemlich viele Dinge, um die ich mich kümmern muss. Für Starts und Landungen ist der Tower zuständig.«

Er kratzte sich am Hinterkopf.

»Aber machen Sie sich deshalb keine Sorgen. In den nächsten Tagen wird die ›Antares‹ bei uns eintreffen. Dort können Sie bestimmt mitfliegen. Solange sind Sie unser Gast. Genießen Sie den Aufenthalt!«

Er bleckte seine Zähne zu einem wölfischen Grinsen. »Interessieren Sie sich für Bergbau? Wenn Sie mögen, zeige ich Ihnen unsere Produktion. Ich könnte eine Pause vertragen.«

Jonas fühlte, dass er eigentlich dringend Schlaf brauchte, und verspürte wenig Lust auf enge Räume, aber er wollte den Direktor nicht noch weiter verärgern. »Ja, gerne, ich habe noch nie ein Bergwerk von innen gesehen.«

»Na, dann wird es höchste Zeit! Folgen Sie mir.«

Sie verließen das Büro und betraten einen Mover, der von außen wie eine Bürotür aussah. Jonas' Magen sackte nach oben, als das Gerät mit hoher Geschwindigkeit abwärtsfuhr.

»Wie Sie vielleicht schon festgestellt haben, befindet sich ein Teil unserer Siedlung unterhalb der Oberfläche. Das ist bei den extremen Temperaturschwankungen dieses Planeten der beste Weg. Am Tag wird es bis zu 95 Grad heiß, und in der Nacht haben wir gut 40 Grad minus. Sie können wirklich von Glück sagen, dass Sie in einem Zeitfenster abgestürzt sind, in dem Sie eine Überlebenschance hatten.«

Die Kabine ruckte kurz, dann setzte sie sich horizontal in Bewegung.

»Wir fahren jetzt durch einen der ersten Stollen, der in diesen Fels getrieben wurde. Das ist gut 75 Standardjahre her. Dag Gadol hat reiche Platinvorkommen, dazu Nickel und einige seltene Elemente.«

Die Türen öffneten sich. Jonas konnte einen Gang erkennen, der rechts vom Fahrstuhl wegführte. Er war mit altmodischen Kacheln ausgekleidet und nur spärlich beleuchtet. Gut fünf Meter weiter befand sich eine massive Gittertür aus Stahl, davor hingen leuchtend orangenfarbene Overalls und Helme.

»Sicherheitsvorschriften«, erläuterte Rado Hermanns. »Suchen Sie sich was Hübsches aus.«

Sie streiften die Schutzkleidung über.

»Ihre Wertgegenstände bitte hier hinein.« Der Direktor reichte Jonas eine Schale. Jonas zögerte. Sein Kommunikator war das Einzige, das ihm noch geblieben war. Er hatte ihn seit über drei Jahren nicht abgelegt.

»Keine Angst, hier ist er sicher. Aber dort drin besteht die Gefahr, dass sie damit an einen Stein stoßen und ihn zerstören. Ich muss leider darauf bestehen. Versicherungstechnische Gründe.«

Widerstrebend nahm Jonas das Gerät vom Handgelenk und legte es in die Schale. Fast kam es ihm vor, damit ein Stück seiner Identität aufzugeben.

Was soll's, ermahnte er sich, hier unten funktioniert er eh nicht. Es ist doch höchstens für eine Stunde!

Dachte er.

Der Direktor öffnete die Gittertür und führte Jonas in den Stollen hinein.

»Wie ich bereits sagte, bauen wir überwiegend Platin ab. Natürlich ist die Arbeit weitgehend automatisiert. Heutzutage ist es ohnehin fast unmöglich, *Freiwillige* zu finden, die unter Tage arbeiten wollen.«

Sie erreichten eine große Tafel mit einer Planskizze. Das Gewirr von Gängen und Stollen sah aus wie die Schnittzeichnung eines Ameisenhaufens. Rado Hermanns fleischiger Finger deutete auf den unteren Bereich.

»Wir arbeiten bis zu einer maximalen Tiefe von viertausend Metern. Dort herrschen bereits mehr als 60° Celsius, was einen enormen Aufwand für die Kühlung unserer Maschinen bedeutet. Was schade ist, denn da unten finden sich besondere Schätze.«

Er führte Jonas in einen Fahrstuhl, der so groß war, dass ein Auto hineingepasst hätte. »Wie Sie ganz richtig vermuten, dient dieser Aufzug dazu, Arbeitsmaschinen zwischen den Ebenen zu transportieren. Halten Sie sich fest, er ist ziemlich rasant.«

Jonas klammerte sich an einen Haltegriff und hatte bald darauf das Gefühl, sich im freien Fall zu befinden. In regelmäßigen Abschnitten rauschten schwach beleuchtete Stockwerke an ihm vorbei. Die Fahrt kam ihm endlos vor. Endlich begannen Bremsen zu greifen und den Fahrkorb merklich zu verlangsamen. Mit einem Ruck blieb das Gefährt stehen. Jonas fing die Erschütterung mit seinen Knien ab.

»Willkommen auf der untersten Ebene unserer Anlage«, sagte der Direktor. »Hier liegen etwa vier Kilometer Gestein über uns.«

Jonas spürte, wie seine Beklemmungen wuchsen. Er schob den Gedanken an den Berg über ihm zur Seite und konzentrierte sich auf seinen Atem. Die Luft war unangenehm warm und roch nach Maschinenöl.

»Die Platinadern sind hier zu Ende, und eigentlich wollten wir die Grube schon stilllegen, doch dann machte einer unserer Techniker einen bedeutsamen Fund«, erläuterte der Direktor, während sie dem Stollen bis zu einer Stahltür folgten. Rado Hermanns legte seinen Finger auf den Sensor, und das Schloss knackte. Als sie eintraten, flammte das Licht auf und gab den Blick auf einen Berg blau schimmernder Steine frei.

»Willkommen in unserer Schatzkammer!«

»Rhodanium!«, sagte Jonas mit ehrfürchtiger Stimme. »Das muss Millionen wert sein!«

»Eher Milliarden«, antwortete sein Gastgeber und verzog das runde Gesicht zu einem zufriedenen Grinsen.

»Allerdings gibt es da ein paar Probleme – ehrlich gesagt, ist das Kühlproblem gar nicht so entscheidend, aber die Maschinen zeichnen ärgerlicherweise auch jeden Fund genau auf, was es ausgesprochen schwierig machen würde, die Steine auf dem Schwarzmarkt zu verkaufen.«

Jonas sah ihn irritiert an.

»Darum werden die Kristalle nach guter alter Tradition von Hand abgebaut – und da es, wie gesagt, praktisch keine Freiwilligen für diesen Job gibt, muss die Arbeit von Unfreiwilligen gemacht werden. Etwa von Schiffbrüchigen, die so leichtsinnig waren, unter falschem Namen zu reisen.«

Als Jonas dämmerte, was der Direktor ihm sagen wollte, war es schon zu spät.

»Entschuldigen Sie, das ist nicht persönlich gemeint«, sagte der, als er einen Schocker aus seiner Tasche zog und dem spirituellen Begleiter der Peacemaker 10.000 Volt durch den Körper jagte, woraufhin dieser bewusstlos zusammenbrach.

4. DER BAUCH DES FISCHES

»Einsicht braucht Reife – Erkenntnis braucht Tiefe.« (Buch der Weisheit)

Jonas erwachte in einer Zelle. Mühsam versuchte er zu rekonstruieren, was passiert war, aber er erinnerte sich nur an helle Blitze vor den Augen, einen unsanften Sturz zu Boden und etwas wie einen Nadelstich. Man hatte ihm die Stiefel ausgezogen und neben seine Pritsche gestellt; der orangefarbene Overall und der Helm fehlten. So trug er immer noch die Kakihose und das blaue T-Shirt mit dem weißen Wal.

Die Zelle maß vielleicht drei mal fünf Meter. Eine der Seitenwände fehlte und war durch ein weiß lackiertes Gitter ersetzt, hinter dem ein schummriger Gang zu erkennen war. Ein Tisch, ein Stuhl, ein kleines Waschbecken und eine Kloschüssel waren neben seiner Pritsche die einzigen Einrichtungsgegenstände.

Mühsam richtete Jonas sich auf. Seine Schulter tat weh, vermutlich vom Sturz. Ein Kamerafeld unter der Decke quittierte seine Bewegung mit einem sanften Aufleuchten.

»Ah, bist auf, oda wos?«, dröhnte bald darauf eine tiefe Stimme in einem seltsamen, urwüchsigen Dialekt, den Jonas noch nie gehört hatte. Sie gehörte einem beleibten Mann mit einem mächtigen schwarzen Walrossbart.

»I bin da Alois, und i pass auf, dass es dir guad geht. Jetz gibts was zum Essn, damitst ned vom Fleisch fällst bei dem hartn Lebn bei uns.«

Jonas sah ihn an. »Wo bin ich hier?«

»Mittndrin in Dag Gadol. Du bist jetz a inoffizieller Mitarbeiter von ›Cetus Erzgewinnung‹.«

»Aber ich will nicht. Ich muss zurück auf die Peacemaker!«

»Ah, na, des wird nix. Schau mich an. Als i herkemma bin, war i so oid wie du. Einmal hier, immer hier. Je eher du dich damit abfind'st, desto besser. Glaub ma, i weiß, von was i red'. Jetz wart'st kurz, i hol dir a Suppn.«

Er verschwand im Dämmerlicht des Stollens.

Jonas fragte sich ernsthaft, ob er all dies träumte. Vielleicht lag er in Wirklichkeit noch immer in seiner Rettungskapsel und litt unter den Auswirkungen der Drogen, die man ihm verabreicht hatte. Doch der Schmerz in seiner geprellten Schulter war ausgesprochen real. Ein lautes Stöhnen unterdrückend, setzte er sich auf und beugte sich zur Erde, um seine Stiefel anzuziehen.

»Sodala, da bin i wieder«, dröhnte Alois, als Jonas eben sein Werk vollendet hatte. »Schlag mir aber bittschee ned den Schädel ein, wenn i zu dir reinkumm. Hat eh keinen Zweck. Du würdst es nie lebend nach oben schaffn. Das ham schon andere versucht.«

Er legte seinen fleischigen Daumen auf das Scannerfeld, das Schloss klickte, und der Wärter trug eine Schale mit einer dampfenden Flüssigkeit herein.

»Übern Gschmack lässt sich freilich streitn, aber du wirst schon sehn, des Zeug gibt dir Kraft.«

In der Schale war eine schwer definierbare weißgraue schleimige Masse, die entfernt nach Banane schmeckte. Vermutlich synthetische Proteine. Jonas würgte das Zeug hinunter. Die erhöhte Schwerkraft auf diesem Planeten machte Hunger.

Kaum hatte er sein Frühstück beendet, klapperte es an der Zellentür. Ein finster blickender hagerer Mann in einer schwarzen Uniform stand davor. Eine auffällige Narbe zierte seine Stirn.

»Los, antreten«, blaffte er.

Jonas stand zögernd auf.

»Mann, sieh zu, oder du wirst mich kennenlernen!« Der Wärter hob einen Schlagstock und ließ ihn in seine Hand klatschen.

»Entschuldigung«, stammelte Jonas und machte, dass er aus der

Zelle kam. Auf dem Gang stand bereits eine Handvoll anderer Gefangener und sah ihm neugierig entgegen. Einer von ihnen war mit einer hässlichen Strieme gezeichnet, die quer über das ganze Gesicht verlief.

»Also, Leute, wir haben einen Neuzugang«, dröhnte der Wachmann. »Sein Name ist …« Er sah seinen neuen Sklaven prüfend an.

»Ich heiße Jonas«, krächzte der spirituelle Begleiter der Peacemaker. Seine Kehle war plötzlich wie ausgedörrt.

»Schnauze halten. Er heißt Copper.«

Die Spitze seines Schlagstocks wies auf einen der Gefangenen. »Copper, du arbeitest mit dem Doktor zusammen. Geh da rüber.«

Widerspruchslos reihte sich Jonas an der gewiesenen Stelle ein.

»Abmarsch.«

Der kleine Zug, bestehend aus vier Zweierreihen, setzte sich in Bewegung. Der Aufseher ging am Schluss. Sie folgten dem Stollen etwa hundert Meter weit, kamen an weiteren Zellen vorbei, die in die Wand eingelassen waren, aber unbenutzt wirkten, und machten schließlich vor einem altmodisch wirkenden Fahrkorb halt. Jonas schätzte, dass er für zwei Personen vorgesehen war. Er hatte keine festen Wände, sondern bestand aus Eisengittern.

»Die ersten vier – rein.«

Gehorsam quetschten sich die Männer in den Korb und verschwanden kurz darauf in der Tiefe. Etwa zwei Minuten später kam der Aufzug mit einem jaulenden Geräusch zurück. Wortlos schob der Mann, der vor Jonas gestanden hatte, die Gittertür zur Seite, trat auf das Bodengitter und stellte sich, den Hintern an die Rückwand gepresst, auf. Notgedrungen folgte Jonas ihm und drückte sich ebenfalls in die enge Box. Zwei weitere Arbeiter kamen hinzu. Die Enge wurde qualvoll. Der Mann, den der Wächter »Doktor« genannt hatte, schloss die Tür und hakte den Riegel ein.

»Copper, pass auf, dass du deine Hände nicht durch die Gitterstäbe steckst, sonst sind sie ab«, gab ihnen der Uniformierte mit auf den Weg. Dann setzte sich die Kabine klappernd in Bewegung.

Es wurde dunkel; nur die Notbeleuchtung über ihren Köpfen

warf ein spärliches Licht auf die vorbeirasenden Felswände. Mit einem heftigen Ruck ging die Fahrt zu Ende. Der Doktor schob die Gittertür auf, und sie traten heraus. Ein anderer schwarz Uniformierter stand vor ihnen.

»Da seid ihr ja endlich«, schnauzte er. »Qualle und Krüppel, ihr wisst ja, wo euer Platz ist. Und eines sage ich euch: Wenn ihr heute euer Tagesziel wieder nicht erfüllt, werdet ihr es bereuen. Ich bin da nicht so zimperlich wie mein Kollege.« Er unterstrich das Gesagte mit einem Peitschenhieb auf den staubigen Boden.

Die Angesprochenen machten sich davon und verschwanden in einem Gang zu Jonas' Rechten. Einer von beiden zog beim Gehen sein Bein etwas nach. Neben ihm ging der mit der Strieme im Gesicht.

»Doktor, du weist den Neuen ein. Aber dalli.«

»Komm mit«, sagte Jonas' Nachbar zu ihm und führte ihn nach links. Sie kamen an einem Spind vorbei. Der Doktor entnahm ihm einen Arbeitskombi, einen Helm und Handschuhe.

»Hier, zieh das an!«

»Ich heiße Jonas, und wie ist dein Name?«

»Scht, nicht hier. Warte, bis wir im Stollen sind«, flüsterte er zurück.

Laut sagte er: »Und wenn es geht, ein bisschen schneller. Wir haben nicht den ganzen Tag Zeit.«

Jonas zwängte sich in den Kombi, der aus einem schwarz glänzenden, schuppenartigen Material bestand, und nahm den Helm zur Hand. Es war eine einfache Halbschale aus gelbem Kunststoff mit einem Leuchtpanel und einem Plexiglasvisier an der Vorderseite. Weder Funk noch sonstige erkennbare technische Funktionen. Mit einem kleinen Seufzer setzte er das Ding auf seinen Kopf.

Der Doktor, der mit dem Anziehen längst fertig war, führte Jonas zu einem anderen Schrank und überreichte ihm ein graues Kästchen, das kaum größer als seine Handfläche war. An dessen schmaler Seite befanden sich einige Schalter und ein Anzeigefeld.

»Der Detektor. Du kannst ihn am Gürtel befestigen.«

Jonas gehorchte.

Es folgte ein Hammer mit einer schmalen Kante an der einen und einer breiten Fläche an der anderen Seite des Kopfes, ein engmaschiges Netz und schließlich ein Gerät, das entfernt an den vorderen Teil einer Feuerwehrspritze erinnerte. Jonas ging leicht in die Knie, als er es in die Hand bekam. Das Ding wog mindestens zwanzig Kilo.

»Das ist der Pulser«, erklärte der Doktor. »Er sendet Stoßwellen aus, mit denen du Felsen sprengen kannst. Einfach die Spitze auf den Fels drücken, den Hebel umlegen und so lange festhalten, bis sich Risse zeigen. Ich zeig's dir gleich. Komm mit.«

Sie folgten dem Gang, der zunehmend schmaler und niedriger wurde. Die Wände und der Boden waren uneben. An einer kleinen Einbuchtung hielt der Doktor an. Er nahm die graue Box vom Gürtel, hielt sie an die Wand und drückte einen Knopf. Das Gerät gab ein hohes, singendes Geräusch von sich, und auf dem Display erschien ein grüner Balken, der etwa auf der Mitte des Feldes endete.

»Der Detektor kann Rhodanium bis maximal 20 Meter Tiefe im Felsen orten. Je nach Größe der Quelle und nach Beschaffenheit der Umgebung. Das Feld zeigt 50 % – das heißt, wir haben ein kleineres Vorkommen, das etwa fünf Meter hinter der Wand liegt, oder ein größeres bei zehn. So weit klar?«

Jonas nickte.

»Gut. Du nimmst den Pulser, setzt ihn an und ziehst den Hebel.«

Der Doktor hob das schwere Gerät und demonstrierte das Gesagte. Eine Kontrollleuchte flammte auf, ansonsten schien jedoch nichts zu passieren.

»Geh einen Schritt zurück«, presste er schließlich hervor. Auf seiner Stirn bildeten sich Schweißtropfen. Seine Arme begannen zu zittern. Schließlich geschah es: Mit einem trockenen Knall zerplatzte der Felsen und hinterließ ein Loch von der Größe eines Fußballs. Der Doktor nahm die schmale Kante seines Hammers und schabte damit die restlichen Bruchstücke aus der Öffnung.

»Jede Stunde kommt einer der Aufseher und holt die Trümmer ab«, erläuterte er. »Glaub mir, du willst nicht erleben, was passiert, wenn er seine Karre nicht voll bekommt. Also halte dich ran, denn die Strafe wird uns beide treffen. Die Wand hier steckt voller Eisenerz. Es ist mühsam, und der Pulser rutscht oft ab.«

Jonas nickte.

»Mein Name ist übrigens Fred. Aber es ist besser, wenn wir uns so anreden, wie der Oberst es festgelegt hat. Sonst setzt es Peitschenhiebe, wenn sie uns erwischen.«

Jonas schluckte. »Wie lange bist du schon hier?«

»Schwer zu sagen. Man verliert leicht das Zeitgefühl hier unten. Ich schätze, gute drei Jahre.«

Er sah Jonas nachdenklich an. »Falsche Hoffnungen können einen Menschen zermürben, Copper. Finde dich damit ab, dass du bis an dein Lebensende hier sein wirst. Mach das Beste daraus, auch wenn es merkwürdig klingt.«

Ohne eine Erwiderung abzuwarten, fuhr er fort: »Und jetzt an die Arbeit. Dort hinten ist eine vielversprechende Stelle, da kannst du anfangen.«

Der Doktor führte ihn einige Schritte den Gang hinunter, der nun eine leichte Kurve beschrieb, und blieb vor einem leuchtenden Farbkreuz stehen, das an die Wand gesprüht war. Dort setzte er den Detektor auf den Felsen. Die Anzeige stieg auf 70 %.

»Hier, siehst du? Nimm deinen Pulser und versuche es einmal.«

Jonas hob das schwere Gerät und presste es gegen den Felsen. Dann zog er den Hebel. Im ersten Moment dachte er, dass das Werkzeug eine Störung hatte; es schien nichts zu passieren. Doch dann spürte er, wie der Pulser leicht zu schwingen begann. Jonas musste alle Kraft aufbringen, um dagegenzuhalten.

»Weiter, weiter«, rief der Doktor. »Du darfst jetzt nicht loslassen. Gleich hast du es geschafft!«

Jonas spürte, wie ihm der Schweiß in die Augen lief. Seine Arme schmerzten. Die Schwingungen wurden immer stärker. Er konnte den Pulser nicht mehr länger halten.

»Komm, komm, komm, ein bisschen noch«, sagte er zu sich selbst und biss die Zähne zusammen. Dann fühlte er mehr, als dass er es hörte, ein leichtes Knistern in der Wand. Die Schwingungen schienen nachzulassen, und mit einem leisen »Plopp« zerbarst der Felsen. Einige Bruchstücke trafen ihn am Visier. Das entstandene Loch hatte die Größe einer Wassermelone.

»Gut gemacht!«, lobte Fred. »Jetzt mit dem Hammer die Bruchstücke aus dem Loch schaben und danach den Pulser direkt darunter ansetzen. Und immer darauf achten, ob zwischen den Trümmern etwas blau schimmert!«

Er ließ Jonas allein und ging wieder zurück zu seiner eigenen Baustelle.

Jonas schabte das Loch frei, wie der Doktor es ihm gesagt hatte, dann setzte er den Pulser unterhalb der Öffnung an. Seine Arme schmerzten jetzt schon, und er fragte sich, wie er diesen Arbeitstag überstehen sollte. Und den danach. Und das ganze Leben hier unten.

Schwarze Verzweiflung kroch in ihm hoch. Verbissen zog er den Hebel der Maschine. Er konnte sich solche Gefühle nicht leisten, sonst würde er nicht lange überleben.

Die Schwingungen setzten ein, er hielt mit seiner Muskelkraft dagegen und war fast dankbar für die Schmerzen, die ihn davor bewahrten, in Selbstmitleid zu versinken.

Es knackte, der Felsen gab nach – aber anstatt auf ihn zuzufallen, verschwand der Brocken in einem Hohlraum. Eine Wolke aus Staub schoss aus dem Loch. Als sie sich gelegt hatte, erkannte Jonas, dass sich Risse im Gestein gebildet hatten, die bis auf den Boden des Stollens hinunterreichten. Er nahm seinen Hammer und versuchte, die losen Stücke herauszuziehen. Widerstrebend gaben sie nach. In kurzer Zeit hatte er einen ansehnlichen Schuttberg neben sich angehäuft, während sich das Loch vor ihm bereits so weit vergrößert hatte, dass er mit einiger Mühe hindurchgepasst hätte.

»Was ist das denn, für die paar Brocken bin ich hergekommen?«, dröhnte eine Stimme hinter der Kurve des Ganges. »Du brauchst wohl einige Peitschenhiebe zur Aufmunterung!«

»Du weißt genau, dass ich den Neuen einarbeiten musste. Außerdem läuft hier eine Erzader durch den Fels. Sieh dir doch den Abraum an, wie er glitzert!«

»Alles Ausreden. Wenn dein Kumpel auch nur so wenig geschafft hat, bekommt er eine angemessene Begrüßung, darauf kannst du dich verlassen!«

»Aber es ist sein erster Tag hier!«

»Schnauze. Dann lernt er wenigstens gleich, wo's langgeht. Los, weiterarbeiten!«

Jonas hörte ein metallisches Geräusch, dann kamen Schritte auf ihn zu. Obwohl er in der stickigen Wärme des Bergwerks ständig schwitzte, lief ihm plötzlich ein kalter Schauer über den Rücken.

Der Aufseher trug die gleiche schwarze Schutzkleidung wie Jonas, doch dessen Helm war weiß, ebenso der breite Gürtel an seinen Hüften und der Gurt, der diagonal über seiner Brust verlief. An seinem Gürtel hingen ein Funkgerät, ein Schlagstock sowie eine zusammengerollte Peitsche. Sein grimmiger Gesichtsausdruck verhieß nichts Gutes.

»Zeig her, was du geschafft hast«, knurrte er statt einer Begrüßung und wies mit seinem Kopf auf die metallene Karre, die er vor sich herschob. Sie war nur zu einem Drittel gefüllt. Jonas trat zur Seite. Der Aufseher pfiff anerkennend durch die Zähne.

»Na also, geht doch«, sagte er. »Wenn du so weitermachst, werden wir gut miteinander auskommen.«

Er griff nach der Schaufel, die seitlich an dem Wagen befestigt war, und reichte sie Jonas. »Vollmachen.«

Wortlos schaufelte Jonas die Trümmer in die Karre. Er bekam sie mühelos voll.

Der Aufseher nickte zustimmend, wendete und verabschiedete sich mit einem freundlichen »Los, weitermachen«. Dann verschwand er um die Ecke.

Nachdenklich sah Jonas auf seine Baustelle. Er wusste nicht recht, wie er nun weiter verfahren sollte.

»Das war gut, du hast uns den Arsch gerettet«, sagte der Doktor hinter ihm. Er hatte seinen Helm abgenommen und trug eine Tasche in der Hand. »Ich denke, wir können uns jetzt fünf Minuten Pause gönnen.«

Er warf einen prüfenden Blick auf Jonas' Werk.

»Du hast eine Kaverne gefunden. Ich hab's geahnt. Mit ein bisschen Glück purzeln dir gleich ein paar Rhodanium-Kristalle entgegen. Die sitzen oft in diesen Hohlräumen. Energieriegel?«

Der Doktor zog eine Wasserflasche und einen Riegel aus der Tasche und reichte ihm beides. Jonas nickte dankbar. Er setzte die Flasche an und trank sie in einem Zug leer, dann öffnete er die Verpackung des Riegels.

»Warum nennen sie dich eigentlich Doktor?«, fragte er kauend.

»Weil ich niemals einer werde.« Seine Stimme klang bitter. »Ich bin als Doktorand auf diesen Planeten gekommen, um seine Entstehungsgeschichte zu untersuchen. Ich hatte ein Schreiben bei mir, mit dem der Direktor angewiesen wurde, mich nach Kräften zu unterstützen. Anfangs lief auch alles ganz gut, aber eines Tages lockte er mich in den untersten Stollen und verpasste mir einen Stromstoß mit einem Elektroschocker. Seitdem bin ich hier.«

»Hat denn niemand nach dir gesucht?«

»Ich weiß es nicht. Aber wenn, wird ihnen der Direktor bestimmt irgendeine Lüge aufgetischt haben. Darin ist er ziemlich gut.«

Jonas nickte zustimmend.

»Und du? Wie bist du hierhergekommen?«, fragte der Doktor.

»Ich bin mit einer Rettungskapsel abgestürzt. Sie haben mich aus der Wüste gerettet und medizinisch versorgt, aber ihre Gastfreundschaft war dann ziemlich schnell vorbei.«

Sie kauten eine Weile schweigend und hingen ihren Erinnerungen nach.

Dann fragte Jonas: »Warum hast du dich ausgerechnet für Dag Gadol interessiert?«

Freds Augen leuchteten auf. »Für Planetologen ist er ein ausgesprochen interessantes Objekt. Wusstest du, dass dieser Planet kleiner als die Erde ist? Und trotzdem hat er eine höhere Schwerkraft. Das hängt mit dem hohen Metallgehalt zusammen. Bislang weiß man nicht, wie der zustande gekommen ist. Tau Ceti ist nämlich ein G-Stern wie unsere Sonne. Eigentlich sollte man erwarten, dass hier ähnlich viel Metall wie auf der Erde vorkommt. Und das viele Rhodanium ist ebenfalls rätselhaft.«

Er zögerte. »Davon habe ich allerdings erst erfahren, als ich hier unten war, im Bauch des Fisches.«

Jonas sah ihn verwirrt an.

»Kleiner Insiderwitz. Dag Gadol ist hebräisch und heißt ›großer Fisch‹. Der Entdecker dieses Planeten, Ephraim Rosenzweig, hat ihn so benannt. Er dachte wohl, dass das gut zum Sternbild Walfisch passt. Der Name kommt aus einer alten jüdischen Legende. Irgendwas mit einem Propheten, der Gott nicht gehorchen wollte und zur Strafe von einem großen Fisch verschlungen wurde.«

Jonas wurde bleich. »Weißt du mehr über diese Geschichte?«

»Nein, ich bin Planetologe, kein Mythologe. Komm, wir müssen weiterarbeiten. In der nächsten Pause erzählst du mir etwas über dich!«

Er setzte seinen Helm wieder auf und verschwand.

Jonas stemmte seinen Pulser hoch und setzte ihn ein kleines Stück oberhalb der Öffnung an, die im Fels entstanden war. Wie er gehofft hatte, brachen nach einiger Zeit größere Brocken aus der Wand und fielen hinab. Er rieb sich seine schmerzende Schulter, griff zum Hammer und machte sich daran, den Schutt zu entfernen. Endlich war die Lücke groß genug, um sich hindurchzwängen zu können. Neugierig ließ er sich auf alle viere sinken und steckte Kopf und Schultern hindurch. Das Licht seiner Helmlampe wanderte durch den Hohlraum, dessen Boden mit Schutt bedeckt war. Schließlich fiel der Lichtkegel auf einen bläulich schimmernden Gegenstand von der Größe eines Apfels. Jonas streckte sich, griff danach, aber das Ding schien mit dem Boden verwachsen zu sein.

Er tastete nach seinem Hammer, hebelte ihn vorsichtig darunter und drückte dagegen, so fest es ihm in dieser ungünstigen Position möglich war. Ohne Vorwarnung gab das Ding plötzlich nach und rollte zur Seite. Jonas' Arm, dessen Anspannung nun der Gegendruck fehlte, krachte mit voller Wucht an einen Felsen. Eine Spitze traf ihn am Ellenbogen. Er schrie auf.

Dann biss er die Zähne zusammen, robbte ein Stück tiefer in die Kaverne und angelte mit seinem Hammer nach dem blau schimmernden Stein. Als er mit seinem Fund wieder zurückgekrochen war, stand Fred hinter ihm.

»Alles in Ordnung? Ich habe dich schreien gehört.«

»Ja, alles gut, ich habe mir nur den Ellenbogen angeschlagen. Schau, was ich gefunden habe!« Stolz präsentierte er sein Fundstück. »Das ist Rhodanium, oder?«

Der Doktor pfiff durch die Zähne.

»Und ob. Einen so großen Kristall habe ich noch nie zuvor gesehen. Der muss Millionen wert sein. Ich würde sagen, heute ist dein Glückstag.«

Obwohl Jonas dank seines unverhofften Glücks an diesem Tag von körperlichen Strafen verschont geblieben war, schmerzten ihm am Abend seine Glieder dermaßen, als sei er mit einem Stock durchgeprügelt worden. Er würgte den schleimigen Fraß hinunter, den Alois ihm brachte, legte sich ächzend in sein Bett und wartete auf den Schlaf. Doch obwohl er so erschöpft war wie nie zuvor in seinem Leben, konnte er nicht einschlafen. Stattdessen kamen die Gedanken. Was habe ich nur getan, dass mich das Universum so bestraft?, fragte er sich. Prompt fiel ihm etwas ein. Er war spiritueller Begleiter geworden – aber nicht in erster Linie, weil ihm die Menschen besonders viel bedeuten würden. Gewiss, er fand es schön, wenn er jemandem helfen konnte, und er machte seine Arbeit inzwischen auch ganz gerne, aber wenn er ganz ehrlich war – und dies schien ein Moment der Wahrheit zu sein –, wenn er ganz ehrlich war, hatte er immer nur auf dieses Schiff kommen wollen. Egal wie. War das ein Vergehen, für das er Strafe verdient hatte?

Jonas seufzte. Die Peacemaker. Wie gern wäre er jetzt dort. Alles war sauber und bis in den letzten Winkel durchkonstruiert. Es gab meistens vernünftiges Essen und ...

Jonas verbot sich jedes weitere Nachdenken darüber. Das führte zu nichts. Und nein, er wollte auch »das Universum« nicht darum bitten, ihn dorthin zurückzubringen. Alois hatte recht. Falsche Hoffnungen konnten einen Menschen zerstören. Und er, Jonas Rothenfels, weigerte sich ab sofort, weiterhin an diesen Universumskram zu glauben. Wieso sollten ferne Galaxien und Nebel etwas zu seinem Schicksal beitragen können? Er musste seine Kraft in sich selbst finden. Wenn er nur nicht so alleine wäre ...

Ächzend wälzte sich Jonas vom Rücken auf die Seite, doch das verschlimmerte den Schmerz nur. Besonders seine Schultern und Arme schienen die Arbeit mit dem Pulser nicht sonderlich zu mögen. Er versuchte es mit der Bauchlage, ließ einen Arm seitwärts aus dem Bett hängen. Besser.

Jonas versuchte, bewusst zu atmen und damit seine kreisenden Gedanken zum Schweigen zu bringen.

Einatmen – ausatmen – Pause.

Einatmen – ausatmen – Pause ...

Doch tief in seinem Inneren schrie etwas.

Sometimes I feel like a motherless child ...

Ja, das passte. Er fühlte sich unendlich einsam und allein in diesem riesigen Universum, von dem er zunehmend den Eindruck hatte, dass es ihn auslachte. Dass es mit ihm spielte, wie er als Kind mit Ameisen gespielt hatte.

Jonas spürte, wie sein Gesicht nass wurde. Sein Innerstes begann sich zu schütteln. Er weinte.

Irgendwann musste er wohl doch eingeschlafen sein, denn er schreckte hoch, als das Wecksignal kam.

Ächzend arbeitete er sich aus dem Bett, wusch sich, schlürfte die lauwarme Pampe in sich hinein, die Alois »Suppe« nannte, und reihte sich in den Trupp der Arbeiter ein. Mechanisch wie ein Roboter tat er seine Arbeit – die Kaverne erwies sich als Fundgrube, er entdeckte zwei weitere Rhodaniumkristalle, allerdings deutlich kleinere als der erste – und fand sich am Ende der Schicht in seinem Bett wieder.

So abgestumpft ließ es sich hier aushalten. Einfach aufhören zu denken und zu empfinden. Nur noch arbeiten wie ein Roboter und darauf warten, dass es mit ihm zu Ende ging. Sogar die Schmerzen waren heute erträglicher geworden. Wie alles andere fühlte er auch sie nur wie durch eine Wand aus Watte.

Jonas richtete sich in dieser Stumpfheit ein wie eine Raupe in ihrem Kokon. Er verlor jeden Anhaltspunkt in der Zeit, zählte auch keine Tage. Was hätte das für einen Sinn gehabt? Es hätte nur seine Qual verschlimmert, hätte seine Bemühungen unterlaufen, das Denken auszuschalten.

*****

Bakur Khan ließ seine Blicke befriedigt über die versammelten Anführer schweifen. Die meisten von ihnen kannte er von klein auf. Unter seiner Leitung waren sie zu dem herangewachsen, was sie heute darstellten: mutige, kluge Kommandanten, die die Galaxie in Furcht und Schrecken versetzten.

»Ich heiße euch willkommen«, sagte er. »Euch zu sehen macht mich stolz. Mit eurem Angriff habt ihr der Union einen schweren Schlag zugefügt und unsere Namen für alle Zeiten in die Geschichtsbücher eingehen lassen. Nun kann niemand mehr behaupten, dass die Peacemaker unangreifbar wäre!«

Mit Ausnahme von Xator, der eine säuerliche Mine zog, strahlten die Männer vor Stolz über diese Worte ihres Anführers.

»Nun müssen wir unseren Vorteil klug nutzen. In zwei Tagen startet eine Handelsflotte von Gemini delta. Die Verträge sind längst abgeschlossen, die Kaufleute haben keine Zeit, auf die Reparatur der Peacemaker zu warten. Darum werden die Schiffe lediglich von zwei schweren Kreuzern und einer Handvoll Zerstörern begleitet. Euer Ziel ist die Sirius. Sie hat Rhodanium, Gold und Platin geladen, ist aber als Getreidefrachter getarnt.«

»Woher weißt du das alles?«, fragte Xator beeindruckt.

»Ich habe so meine Quellen«, schmunzelte Bakur zufrieden.

Dann trat er neben seinen Ziehsohn und legte ihm die Hand auf die Schulter.

»Xator wird das Kommando führen. Er entscheidet über die Taktik. Ich würde vorschlagen, dass ihr das Asteroidenfeld in Oktant G-12 nutzt und euch darin unsichtbar macht.«

»Genau damit werden sie rechnen ...«, wandte Xator stirnrunzelnd ein.

»Dann lass dir etwas anderes einfallen. Aber ich will diesmal keine ungeregelten Hypersprünge.«

Xator verzog missmutig sein Gesicht, erwiderte aber nichts.

»Gibt es sonst noch etwas?«, fragte der Khan. Es war seine Standardfrage, mit der er das Ende einer Besprechung signalisierte. In der Regel gab es keine Wortmeldungen an dieser Stelle.

»Oh ja«, sagte Xator. Der Khan sah ihn überrascht an. »Ich habe sensationelle Nachrichten von der Perseus. Das Bergungsteam hat sich zur Waffenkammer vorgearbeitet und sechs fette Antimaterie-Torpedos gefunden.«

»Was sollen die uns nützen?« Bakur Khans Stirnrunzeln wirkte eher missbilligend als nachdenklich. »Die Qorxu hat keine geeigneten Abschusskammern dafür, und selbst wenn, würden sie das Ziel in seine Atome zerlegen und nicht reif zum Entern schießen.«

»Ich denke ja auch gar nicht an den nächsten Einsatz. Sondern an den heiligen Auftrag, den die Komanda hat.«

»Du willst die Erde angreifen?«, fragte Raschad mit einer Mischung aus Zweifel und Begeisterung. In seiner Aufregung warf er seinen Gehstock um, den er neben sich an den Tisch gelehnt hatte und der nun mit lautem Gepolter auf den Boden fiel. Vielstimmiges Gemurmel erfüllte den Raum. Xator sah sich mit einem triumphierenden Lächeln um, dann erhob er seine Stimme.

»Stellt euch vor, was passieren würde, wenn ein Shuttle mit sechs Antimaterie-Torpedos an Bord auf dem amerikanischen Raumflughafen landete und sie dort zur Explosion brächte.«

»Der größte Wumms in der Geschichte«, kommentierte Faris Alijev mit leuchtenden Augen. »Terracity wäre dann wohl hinüber.«

»Grob geschätzt 500 Millionen Tote«, sagte Alim, der Wesir, nachdenklich.

»Das würde Amir Abdul Salam bestimmt gefallen. Damit wäre das Massaker von Mekka endlich gerächt«, sagte Xator zufrieden.

Alle Augen wandten sich dem Khan zu, dessen Miene undurchdringlich war.

»Das ist ein ehrgeiziger Plan, der gut bedacht sein will«, sagte er. »Vielen Dank, Xator, für diese Idee. Doch zunächst wollen wir uns auf den nächsten Einsatz konzentrieren. Ihr könnt jetzt gehen.«

Xator sah enttäuscht aus, als die Anführer den Raum verließen. Außer ihm blieben nur der Khan und sein Wesir zurück.

»Mach das nie wieder«, zischte Bakur seinen Ziehsohn an.

»Was meinst du? Das ist doch eine großartige Chance ...«

»Du hättest mich sofort informieren müssen, als du von den Torpedos erfahren hast.«

»Ich wollte dich überraschen ...« Xator grinste.

»Die Überraschung ist dir gelungen«, gab der Khan trocken zurück. »Aber bislang habe noch immer ich hier das Sagen. Und das bedeutet, dass alle relevanten Informationen sofort zu mir kommen müssen, ist das klar? Ein Plan von solch einer Tragweite muss vorher bedacht werden. Den kann man nicht gleich vor allen Männern ausposaunen.«

Xator senkte den Kopf. In ihm arbeitete es.

»Du kannst nicht von mir erwarten, dass ich dein Nachfolger werden soll und gleichzeitig jeden meiner Schritte kontrollieren wollen«, blaffte er schließlich los. »Ich habe uns die Gelegenheit verschafft, auf die wir schon seit über fünfzig Jahren warten. Ein bisschen Anerkennung wäre da wohl angebracht.«

In grober Missachtung aller protokollarischen Gepflogenheiten drehte er sich um und ließ den Khan stehen.

Alim setzte zu einer Bemerkung an, doch Bakur fuhr ihm über den Mund.

»Keine Kommentare jetzt. Halt einfach die Klappe.«

Dann verließ auch er den Raum.

Der Khan begab sich in seinen privaten Garten und hieb ärgerlich nach einer Rosenranke, die ihm im Weg war. Die scharfen Dornen bohrten sich in seine Hand und rissen sie blutig, was seine Stimmung nicht eben hob.

Bakur rieb die Stelle und versuchte, Herr seiner Gefühle zu werden. In ihm kochte es; ein brodelndes Gemisch unterschiedlichster Regungen. Heißer Zorn über den unverhohlenen Versuch Xators, sich zum Anführer aufzuschwingen, durchsetzt mit Stolz auf seinen klugen Ziehsohn, den er eben dafür auserkoren hatte. Ungläubiges Staunen über die unverhoffte Möglichkeit, endlich Rache zu nehmen für den Mord an hunderttausend Glaubensgeschwistern, aber auch bislang ungekannte Skrupel. Ihn schreckte die Vorstellung, fünfhundert Millionen Menschen zu verdampfen.

War er alt und weichherzig geworden? Gut möglich. Die jahrzehntelange Verantwortung für die Komanda hatte ihn gelehrt, wie viel schwieriger und wichtiger es ist, Leben zu erhalten, als es zu zerstören.

Er wusste, dass ihn diese Haltung verwundbar machte. Xator verfügte über einen ausgeprägten Machtinstinkt. Er würde die schwache Stelle wittern, wie ein Hai einen Blutstropfen im Meer, und versuchen, den Khan als mitleidigen Schwächling darzustellen, der durch einen geeigneteren Anführer ersetzt werden müsse. Aber das würde er nicht zulassen. Noch war es nicht an der Zeit für ihn, abzudanken. Xator hatte sich als kluger und mutiger Taktiker im Raumkampf erwiesen, aber in Sachen Menschenführung fehlte es ihm nach wie vor an Weitsicht und Reife. Der alte Löwe wurde noch gebraucht. So blieb ihm wohl nichts anderes übrig, als sich an die Spitze der Bewegung zu setzen.

Ein Geräusch im Kies hinter ihm ließ Bakur zusammenfahren. Er griff nach seinem Dolch und wirbelte herum.

»Entschuldigt, mein Khan, ich wollte euch nicht erschrecken!« Alim hob die Hände. »Eure Reflexe sind immer noch hervorragend.«

»Was meinst du mit ›noch‹? Willst du damit andeuten, dass ich alt geworden bin?«

»Nein, natürlich nicht! Auch wenn sich keiner von uns dem Strom der Zeit entziehen kann.«

Bakur seufzte. »Du hast recht, Alim. Ich fürchte, mein Ende ist näher als mein Anfang. Der Zenit ist längst überschritten. Darum habe ich schon darüber nachgedacht, den Angriff auf die Erde selbst zu fliegen. Wäre das nicht ein großartiger Abgang für einen Khan?«

Der Wesir zögerte. »Darf ich ganz offen sprechen?«

»Das ist deine Aufgabe.«

»Angenommen, dieses Unternehmen würde tatsächlich funktionieren – und da gäbe es noch eine Menge zu bedenken –, ist es wirklich das, was wir wollen? Eine halbe Milliarde Menschenleben auslöschen? Frauen und Kinder, Unschuldige?«

»Haben die Amerikaner etwa danach gefragt, als sie ihre Marschflugkörper nach Mekka gesandt haben?«

»Nein. Aber – vergebt mir – die Angelegenheit ist über fünfzig Jahre her. Die Zeiten haben sich geändert. Wir wissen wenig darüber, wie sich das Leben auf der Erde weiterentwickelt hat, seitdem wir hier sind. Vielleicht haben die Menschen endlich zu einem friedlichen Miteinander gefunden, und dann kommen wir und zerschlagen diesen Frieden; bringen unermessliches Leid und Zerstörung auf den Planeten. Wäre das klug?«

»Wie kann Frieden sein, solange der wahre Glaube unterdrückt wird? Hast du unsere heilige Mission vergessen, unser Erbe, das Amir Abdul Salam uns anvertraut hat?«

Alim verbeugte sich.

»Ihr habt recht, mein Khan. Doch ich frage mich zuweilen, wie der Prophet sich heute entscheiden würde. Es waren schlimme Zeiten damals, Krieg, keine Zeit der Besonnenheit.«

Der Khan funkelte ihn an. »Was willst du damit sagen?«

»Wir leben für die Rache, so wie es unser Prophet uns aufgetragen hat – doch auch die Menschen vor Amir Abdul Salam sind schon einem Propheten gefolgt. Was hatte er sie gelehrt? Wofür haben sie gelebt? Dieses Wissen ging verloren. Aber es muss etwas anderes als Rache gewesen sein. Etwas Größeres.«

Die Männer schwiegen. Nach einer Weile fuhr der Wesir fort: »Wirst du die Komanda auflösen, nachdem der Angriff auf Terracity vollbracht ist? Wenn Vergeltung unser einziger Daseinszweck ist, braucht es uns danach nicht mehr.«

»Es gab Zeiten, da wärst du für diese Worte hingerichtet worden«, knurrte der Khan.

Alim senkte das Haupt. »Vergebt einem alten Mann, der über die Jahre ein wenig sentimental und grüblerisch geworden ist.«

Bakur sah ihn aufmerksam an. »Nein, ich danke dir für deine offenen Worte. Der Angriff auf die Erde ist eine weitreichende Entscheidung, die weise bedacht sein muss. Wir dürfen sie nicht einfach der heißblütigen Jugend überlassen.«

Er schwieg eine Weile, dann sagte er – mehr zu sich selbst: »Und wir dürfen weder unseren Glauben noch unsere Leidenschaft verlieren. Sonst sind wir wirklich alt.«

*****

Rilana summte eine kleine Melodie vor sich hin, als sie mit ihrem Rucksack auf dem Rücken über die staubige Straße wanderte. Ein Kinderlied, das ihre Mutter früher oft Liko vorgesungen hatte, wenn er nicht einschlafen wollte.

Sie war auf dem Weg zu Kalea, deren Zwillinge vor ein paar Tagen wohlbehalten auf die Welt gekommen waren. Rilana freute sich auf den Besuch. In diesem Haus wurde sie immer freundlich empfangen, und die beiden kleinen Babys waren unglaublich süß. Hier schienen die Kräutertees, die Kabuto zusammengemischt hatte, auch wirklich Gutes zu bewirken. Kalea erholte sich schnell von der Geburt und hatte genügend Milch, um ihre Säuglinge zu stillen.

»Guten Morgen, Rilana!«

Sie zuckte zusammen und sah auf. Eine Frau mit schwarzem Kopftuch kam ihr entgegen.

»Guten Morgen, Rika, ich hätte dich fast nicht erkannt!« Rilana biss sich auf die Lippen. Warum musste sie immer gleich alles ausplappern, was ihr in den Sinn kam?

Verlegen zupfte die Frau an ihrer Kopfbedeckung herum.

»Ja, ich weiß, es sieht ein bisschen merkwürdig aus«, murmelte sie, »aber mein Mann will es so. Er sagt, das Kopftuch wäre das Zeichen für eine ehrbare Frau.«

»Und ich bin dann nicht ehrbar, oder wie?«, fuhr Rilana heraus. Verdammt, schon wieder! Was war nur heute los mit ihr? Sie musste dieser bedauernswerten Person doch nicht auch noch Salz in die Wunden streuen!

»Das habe ich nicht gemeint. Es ist nur ... das kommt von diesem neuen Glauben. Kristof geht jetzt immer zu den Treffen von Xators Bruderschaft. Er ist schwer begeistert davon und will sein ganzes Leben verändern.«

Sie sah Rilana verschämt an. »Er spielt jetzt auch nicht mehr. Sagt er. Dann ist es doch nicht zu viel verlangt, wenn ich ihn ein wenig unterstütze, oder? Wenn ihm das mit dem Kopftuch so wichtig ist. Es ist auch ziemlich praktisch. Man muss sich nicht mehr so viel Mühe mit der Frisur geben ...« Sie lachte, doch es klang bemüht.

Rilana schluckte ihre Entgegnungen hinunter. »Es steht dir gut, Rika. Ich habe dich im ersten Moment nur nicht erkannt.« Sie zwang sich zu einem Lächeln. »Schön, wenn es Kristof mit seinem neuen Glauben so gut geht. Die Sache hätte mich auch interessiert. Aber es dürfen ja nur die Männer mitmachen.«

»Nein, nein«, sagte Rika eifrig. »Es ist nur so, dass Frauen und Männer nicht zusammen beten sollen. Damit die Männer nicht abgelenkt werden. Demnächst treffen sich auch die Frauen zum Gebet. Wenn du willst ...«

»Ich weiß noch nicht«, sagte Rilana. »Ich muss erst mal zu Kalea.«

»Oh, bitte grüß sie von mir. Ich habe gehört, dass die Zwillinge angekommen sind?«

»Ja, das stimmt. Zwei stramme Burschen. Castor und Pollux heißen sie.«

»Wie schön. Geht es allen gut? Kann man sie bald mal besuchen?«

»Ich denke schon.«

»Dann werde ich mal mit Kristof sprechen, wann ich bei ihnen vorbeikommen darf. Bis später!«

»Ja, bis später.«

Rilana war ein paar Schritte gegangen, als ihr die Tragweite dessen aufging, was Rika eben gesagt hatte. Sie musste ihren Mann um Erlaubnis fragen, um eine Nachbarin zu besuchen?

Es war schon spät, als Rilana an diesem Tag endlich nach Hause kam. Sie war in Eile. Die Behandlungen hatten länger gedauert als geplant. Viele der Älteren freuten sich, wenn sie bei den Hausbesuchen noch ein wenig Zeit für ein kleines Schwätzchen erübrigen konnte. Es machte ihr auch Spaß, aber die Stunden verrannen dabei wie im Flug, und irgendwann fiel ihr siedend heiß ein, dass sie für Liko und ihren Vater noch Essen machen musste.

In der Hand trug sie einen Blumenkohl, den ihr die alte Joana mit auf den Weg gegeben hatte. Obwohl sie fast neunzig war und schlecht Luft bekam, bewirtschaftete sie noch immer einen riesengroßen Garten, der leicht zehn Personen ernährt hätte. Mit dessen Erträgen besserte sie auf dem Markt ihre Rente auf.

Rilana freute sich über das Geschenk – es würde eine gute Mahlzeit abgeben. Besorgt blickte sie zur Sonne empor, die bedenklich weit im Westen stand, und beschleunigte ihre Schritte. Sie konnte das vorwurfsvolle Gesicht ihres Vaters und das ungeduldige Gequengel ihres Bruders schon hören.

Doch das Haus war leer, als sie ankam. Das Arbeitszeug ihres Vaters hing am Haken – er war also bereits hier gewesen, aber seine Schuhe fehlten, ebenso die ihres Bruders. Das war mehr als ungewöhnlich für diese Zeit, und es durchfuhr sie ein eiskalter Schreck: Um Himmels willen, ist etwas mit Liko passiert?

Sie knallte den Blumenkohl auf den Küchentisch und rannte hinaus zu der schmalen Schotterpiste, die an ihrem Haus vorbeiführte. Dort hielt sie inne und zwang sich zur Ruhe. Atmen. Atmen. Denk nach, Rilana, denk nach!

Wenn Liko schlimm krank oder verletzt wäre, wäre er im Haus und Kabuto auf dem Weg zu ihnen. Wenn ihr Vater mit ihm zum Heiler gegangen wäre, hätte sie ihn unterwegs getroffen.

Wahrscheinlich war ihr Bruder also in seinem »Geheimversteck«, von dem er ab und zu erzählte. Dort hatte er die Zeit vergessen, und ihr Vater war aufgebrochen, um ihn zu suchen. Ja, das könnte es sein, beschloss sie und schob die düsteren Szenarien, die ihr Verstand ihr sonst noch ausmalen wollte, energisch beiseite.

Sie wusste nicht, wo die Jungs ihr Versteck hatten, aber vermutlich nicht in der Richtung, aus der sie gekommen war. Dort standen zu viele Häuser. So folgte sie dem Schotterweg weiter in Richtung Felder und Wildnis.

Sie war noch nicht weit gegangen, als ihr die vertraute gedrungene Gestalt ihres Vaters entgegenstapfte. Seine Schultern hingen kraftlos herunter.

»Der Bengel kann was erleben, wenn er nach Hause kommt«, brummte er, als sie sich gegenüberstanden. »Einfach so wegbleiben – gar nicht seine Art eigentlich.« Die Sorge stand ihm in sein dunkles Gesicht geschrieben.

»Papa, am besten gehst du nach Hause, damit jemand da ist, wenn er kommt. Ich suche weiter nach ihm.«

»Ist gut. Ich war raus bis hinten zum Steinacker. Keine Spur von ihm.«

»Weißt du, ob er alleine unterwegs ist?«

»Nein, aber bestimmt ist er wieder mit diesen anderen Bengels los. Mit denen hängt er in den letzten Tagen ständig rum. Na warte, komm du mir nach Hause«, knurrte er und klang dabei so besorgt, dass es Rilana einen Stich versetzte.

»Ich werde sie finden. Mach dir keine Sorgen.«

Er brummelte etwas Unverständliches und warf ihr einen schnellen Blick zu. In seinen schwarzen Augen schimmerte es feucht.

Reiß dich zusammen, Papa!, dachte sie. Laut sagte sie: »Was hältst du davon, wenn du schon mal einen Topf mit Wasser aufsetzt, dann geht es nachher mit dem Essen schneller.«

»Hmja«, brummte er, obwohl er normalerweise solche Arbeiten als unter seiner Würde betrachtete. Er strich seiner Tochter über den Rücken und machte sich auf den Weg nach Hause. Seine Schritte waren schleppend. Rilana sah ihm nach und wusste nicht, um wen sie sich größere Sorgen machen sollte.

Sie folgte dem Schotterweg noch ein Stück, dann bog sie ab und überquerte einen kleinen Bach. Die klapprige Holzbrücke hatte was von Abenteuer und Mutprobe – gut möglich, dass die Jungs hier entlanggegangen waren.

Ein Trampelpfad führte in einen alten Wald hinein, der aus der Urzeit der Kolonie stammte. Generationen von Arbeitern hatten hier geschuftet, um den Planeten urbar zu machen. Eine beachtliche Leistung, wenn man bedachte, dass alle Pflanzen von der Erde kamen. Trotz optimaler Bedingungen hatte sich auf Kyros kein eigenes Leben gebildet.

Die Siedler der ersten Zeit waren noch auf Atemmasken angewiesen gewesen, weil die Atmosphäre damals zu wenig Sauerstoff enthalten hatte. Mittlerweile hatten die mitgebrachten Algen, Moose und später Bäume gute Arbeit geleistet und eine atembare Luft erzeugt.

Der Weg schien erst vor Kurzem begangen worden zu sein. Die umgeknickten Grashalme sahen ganz frisch aus. Aufmerksam ließ Rilana ihre Blicke über den Waldboden streifen. Schließlich entdeckte sie eine Handvoll Erdnussschalen, die über den Weg verteilt lagen. Bingo. Hier waren sie langgegangen.

Mit neuer Hoffnung folgte Rilana dem Pfad. Einzelne Fußspuren und gelegentlich abgerissene Zweige bestätigten ihr die Route.

Vermutlich hatten die Jungs Äste gesammelt, um sich daraus eine Hütte zu bauen – und das war dann das Geheimversteck. Irgendwo hier musste es sein.

Unvermutet stand Rilana vor einem Stacheldrahtzaun. Er war hoch, bestimmt drei Meter, und teilte die Landschaft in zwei Hälften.

Auch dies gehörte zur Geschichte der Kolonie, die ursprünglich ein Sträflingslager gewesen war. Menschen, die auf der Erde in Ungnade gefallen waren, sind hierhergebracht worden, um in Zwangsarbeit den Planeten zu kolonisieren. Rilana hatte im Schulunterricht davon gehört – aber noch nie mit eigenen Augen die Hinterlassenschaften dieser Zeit gesehen. Ihr schauderte, als sie die messerscharfen Klingen des verrosteten Drahtes betrachtete. Hier kam niemand durch. Zudem sollten hinter dem Zaun angeblich Minenfelder liegen, von denen man besser fernblieb.

Aber wo waren die Jungs? Rilana folgte vagen Spuren, die an dem Hindernis entlangführten, aber sie war sich bald nicht mehr sicher, ob es wirklich noch eine Spur war oder eher ein Produkt ihrer Fantasie. Es wurde immer dämmeriger.

Endlich entdeckte sie einen Apfelrest, der auf der anderen Seite des Zaunes im Licht des Sonnenuntergangs schimmerte. Weiter entfernt, als die Kinder werfen konnten. Irgendwo musste es einen Weg geben.

Nach längerer Suche fand sie es endlich: Verdeckt von einem großen Busch, der am Zaun wuchs, hatten sich die Jungen unter dem Draht hindurchgegraben. Darum also war Liko manches Mal so verdreckt nach Hause gekommen. Rilana schätzte die Ausmaße der Unterhöhlung ab – für einen Siebenjährigen mochte es gehen, aber sie würde dort nicht hindurchpassen.

Sie suchte sich einen großen Stock, hebelte ihn zwischen Zaunpfahl und Draht und begann mit aller Kraft zu zerren. Es gab einen trockenen Laut, als das verrostete Eisen endlich riss, und Rilana flog durch den plötzlichen Impuls rückwärts ins Gras.

Nun sollte sie hindurchpassen. Sie rappelte sich hoch, nahm das lose Ende und klemmte es vorsichtig zwischen die anderen Drähte. Ein stechender Schmerz durchzuckte sie, als das rostige Metall in ihren Finger schnitt. Blut schoss heraus.

»Mist«, fluchte sie und ließ die roten Tropfen auf den Boden fallen.

Sie wartete ungeduldig, bis die Blutung etwas nachließ, dann robbte sie unter dem Stacheldraht hindurch. Natürlich überzog sich die Wunde dabei mit einem unappetitlichen Matsch aus Erde und

Blut. Rilana wusste inzwischen genug über Medizin, um einschätzen zu können, dass das auf keinen Fall gut war, aber sie wollte keine Zeit vergeuden.

Sie wischte den Finger notdürftig im holzigen Gras ab und machte sich auf den Weg zu der Stelle, wo sie den Apfelrest gesehen hatte. Dort sah sie sich um und versuchte, sich in kleine Jungen hineinzuversetzen. Wohin könnten sie gegangen sein? Vermutlich erst mal weiter weg vom Zaun, tiefer hinein in die geheimnisvolle, verbotene Wildnis. Und was war mit den Minen?

Wieder suchte sie sich einen langen Stock – er war mindestens zwei Meter lang – und wischte damit vor jedem ihrer Schritte über den Waldboden. Sie konnte nur hoffen, dass die Entfernung für den Fall einer Explosion ausreichte, um sie vor größeren Verletzungen zu schützen.

Auf gut Glück schlängelte sie sich durch das Unterholz – und dann sah sie es: ein gewaltiges Haus aus Stein und Holz, das ihr wie ein Palast vorkam. Es war von einer großen Veranda umgeben. Ein Trampelpfad führte durch das hohe Gras direkt darauf zu. Bingo.

Rilana warf den Stock weg und begann zu laufen. Mächtige Rispen wischten an ihr vorbei.

Endlich erreichte sie die hölzerne Veranda.

Ohne lange zu überlegen, riss sie die Tür auf und stürmte ins Haus.

»Liko?«, rief sie. Ihre Stimme hallte in dem mächtigen Raum wider. Noch nie in ihrem Leben hatte sie in einem so großen Saal gestanden. Der Fußboden bestand aus kunstvoll zusammengefügten Holzstücken, die so glatt poliert waren, dass man aufpassen musste, um nicht darauf ins Rutschen zu geraten. Die Decke war mindestens dreimal so hoch, wie sie groß war.

»Liko?«, rief sie erneut, während sie auf eine doppelflügelige, weiß lackierte Tür zuhielt.

Dahinter lag eine geräumige Eingangshalle, an deren hinterem Ende sich eine breite Treppe nach oben schraubte.

Rilana blieb stehen. Das Gebäude machte ihr Angst.

Was, wenn es nicht die Spuren der Jungen gewesen waren, die sie im Gras gefunden hatte, sondern die irgendwelcher Outlaws?

Oder wenn diese die Jungen gefangen hielten?

Ein kleiner kraushaariger Kopf erschien am oberen Rand der Treppe.

»Rilana?«, fragte ein hoffnungsvolles Stimmchen. »Wie hast du uns gefunden?«

»Ich habe Superkräfte, das weißt du doch. Was fällt dir ein, uns derartig in Angst und Schrecken zu versetzen? Du solltest zum Abendessen zu Hause sein!«

»Ja, ich weiß. Komm bitte ganz schnell hier rauf, Danek geht es nicht gut!«

Rilana erbleichte. Je zwei Stufen auf einmal nehmend, hastete sie die Treppe empor.

»Wo ist er, was hat er?«

»Er ist ausgerutscht und in ein Fenster gefallen, und jetzt blutet sein Arm ganz doll.«

»Los, bring mich zu ihm!«

Liko rannte los. Er führte sie durch den Flur hindurch in einen Nebenraum. Dort hatten sie Danek auf ein Bett gelegt, das schon ganz rot vor Blut war. Matteo saß neben ihm und heulte. Der verletzte Arm war ungeschickt verbunden – mit Stoffstreifen, die aus dem Bettzeug gerissen waren.

»Hast *du* ihn verbunden?«, fragte sie Liko.

»Ja«, sagte er kleinlaut. »Ich hab mal gesehen, wie du das gemacht hast, aber ich habe es nicht richtig hingekriegt. Das Bluten hat einfach nicht aufgehört.«

»Die Idee war goldrichtig«, sagte Rilana. »Das hast du gut gemacht. Lass mich mal sehen.«

Sie schob Matteo unsanft zur Seite und hockte sich neben das Bett.

»Hallo, Danek! Wie geht es dir?«

»Ich habe Angst. Muss ich sterben?«

»Nein, ich bin ja jetzt bei dir. Ich schau mir die Wunde mal an. Kannst du deine Finger noch bewegen?«

»Ja, kann ich.«

»Gut. Das ist ein gutes Zeichen.«

Rilana entfernte den provisorischen Verband und wischte damit das Blut ab. Ein hässlicher Schnitt wurde sichtbar, der sich fast über den ganzen Unterarm des Jungen zog. Sie betrachtete ihn eingehend und seufzte erleichtert, als sie sah, dass zwar jede Menge Blut herausquoll, aber ihr nicht stoßweise entgegenspritzte. Keine Arterie verletzt. Das war schon mal gut.

»Leider habe ich meine Kräuter nicht dabei«, murmelte sie eher zu sich selbst. »Aber das können wir später immer noch nachholen. Jetzt verbinde ich dich erst mal neu, und dann bringe ich dich nach Hause.«

»Ich habe im Haus was gefunden«, sagte Liko, »es scheint so eine Art Apotheke zu sein, aber ohne Kräuter. Soll ich dir das mal zeigen?«

»Ja, bitte«, sagte Rilana. »Lass den Arm ruhig erst mal ein bisschen bluten, Danek. Das reinigt die Wunde. Ich bin gleich wieder bei dir. Solange bleibst du hier liegen, verstanden? Matteo passt auf dich auf.«

Mit kaum verhohlener Verachtung musterte sie den verheulten Jungen, der einen ganzen Kopf größer war als die anderen beiden. Dann folgte sie ihrem Bruder, der sie die Treppe wieder hinunterführte. Zielstrebig – man merkte, dass er nicht zum ersten Mal in diesem Haus war – brachte Liko sie zu einem Raum, der offensichtlich medizinischen Zwecken gedient hatte. In der Mitte stand eine Behandlungsliege, an den Wänden Regale mit Medikamenten, Verbandsmaterial und merkwürdig geformten Instrumenten, deren Funktion sich Rilana nicht auf Anhieb erschloss.

»Ich habe hier nichts angefasst«, erklärte Liko treuherzig, »ich wollte nichts kaputt machen. Aber du kennst dich doch mit so was aus. Kannst du Danek damit helfen?«

»Ich denke schon, ja.«

»Das ist gut. Weißt du – eigentlich wollte ich dir die Apotheke gleich zeigen, als wir sie gefunden hatten, aber die anderen waren dagegen. Weil das doch unser Geheimversteck ist.«

»Schon gut. Ich versteh das.« Sie nahm eine Kompresse aus dem Regal und reichte sie ihrem Bruder.

»Hier, geh du zurück zu deinen Freunden und drück das auf die Wunde, bis ich wieder da bin. Ich schau mich noch ein bisschen um.«

»Ist gut.«

»Und, Liko ...«

Er sah sie an. Hellbraune Haut, große dunkle Augen, strubbeliges schwarzes Haar, das nicht ganz so stark gelockt war wie Rilanas. Ihr kleiner Bruder. Zum Knuddeln.

»Du bist viel stärker als dieser Matteo, egal wie viele Klimmzüge er kann.«

»Meinst du?«

»Und ob.«

Ohne ein weiteres Wort sprang er davon, während sich Rilana stirnrunzelnd den Regalen zuwandte.

Als sie bald darauf zu den Jungen zurückkehrte, hatte sich die Stimmung dort merklich aufgeheitert. Erleichtert scherzten und lachten sie miteinander. Danek sah ziemlich blass aus, doch ansonsten schien er wohlauf zu sein. Aber es sickerte immer noch mehr als genug Blut aus dem langen Schnitt und tropfte auf das Bettzeug.

Rilana kniete sich vor ihren kleinen Patienten und legte das, was sie in der Krankenstation zusammengekramt hatte, sorgsam neben sich auf den Fußboden.

»Hör mal, Danek, du musst jetzt ganz tapfer sein. Das wird gleich ein bisschen wehtun. Ich muss die Wunde nähen.«

Er sah sie mit weit aufgerissenen blauen Augen an.

»Keine Angst, das piekst nur etwas. Bekommen wir das hin?«

Beklommen nickte der kleine Kerl. Rilana zog sich Handschuhe über, öffnete eines der Plastikpäckchen, das sie gefunden hatte, und zog einen Faden heraus, an dem praktischerweise die Nadel schon dran war. Ohne viel Federlesens bohrte sie dem Kind die Spitze durchs Fleisch. Danek sog erschrocken die Luft ein. Seine Augen füllten sich mit Tränen, aber er hielt still. Rilana sah ihn an und nickte zufrieden.

»Du machst das großartig. Es dauert auch nicht lange.«

Sie benötigte zehn Stiche. Geschickt schloss sie den Schnitt mit dem Faden, verknotete ihn und knipste den Rest ab. Dann nahm sie eine Flasche »BMF 25« – dem Aufdruck nach schien es für ihre Zwecke gut zu passen – und besprühte die Wunde damit. Sie hielt das Handgelenk ihres kleinen Patienten instinktiv dabei etwas fester, weil sie wusste, dass Desinfektionsmittel höllisch brannten, aber Danek blieb ganz entspannt.

»Tut das nicht weh?«, fragte sie ganz überrascht.

»Nein, gar nicht, eben hat es noch wehgetan, aber jetzt ist alles weg.«

Fasziniert beobachtete Rilana, wie die Blutung zusehends verebbte. Sie reinigte den Arm, öffnete ein weiteres der kleinen Päckchen, zog einen Verband heraus und legte ihn sorgsam an.

»So, das war's«, sagte sie. »Jetzt ab nach Hause. Eure Eltern machen sich sicher auch schon Sorgen.«

»Nö, das glaube ich nicht«, erwiderte Danek. »Die sind heute wieder bei so einer Versammlung. Mit Beten und so.« Er sah seine Kumpel an.

»Das ist voll uggelig. Meine Mama rennt nur noch mit so 'm schwarzen Kopftuch rum.«

Dann wandte er sich an Rilana.

»Bitte, du darfst ihnen nichts verraten. Von dem Geheimversteck und dem Arm und so.«

»Aber wie soll ich das machen? Die Wunde muss regelmäßig kontrolliert werden. Du brauchst einen Verbandswechsel. Sie merken es doch, wenn ich bei euch vorbeikomme.«

»Dann komme ich eben zu dir, einverstanden?«

»Na gut.« Rilana nickte. »Von mir erfahren sie nichts. Aber jetzt müssen wir los.«

Sie streifte die Handschuhe ab und warf sie auf den Boden.

»Du blutest ja!«, sagte Liko.

Er hatte recht. Die Wunde am Finger war wieder aufgegangen. Sie pochte unangenehm. Rilana wischte sie am ohnehin blutigen

Bettzeug ab. Dann nahm sie die Dose BMF 25 und besprühte die verletzte Stelle. Schaden konnte es nichts. Überrascht stellte sie fest, dass der Schmerz und die Blutung fast augenblicklich nachließen. Tolles Zeug. Sie öffnete eine Schachtel mit Pflastern, die sie gefunden hatte, und klebte eins davon über ihren Finger. Die Jungs sahen ihr andächtig dabei zu. Schließlich steckte sie die Dose zusammen mit den restlichen Verbandspäckchen in ihre Jackentasche.

»Kannst du gehen, Danek?«

»Ich glaube schon. Es tut gar nicht mehr weh.«

»Sei trotzdem vorsichtig beim Aufstehen. Du hast viel Blut verloren. Dir könnte schwindelig werden. Matteo, hilf ihm bitte.«

Der immer etwas mürrisch wirkende große Junge nickte stumm. Die Tränen hatten Spuren im Schmutz auf seinem eckigen Gesicht hinterlassen. Er wischte sich mit dem Handrücken die Nase ab, dann griff er nach Danek.

»Vorsichtig«, mahnte Rilana. »Lass ihn am besten selber machen. Pass nur auf, dass er nicht plötzlich umfällt.«

Danek stand langsam auf und befühlte den Verband an seinem Arm. Dann ging er zwei kleine Schritte. »Alles in Ordnung«, befand er. »Wir können los.«

Er sah Rilana an, die ihn aufmerksam beobachtete. »Du verrätst doch niemandem unser Geheimversteck, oder?«

»Nein, ich behalte es für mich. Aber ich werde wiederkommen und mir die Krankenstation etwas genauer ansehen. Und das dürft ihr niemandem verraten. Einverstanden?«

Der Kleine suchte den Blickkontakt zu seinen Freunden, die einmütig nickten.

»Dann bist du ab jetzt Ehrenmitglied in unserer Bande«, verkündete er feierlich.

Rilana lächelte. »Danke, das weiß ich zu schätzen. Aber nun müssen wir gehen.«

Als sie vor das Haus traten und zum Nachthimmel hinaufblickten, bot sich ihnen ein friedliches Bild. Cavab und Liman, die beiden Monde von Kyros, standen einträchtig nebeneinander. Ihr sanftes

Licht ließ die Wiese silbern schimmern und geleitete sie sicher nach Hause.

Als Rilana am nächsten Morgen aufwachte und das Pflaster von ihrem Finger entfernte, war sie überrascht. Der Schnitt hatte sich geschlossen, es gab keine Anzeichen einer Entzündung, nichts. Noch nie hatte sie solch eine schnelle Heilung erlebt.

Während sie damit beschäftigt war, das Frühstück vorzubereiten, klopfte es zaghaft an der Tür. Es war Danek.

»Hallo, Danek, komm rein. Wie geht es dir?«

»Och, ganz gut. Der Arm tut fast gar nicht mehr weh.«

»Setz dich hier auf den Stuhl. Ich schaue ihn mir gleich mal an.«

Geschickt wickelte Rilana den Verband ab und untersuchte die Stelle. Keine Anzeichen von Entzündung. Rings um die Einstiche war die Haut noch leicht gerötet, aber im Ganzen sah es so aus, als würde die Wunde schon seit Tagen heilen und nicht erst seit gestern Abend. Sie holte den Korb, in dem sie die Mitbringsel aus dem Geheimversteck verwahrte, sprühte BMF 25 auf Daneks Arm und verband ihn erneut. Der Junge sah ihr aufmerksam zu.

»Du machst das gut!«, stellte er fest.

»Danke schön.« Rilana lächelte. »Sei noch vorsichtig mit deinem Arm. Nicht toben, kein Ball spielen. Halt ihn einfach ruhig, sonst geht die Naht auf, und die Wunde fängt wieder an zu bluten. Versprochen?«

»Ja, versprochen.« Danek krempelte seinen Ärmel herunter. »Soll ich morgen wiederkommen?«

»Unbedingt.«

»Ist gut. Danke, Rilana!« Er lächelte sie schüchtern an. Dann drehte er sich um und verschwand durch die Tür.

Rilana wandte sich wieder ihrem Gemla-Brei zu. Während sie rührte, kreisten ihre Gedanken um diese neue Medizin, die sie da gefunden hatte. Sie war weitaus wirksamer als die Kräuter von Kabuto, so viel stand fest. Aber sie traute sich nicht, ihm davon zu erzählen – zum einen weil sie nicht preisgeben wollte, woher sie die Medikamente hatte, zum anderen weil sie seine Reaktion fürchtete. Er war nicht sonderlich offen für neue Wege. Für ihn gab es nichts Gutes, das nicht mindestens 3000 Jahre alt war und aus Japan kam.

Ärgerlich klatschte Rilana den fertigen Brei in die Schüsseln. Sie musste auf eigene Faust herausfinden, was dieses Zaubermittel alles konnte. Und sie wusste auch schon, an wem sie es als Nächstem ausprobieren wollte.

Endlich war das Morgenprogramm erledigt ihr Vater hatte das Haus verlassen, um auf dem Feld zu arbeiten, Liko war zur Schule gegangen, Rilana hatte abgewaschen und die Küche für das Abendessen vorbereitet. Nun nahm sie ihren Rucksack und machte sich auf den Weg zu Denco.

»Hallo, Rilana!«, krächzte die heisere Greisenstimme, als sie das muffige Holzhaus betrat. »Schön, dass du kommst!«

Der alte Mann saß auf einem verschlissenen Sessel. Rilana griff nach seinem Handgelenk und fühlte den Puls. Er war deutlich kräftiger als bei ihren ersten Besuchen. Kabutos Kräutertees zeigten Wirkung. Sie streifte das Hosenbein hoch und wickelte den Verband ab. Die offene Stelle an der Wade war nur noch halb so groß wie am Anfang; sie heilte allmählich, allerdings dauerte die Behandlung nun auch schon wochenlang.

Sorgfältig säuberte Rilana die Wunde, entfernte alle Reste der Kräuterpaste, dann zog sie die Sprühflasche mit dem BMF 25 heraus.

»Oh, was hast du da, ein neues Mittel?«

»Ja, genau. Es hilft hervorragend. Aber bitte behalt es für dich. Kabuto weiß nichts davon. Er hält nichts von moderner Medizin.«

Denco kicherte. »Von mir erfährt er kein Sterbenswörtchen«, versicherte er. »Von diesem ganzen Kräuterquatsch halte ich sowieso nichts. Früher gab es Tabletten und Spritzen, wenn einer krank war, und dann wurde es auch wieder besser mit ihm. Nicht dass ich es gebraucht hätte, ich war ein gesunder junger Mann – und Muskeln hatte ich! Ich konnte arbeiten für zwei, das kannst du mir glauben …«

Rilana versorgte das Bein und ließ den Redefluss des alten Mannes an sich vorbeiplätschern. Doch plötzlich wurde ihr klar, was er da gesagt hatte.

»Moment mal, was meinst du mit früher?«

Denco hielt inne und sah sie irritiert an.

»Du hast gesagt, dass es früher Tabletten und Spritzen gab, wann war das, und von wem habt ihr sie bekommen?«

»Na, von Akaya bestimmt nicht, der war auch nur so 'n Kräuterdoktor.«

»Akaya Kobayashi, Kabutos Vater«, fügte er hinzu, als er Rilanas fragenden Blick bemerkte. »Der war für unsere medizinische Versorgung zuständig. Aber wenn es einem richtig dreckig ging, dann kam einer von den Aufsehern ... wie hieß der gleich noch, er hatte so einen großen Schnurrbart ... na egal, jedenfalls hatte der die richtige Medizin. Und die brachte einen wieder auf die Beine. Schließlich musste die Arbeit ja getan werden. Mann, was haben wir geschuftet! Nur mit einer Hacke haben wir die Äcker ...«

»Was für Aufseher meinst du?«

»Die von der Regierung natürlich. Weißt du denn gar nichts über die Geschichte der Kolonie?«

»Doch, natürlich, das hatten wir in der Schule ... Das hier war ein Sträflingslager. Für Verbrecher, die von der Erde hierhergebracht wurden, um den Planeten zu kolonisieren.«

»Nicht nur Verbrecher, auch Leute, die den Herrschenden nicht passten. Meine Eltern waren damals im Widerstand. Sie haben gegen die Weltregierung gearbeitet, weil sie dachten, dass es nicht gut ist, zu viel Macht zu bündeln. Sie haben kein Unrecht getan, nur ihre Meinung gesagt. Ich war noch ein kleines Kind, als wir hierherkamen. Mein Vater musste im Bergwerk schuften, bis er starb. Den ganzen Berg haben sie unterhöhlt. Er hat mir erzählt, dass manche Gänge bis nach Evinin reichen. Und alles in Handarbeit.«

Rilana schwieg beeindruckt. Das lag jetzt über 80 Jahre zurück. Natürlich, Denco war 86, aber ihr wurde jetzt erst klar, dass sie in ihm einen Zeitzeugen für die Entstehung der Kolonie vor sich hatte.

Die Dinge, die sie nur von Büchern, Bildern und Filmen her kannte, hatte er selbst miterlebt.

»Ich weiß noch, wie sich die Aufseher aus dem Staub gemacht haben. Das muss jetzt so 20, 25 Jahre her sein. Plötzlich hieß es, wir wären jetzt frei und dürften uns selbst verwalten. Im Stich gelassen haben sie uns, wenn du mich fragst. Na ja, ein paar von denen sind angeblich auf Kyros geblieben, die fühlten sich hier zu Hause, aber man hat sie trotzdem seitdem nicht mehr gesehen. Keine Ahnung, was aus ihnen geworden ist.«

Denco streckte sein Bein aus und strahlte. »Es tut nicht mehr weh. Das war eine gute Idee von dir.«

»Ich komme morgen wieder vorbei und schau, wie sich die Stelle entwickelt hat.«

»Ich freue mich drauf!«

*****

Der Khan schreckte hoch und rang nach Luft.

Er brauchte eine Weile, um in der Wirklichkeit anzukommen. Dieser Traum war so ungeheuer intensiv gewesen. Das Mädchen in seinem Bett murmelte etwas und drehte sich auf die andere Seite. Bakur überlegte kurz, ob er sie wegschicken sollte, aber dann besann er sich anders und stand auf.

Cavab, der größere der beiden Monde, schien direkt in sein Gemach. Der Khan zog einen kostbaren seidenen Morgenrock über und trat ans Fenster. Die kühle Nachtluft tat gut.

Er atmete tief ein und versuchte die Fäden seines Traumes zu entwirren. Es waren schreckliche Bilder, verkohlte Leichen, zerstörte Häuser, Verwüstung, so weit das Auge sah. Er selbst hatte mittendrin gestanden, mit einem altmodischen Schwert in der Hand, das er in Siegerpose über seinem Kopf geschwungen hatte, und gebrüllt: »Al Kahar, es ist vollbracht, wir haben den Mord an deinen Gläubigen gerächt!«

Doch es war keine Antwort gekommen. Stattdessen hatte ihn ein

Gefühl tiefster Einsamkeit erfüllt, so als sei er der letzte Mensch im Universum. Das Schweigen seines Gottes – der noch niemals geredet hatte, doch im Traum hatte Bakur wie selbstverständlich mit einer Antwort gerechnet – war belastend und erstickend gewesen.

Mit einem Mal hatte sich auf dem Schlachtfeld etwas geregt: Aus einer der furchtbar entstellten Leichen war etwas aufgestiegen, ein verwaschener, heller Fleck – die Seele, wusste Bakur im Traum –, sie war zu ihm hinübergeschwebt und hatte sich auf seine Schulter gesetzt. Ihr Gewicht glich dem eines kleinen Vogels. Irritiert hatte Bakur versucht, sie abzustreifen, doch vergeblich. Er hatte sie nicht greifen können. Nun kamen die hellen Flecken von allen Seiten auf ihn zu. Federleicht setzten sie sich auf ihn, bis sich ihr Gewicht so stark addierte, dass es zu einer erdrückenden Last anschwoll. Mehr und mehr Seelen wurden es, sie überschütteten ihn, sie erdrückten ihn, sie raubten ihm den Atem, bis er endlich, verzweifelt nach Luft ringend, aufgewacht war.

Der Khan blickte in die strahlende Scheibe des Mondes.

»Cavab« bedeutete »Vergeltung«. Amir Abdul Salam hatte diesen Himmelskörper mit gutem Grund so genannt. Der Trabant, der den Takt für die Feiertage angab, sollte die Erinnerung an ihre Mission wachhalten. Die Komanda existierte nur zu einem Zweck: den Angriff auf Mekka zu rächen. Außer ihnen gab es niemanden mehr, der das tun konnte.

Bislang hatte ihnen die Möglichkeit gefehlt, ihren Auftrag umzusetzen. Aber nun tat sich eine Gelegenheit auf, und es war seine Pflicht als Anführer, diesen Weg einzuschlagen. Er hatte nicht das Recht, sich von sentimentalen Gefühlen lenken zu lassen. Er war der Verantwortliche, vor Gott und vor den Menschen. Er hatte einen heiligen Eid geschworen, und nur Al Kahar selbst durfte ihn von diesem Weg abbringen.

Unversehens kamen ihm die vertrauten Worte über die Lippen: »Wir dienen Al Kahar, dem Allmächtigen, der zu uns gesprochen hat durch die heiligen Propheten. Wir bekennen Amir Abdul Salam als seinen letzten Gesandten. Der Segen Gottes sei über ihm. Wir dienen Bakur Khan, seinem Bevollmächtigten, und folgen willig seinen Befehlen. Der Segen Gottes bleibe auf ihm.«

Erst als seine Stirn den Boden berührte, merkte er, dass er automatisch auf sein rechtes Knie gesunken war. Inbrünstig fuhr er mit den wohlbekannten Bewegungen und Worten fort. Als Bakur am Ende der üblichen Gebetsformeln angelangt war, ergänzte er sie durch das, was ihm auf dem Herzen lag: »Führe mich, mein Gott. Schenke mir deine Weisheit, damit ich deinen Willen tue.«

Frisch gestärkt an Leib und Seele, kroch er in sein Bett zurück und genoss die Wärme des Mädchens, deren Name ihm gerade nicht einfallen wollte.

*****

Xator ließ seinen Blick über die fast fünfzig Männer schweifen, die sich zum Morgengebet eingefunden hatten. Er war zufrieden. Seine Bewegung wuchs. Es wurde Zeit für den nächsten Schritt.

»Thomas, Franco, ihr beide bleibt bitte noch hier. Ich habe etwas mit euch zu besprechen. Für die anderen: Ich wünsche euch einen schönen Tag, meine Brüder!«

Die Männer, die nun zur Arbeit mussten, verbeugten sich und verließen die zum Gebetsraum umgewidmete Lagerhalle zügig. Xator sah ihnen nach, verwundert über sich selbst. Die Anrede »Bruder« war im Gebetsraum der Komanda üblich – hier schien sie ihm kaum mehr zu sein als eine Floskel. Brüder waren durch ihr Blut verbunden, sie traten füreinander ein, teilten dasselbe Schicksal, den Glauben an denselben Gott. Die meisten Männer hier hingegen folgten ihm nur, weil sie sich einen Vorteil davon versprachen. Sie sprangen über das Stöckchen, das er ihnen hinhielt, weil sie wussten, dass es dafür eine Belohnung gab. Das Schlimmste daran aber war ihre Bauernschläue, mit der sie annahmen, er würde den Betrug nicht bemerken; als hätten sie das Format, ihn, Xator hinters Licht zu führen. Idioten waren sie. Jedoch nützlich. Gut, dass es immer mehr von ihnen gab. Er würde ihre Unterstützung noch brauchen.

Er wandte sich Thomas und Franco zu, die zu ihm nach vorn gekommen waren und still darauf warteten, dass er sie ansprach. Diese beiden waren aus einem anderen Holz geschnitzt, das spürte er.

»Ist es nicht wunderbar, wie unsere Bewegung wächst?«, fragte er. Thomas nickte begeistert, Franco eher zurückhaltend.

»Es wird nicht mehr lange dauern, bis dieser Raum für unsere Gebetszeiten zu klein sein wird. Darum möchte ich ein neues Haus bauen. Ein geistliches Zentrum mit Schulungsräumen, Unterkünften für mich und meine Gäste und vor allem mit einem Gebetsraum, der Al Kahars würdig ist. Gott ist gnädig und barmherzig, darum hat er über die Bescheidenheit dieser Halle bislang hinweggesehen, doch sollten wir ihn nicht auf die Probe stellen, sondern vielmehr alles tun, um ihn zu ehren. Al Kahar ist groß!«

»Al Kahar ist groß«, wiederholten die beiden Männer automatisch.

»Was ich nun mit euch besprechen wollte – für so einen Bau braucht es einen guten Plan: Franco, dabei habe ich an dich gedacht. In dir steckt ein begabter Architekt. Ich möchte, dass du uns die Baupläne entwirfst.«

In Franco, der bislang eher misstrauisch und vorsichtig gewirkt hatte, ging eine sichtbare Veränderung vor. Er begann zu strahlen. »Dazu bin ich gerne bereit«, sagte er. »Aber du musst wissen, dass ich so etwas noch nie gemacht habe. Ich stecke noch mitten in der Ausbildung.«

»Das weiß ich.« Xator legte ihm die Hand auf die Schulter und sah ihm tief in die Augen. »Aber ich weiß auch, dass du dein Bestes geben wirst. Du wirst über dich selbst hinauswachsen, davon bin ich überzeugt. Außerdem sollst du Hilfe aus Evinin bekommen.«

Er unterstrich seinen Zuspruch mit einem kräftigen Schulterklopfen, dann wandte er sich dem Schmied zu.

»Thomas – auch dich habe ich für eine wichtige Position vorgesehen. Wir werden engagierte Männer für die Bauarbeiten brauchen. Ich glaube, dass du der geborene Anführer bist. Kannst du eine Mannschaft zusammenstellen und leiten?«

Der Angesprochene glühte vor Stolz. »Ich bin zwar nur ein einfacher Handwerker, aber ich will mein Bestes geben. Danke für dein Vertrauen!«

Xator nickte zufrieden. »Ich wusste, ihr würdet mich nicht enttäuschen. Dann macht euch an die Arbeit.«

Er übergab jedem von ihnen einen kleinen zusammengehefteten Stapel Papier.

»Darin habe ich meine Vision für euch skizziert.«

*****

Einige Tage später, die Sonne stand hoch am Himmel, durchschnitt ein fröhlicher Ruf die beschauliche Stille der Kolonie.

»Hallo, Kaktusblüte!«

Rilana zuckte zusammen. Sie war in Gedanken noch bei ihrer letzten Behandlung. »Hey, Franco, du hast mich erschreckt. Solltest du nicht bei der Färberei sein?«

»Nein, wir haben heute eine längere Mittagspause. Unser Holzlieferant hat sich verzählt, und nun ruht der ganze Bau, bis die blöden Dachbalken geliefert werden.« Seine Stimme klang ärgerlich, aber die dunkelgrauen Augen blitzten fröhlich.

»Allzu verzweifelt scheinst du deswegen aber nicht zu sein.«

»Nein, so habe ich mehr Zeit für mein anderes Projekt. Willst du es mal sehen?«

»Was ist es denn?«

»Lass dich überraschen. Komm!«

Franco winkte Rilana mit der Hand, dann drehte er sich um und ging in Richtung Haus. Lächelnd folgte sie ihm. Sie mochte seine Begeisterungsfähigkeit.

Er führte sie in eine kleine Kammer, deren Einrichtung sich auf einen überdimensionalen Schreibtisch und einen Stuhl beschränkte. Die Wände waren mit Korktafeln bedeckt, an denen Unmengen von Bauzeichnungen hingen.

»Sieh mal!«, sagte er stolz und deutete auf ein Blatt, das fast die ganze Fläche des Schreibtisches einnahm.

Rilana beugte sich über die Zeichnung und versuchte, dem Durcheinander der Linien einen Sinn zu entnehmen.

»Was soll das sein?«, fragte sie schließlich resigniert.

»Ein Gemeindezentrum.« Er tippte auf ein großes Rechteck. »Das hier wird der Betsaal.«

»Nur für die Männer, nehme ich an«, bemerkte Rilana spitzlippig.

»Ja, natürlich. Die Frauen bekommen ihren eigenen Saal. Aber das wird ein anderer Bauabschnitt. Hier sind Umkleideräume, Besprechungsräume ...«

»Dann wird das ja ein Riesenprojekt!«

»In der Tat. Das mit Abstand größte Haus in unserer Kolonie. Und ich darf es entwerfen.«

Franco fuhr sich durch sein welliges schwarzes Haar und brachte es fertig, gleichzeitig verlegen und stolz auszusehen.

»Habt ihr das mit dem Rat schon besprochen?«

»Nein, das wollte Xator selbst übernehmen. Bis dahin darf bitte niemand von dem Projekt erfahren. Rilana, du kannst doch ein Geheimnis für dich behalten?«

»Natürlich. Als Heilerin habe ich ständig mit Sachen zu tun, die ich für mich behalten muss. Schweigepflicht, verstehst du?«

Sie zögerte.

»Franco, bist du dir sicher, dass Xator unserer Kolonie guttun wird? Ich habe da nämlich so meine Befürchtungen.«

Sein Gesicht verhärtete sich.

»Allerdings glaube ich das. Wenn es nicht so wäre, würde ich ihn wohl kaum unterstützen.«

Sie legte ihre Hand auf seinen Arm.

»Ich mache mir vor allem Sorgen um die Frauen. Immer mehr von uns laufen mit einem Kopftuch herum.«

»Na und? Niemand wird dazu gezwungen. Bei anderen Modeerscheinungen regt sich doch auch keiner auf. Wie damals, als plötzlich alle diese komischen Jacken aus Sackstoff getragen haben.«

»Jute. Es war Jute. Und du weißt sehr wohl, dass diese Kopftücher viel mehr sind als eine bloße Mode! Es ist reine Unterdrückung, eine Abwertung der Frauen, eine ...«

»Jetzt übertreibst du aber. Viele Frauen, die ich kenne, sind stolz auf ihr Kopftuch. Sie sehen es als ein Symbol ihrer Ehrbarkeit und ihrer Hingabe an Al Kahar.«

Rilana schnaubte verächtlich.

»Und überhaupt, warum sagst du nichts zu den positiven Seiten unserer Bewegung? Weißt du zum Beispiel, dass Eric nicht mehr trinkt? Früher war er jeden Abend besoffen und hat seine Familie verprügelt. Das ist jetzt vorbei.«

»Wirklich? Das ist ja großartig!«, sagte Rilana ungläubig. Wie allen anderen im Dorf waren auch ihr die blauen Flecken der Frau und der Kinder aufgefallen. Zuletzt waren sie kaum noch unter die Leute gegangen. Nando, der Dorfälteste, und auch Kabuto hatten deswegen einige Male versucht, mit Eric zu reden, aber gebracht hatte es nicht viel. Ein paar Tage lang hatte er sich zusammengerissen, dann war es wieder von vorn losgegangen.

Vielleicht hatte Franco ja recht, und sie sah alles viel zu negativ. Vermutlich war sie bloß eifersüchtig, weil sie sich auch gerne der Bruderschaft angeschlossen hätte und von Xator so beschämend zurückgewiesen worden war. Es durchlief sie immer noch heiß und kalt, wenn sie an diese Situation zurückdachte.

Nachdenklich blickte sie den jungen Mann an. Er sah wirklich gut aus mit seinen schwarzen Haaren und den dichten dunklen Brauen über den grauen Augen. Schlank, muskulös ...

Die Mädchen im Dorf waren verrückt nach ihm, und er hätte jedes einzelne von ihnen haben können. Doch aus irgendeinem Grund nutzte er diese Option nicht, was sie sehr an ihm schätzte. Sie mochte diese Typen nicht, die jede Woche mit einer anderen zusammen waren und eine Spur verletzter Herzen hinter sich herzogen. Sie selbst hielt sich auch lieber zurück und wartete darauf, dass das Schicksal ihr irgendwann den Mann fürs Leben über den Weg schickte.

Franco war für sie wie ein großer Bruder. Als Kinder hatten sie fast jeden Tag zusammen gespielt.

Einem plötzlichen Impuls folgend, sagte sie zu ihm: »Du hast mir ein Geheimnis verraten – dann will ich dir auch eins zeigen. Vorausgesetzt, du hast eine Stunde Zeit, denn wir müssen dazu ein wenig wandern. Aber es lohnt sich, das verspreche ich dir!«

»Was ist es denn?«

»Das sage ich dir nicht. Lass dich einfach überraschen!«

Als sie den Stacheldrahtzaun erreichten, schreckte Franco zurück.

»Du bist sicher, dass wir weitergehen sollten?«, fragte er. »Jeder weiß, dass dort Tretminen liegen!«

»Vertrau mir. Ich bin diesen Weg schon oft gegangen. Hier liegen keine Minen. Die Geschichte ist ein reines Gerücht, um die Leute fernzuhalten.«

Franco deutete auf einen kleinen Krater dicht hinter dem Zaun. »Und wie nennst du das?«

»Abschreckungsmanöver. Komm jetzt!«

Rilana führte Franco zu dem großen Busch, unter dem sich der Durchgang verbarg. Mittlerweile hatte sie den Stacheldraht so weit entfernt, dass auch Erwachsene ohne Verletzungsgefahr bequem hindurchkommen konnten. Franco pfiff anerkennend durch die Zähne, als er die Passage sah.

Noch immer etwas misstrauisch folgte er ihr unter dem Zaun hindurch und über die magere Wiese, die dahinterlag. Sie durchquerten das Unterholz und kamen an den Trampelpfad, der zu der alten Villa führte. Wieder pfiff Franco durch die Zähne.

»Wow«, sagte er, »das ist ja kaum zu fassen! Wie hast du das gefunden?«

«Das ist eine lange Geschichte«, sagte Rilana ausweichend. »Komm!«

Stolz führte sie ihn durch die Räume des Geheimverstecks. Seine Begeisterung und Bewunderung taten ihr gut.

»Und das hier ist meine ganz besondere Entdeckung!«, sagte sie, als sie ihm schließlich die Krankenstation zeigte. »Medizin vom

Feinsten. Glaub mir, da kann Kabuto mit seinen Kräutertees einpacken!«

Neugierig betrachtete er die merkwürdigen Gerätschaften, entzifferte die Bezeichnungen auf den Schachteln und Flaschen in den Regalen. Dann sah er Rilana ehrfürchtig an. »Und du kannst mit dem allen hier umgehen?«

»Mit einigem davon. Ich lerne noch«, sagte sie bescheiden. »Aber ich muss dir noch was zeigen. Schau mal hier!« Sie ging zur Wand und legte einen Schalter um. Gleißendes Licht durchflutete den Raum, sodass Franco geblendet die Augen schloss.

»Das ist ... einfach überwältigend! Als könnte man durch eine Tür in die Zukunft gehen. Ich frage mich, was Xator zu all dem hier sagen würde!«

Rilana zuckte zusammen. »Du darfst es ihm auf keinen Fall sagen. Bitte versprich mir, dass du es für dich behältst!«

Franco sah ihr tief in die Augen. »Ich werde es keiner Menschenseele verraten«, gelobte er. »Das hier bleibt unser Geheimnis.«

Dankbar nahm sie ihn in den Arm. Die Nähe tat ihr gut, und sie standen eine ganze Weile eng umschlungen. Dann löste er sich ein wenig aus der Umarmung, suchte ihre Lippen und küsste sie. Erst ganz zart, schließlich fordernder. Es prickelte.

Plötzlich drehte Rilana entschlossen den Kopf weg.

»Nicht«, flüsterte sie.

Überrascht sah er sie an; er wirkte verletzt.

»Aber – warum nicht?«

»Du bist unglaublich wichtig für mich. Aber eher – wie ein Bruder. Es fühlt sich nicht richtig an.«

Sie fasste ihn beim Arm. »Bitte nicht böse sein, hörst du?«

Er schüttelte stumm den Kopf.

Doch als sie schweigend Seite an Seite nach Hause gingen, begann sie zu fürchten, dass es zwischen ihnen nie mehr so sein würde wie früher.

*****

Nando hatte den Rat einberufen. Einziger Tagesordnungspunkt: ein Bauantrag von Xator Seifuko. Das Protokoll führte wie immer Isabel Gruber, die Lehrerin des Dorfes, die wegen ihrer Korrektheit gleichermaßen geschätzt und gefürchtet wurde.

Akkurat führte sie die Anwesenden auf: Nando van Damm, den Dorfältesten, der den Vorsitz innehatte, Konrad Ecker, den Zimmermann. Henk Jonker, den größten Gemla-Bauern des Dorfes. Carlos Vila, den Vormann der Bergarbeiter, Maurice Claude, den stark übergewichtigen Bäckermeister, der ziemlich verschlafen wirkte, weil er gewöhnlich sehr früh aufstand, und Thomas Pohl, den Schmied.

»Ich danke euch, dass ihr gekommen seid.« Nando van Damm eröffnete die Sitzung. »Uns liegt ein Antrag vor, der meiner Meinung nach eine Sondersitzung erforderlich machte. Xator Seifuko möchte in unserer Kolonie ein Gemeindezentrum bauen.«

Die Lehrerin meldete sich zu Wort. Irritiert über die Unterbrechung seiner sorgfältig vorbereiteten Einstiegsrede hielt Nando inne. »Ja, bitte?«

»Ich bin ganz und gar nicht der Meinung, dass dieser Umstand eine Sondersitzung rechtfertigt. Der Antrag des Herrn Seifuko hätte wie jedes andere Anliegen auch auf unserer regulären Sitzung in vierzehn Tagen besprochen werden können. So wird ihm bereits von vornherein eine unangemessene Sonderbehandlung zuteil.«

»Diesen Einwand muss ich zurückweisen. Gemäß unserer Satzung entscheidet der Vorsitzende nach eigenem Ermessen über die Einberufung von Sondersitzungen. Wir haben es hier mit einer Entwicklung zu tun, die unser Zusammenleben bereits jetzt stark beeinflusst, und ich denke, dass es angebracht ist, möglichst zügig zu reagieren.«

Isabel Gruber kniff die Lippen zusammen und schwieg.

»Nun erzähl uns doch erst mal, worum es genau geht.« Die Stimme von Carlos, dem Bergmann, dröhnte durch den Raum.

»Es geht um ein Gemeindezentrum, das, so wie es geplant ist, das größte Gebäude unserer Kolonie wird.«

»Noch größer als die neue Färberei?«, fragte Meister Ecker verwundert. »Wer ist der Architekt?«

»Soweit ich weiß, Franco.«

»Franco? Mein Lehrling? Also bitte.«

»Konrad«, sagte Nando beschwichtigend, »wir wissen doch alle, was in ihm steckt.«

»Aber solch ein Projekt zu planen setzt viel Erfahrung voraus. Wie soll er das können?«

»Das ist nicht unser Problem. Ich bin sicher, dass er kompetente Unterstützung bekommen wird. Wir haben hier nur zu entscheiden, ob wir den Bau genehmigen wollen oder nicht.«

Isabel Gruber meldete sich zu Wort.

»Isabel?«

»Wir müssen bedenken, dass es hier nicht um irgendeinen Bau geht. Wir reden von einer religiösen Außenstelle der Komanda. Und wir müssen feststellen, dass die Gruppe um Xator schon jetzt erhebliche Auswirkungen auf unser Zusammenleben hat. Ich sage nur: Kopftücher.« Sie blickte sich zustimmungsheischend in der Runde um.

Henk, der Gemla-Bauer, sprang auf den Zug auf.

»Muss denn so was sein? Ich meine, die können ja von mir aus glauben, was sie wollen, aber warum bei uns? Wir haben eine bewährte Regelung. Die Piraten bleiben auf ihrer Seite vom Berg und wir auf unserer. Zweimal im Jahr zahlen wir unseren Tribut, und fertig. Das hat jahrelang bestens funktioniert. Da müssen wir jetzt nicht anfangen, alles zu vermischen. Ich bin dagegen. So.« Er klopfte mit seinem Zeigefinger energisch auf die Tischplatte.

»Danke, Henk und Isabel, für diese klare Äußerung. Wie sehen es die anderen?«

»Also wenn es nach euch gehen würde, dann täten wir noch immer auf den Bäumen hocken«, dröhnte Carlos. »Das Leben geht weiter, Freunde, Dinge verändern sich. Das ist nun mal der Lauf der Welt. Man kann dem Wasser auch nicht sagen, dass es aufhören soll zu fließen. Es wird sich seinen Weg suchen, auch wenn wir versuchen, uns dem entgegenzustemmen.«

»Das sehe ich auch so«, sagte Thomas, der Schmied. »Wie ihr wisst, gehöre ich der Gemeinschaft von Xator an. Ich kenne natürlich die Vorurteile, die manche dagegen haben« – er blickte kurz, aber eindringlich zu Isabel hinüber, die die Arme vor der Brust verschränkte und eine säuerliche Miene aufsetzte – »aber ich kann euch versichern, dass diese Gruppe für unsere Kolonie ein Segen ist. Habt ihr schon gehört, dass Eric nicht mehr trinkt, seitdem er bei uns ist?«

Nando lächelte freudig überrascht, während Henk vor sich hin murmelte: »Wer weiß, wie lange das anhält ...«

Thomas fuhr fort: »Man muss uns ja nicht mögen. Aber ihr solltet zur Kenntnis nehmen, dass alle, die bei uns mitmachen, sich ernsthaft darum bemühen, ein tadelloses Leben zu führen. Und es sind mittlerweile 55 Männer, 55 Bürger dieser Kolonie, die dazugehören. Es geht also nicht darum, irgendwelchen Fremden einen Gefallen zu tun. Es geht um unsere eigenen Leute. Deswegen möchte ich den Antrag ausdrücklich unterstützen.«

»Dem würde ich mich im Wesentlichen anschließen«, bemerkte Nando. »Ein solches Gemeindezentrum eröffnet uns ganz neue Möglichkeiten für die Zusammenarbeit mit der Komanda. Bisher haben sie uns als Ungläubige behandelt. Das dürfte sich nun ändern. Wir müssen an die Zukunft denken. Auch an die Zukunft unserer Kinder. Ich unterstütze den Antrag ebenfalls.«

»Ich habe zwar so meine Bedenken, aber ich bin auch dafür«, dröhnte Carlos. »Wir können den Lauf der Zeit eh nicht aufhalten.«

»Das wären also drei Stimmen dafür. Was sagen die anderen vier? Isabel?«

»Also, das kann ich nicht verantworten. Ich bin ganz klar dagegen.«

»Ich auch«, brummte Henk. »Nicht mit mir.«

»Konrad?«

Meister Ecker wog bedächtig sein Haupt. »Ich bin hin und her gerissen. Ich kann der Sache auf keinen Fall zustimmen, weil sie nicht gut für unsere Gemeinschaft ist. Sie abzulehnen bringt vermutlich aber auch nichts – ich meine, was wollen wir denn unternehmen, wenn Xator einfach ohne unsere Genehmigung baut?« Er sah sich in der Runde um. »Na schön. Ich denke, ich stimme trotzdem dagegen.«

Alle Augen richteten sich auf den dicken Bäcker, dessen Stimme nun die Entscheidung bringen musste.

»Maurice, was sagst du? Du hast dich in der Sache noch gar nicht geäußert!«

Der Angesprochene rutschte unbehaglich auf seinem Stuhl umher. Es war in der Tat ungewöhnlich, dass er noch nichts gesagt hatte. Normalerweise war er auf Fremde nicht gut zu sprechen und machte selten einen Hehl daraus.

»Also ich bin dafür«, sagte er und knetete seine Hände. »Und ansonsten bitte ich darum, dass wir die Sitzung bald beenden. Ich muss morgen sehr früh aufstehen.«

Die Ratsmitglieder schauten einander verblüfft an.

»Gut«, sagte Nando schließlich. »Für's Protokoll: Dem Antrag wurde mit vier Jastimmen und drei Neinstimmen zugestimmt. Wir erlauben Xator und seiner Gruppe den Bau eines Gemeindezentrums in unserer Kolonie. Dann schließe ich hiermit die Sitzung. Ich danke euch, dass ihr gekommen seid, und wünsche eine gute Nacht.«

*****

Es war eine Nacht, die sich um nichts von den vielen ungezählten Nächten zuvor unterschied. Jonas schlief tief und fest. Die Anstrengungen der Schicht hatten mal wieder ihre Wirkung gezeigt und die sanfte Watte der Erschöpfung um ihn gelegt.

Doch plötzlich zuckte er zusammen und war sofort hellwach. Etwas hatte seine Hand berührt. Etwas Pelziges. EINE RATTE?

Jonas setzte sich auf und lauschte, doch es war nur ein leises Schnarchen zu hören, das aus einer der anderen Zellen kam. Irgendwo tropfte Wasser. Er hockte sich auf Knie und Hände, beugte sich so weit wie möglich vor und spähte vorsichtig unter sein Bett. Doch in dem schummerigen Licht, das durch die Gitterstäbe seiner Zelle sickerte, war es unmöglich, irgendetwas zu erkennen.

Jonas umschlang seine Beine mit den Armen und begann trotz der Bruthitze in seiner Zelle zu zittern. Er empfand eine unerklärliche, tief sitzende Angst vor Ratten, die sogar noch stärker war als sein Unbehagen vor engen Räumen. Vielleicht gehörte auch beides zusammen. Jemand hatte ihm mal weismachen wollen, dass er in einem früheren Leben ein Pirat gewesen sei, der in einem finsteren Kerker gelandet und von Ratten angefressen worden wäre. Jonas glaubte nicht daran, aber die Erklärung passte trotzdem gut zu seinen Ängsten.

Diese Mistviecher waren einfach nicht totzukriegen. Irgendwie schafften sie es, in den Tiefen der Raumschiffe mitzureisen und sich auf allen Planeten, die der Mensch besiedelte, ebenfalls auszubreiten.

Was sollte er jetzt tun? Nach dem Wärter rufen? Das war wahrscheinlich keine besonders gute Idee und würde schmerzhaft enden. Vermutlich war die Ratte auch schon längst fortgelaufen.

Aber er konnte sich auch nicht einfach hinlegen und weiterschlafen – was, wenn das Vieh zurückkäme und auf ihm herumkletterte, während er schlief? Furchtbarer Gedanke! Und er war hier gefangen, hier hinter diesen Gitterstäben, tief unter der Erde. Konnte nicht weglaufen. War dem Ungeziefer hilflos ausgeliefert.

Die inneren Dämme, die er im Laufe seines Lebens gegen seine Ängste errichtet hatte, bekamen Risse. Mühsam zwang sich Jonas zum Atmen, aber es fiel ihm schwer. Tonnenschweres Gestein schien auf seiner Brust zu lasten. Es fehlte nicht mehr viel, und er würde entweder ohnmächtig werden oder einen Schreikrampf bekommen.

Es raschelte und scharrte.

Jonas erstarrte. Hitze- und Kältewellen überrollten ihn abwechselnd. Es dauerte eine Weile, bis er sich wieder so weit im Griff hatte, dass er sich bewegen konnte.

Vorsichtig wandte er den Kopf und beugte sich ein wenig zur Seite, bis er den Fußboden neben dem Bett erkennen konnte. Ein Schatten bewegte sich dort. Viel zu groß und zu behäbig für eine Ratte. Eher ein kleiner Hund oder – ein Wombat!

»Buddy!«, flüsterte Jonas. »Wie hast du mich gefunden?«

Das Tier sah ihn mit großen Augen an, in denen sich das Dämmerlicht spiegelte. Dann sprang der Wombat aufs Bett und rollte sich am Fußende zusammen. Überglücklich streichelte Jonas seinen pelzigen Begleiter. Eine Träne löste sich, lief seine Wange herab und tropfte ihm auf die Hand.

»Ich bin so froh, dass du da bist«, flüsterte er und deckte den Wombat mit dem unteren Teil seiner dünnen Decke zu. Dann legte er sich wieder hin und starrte ins Halbdunkel. Es dauerte eine Weile, bis sein Puls wieder zur Ruhe kam.

Erst jetzt wurde Jonas bewusst, wie stark ihn in den letzten Tagen das Gefühl grenzenloser Einsamkeit gequält hatte.

5. ENTSCHEIDUNGEN

Wer nach Weisheit strebt, muss Abschied nehmen von vermeintlichen Gewissheiten. Nichts behindert unsere Erkenntnis mehr als das, was uns unumstößlich scheint. (Buch der Weisheit)

Am nächsten Morgen schob Jonas dem Wombat seinen Blechnapf zu, in dem er etwas von der schleimigen Suppe für ihn übrig gelassen hatte, doch der schnupperte nicht einmal daran. Das Tier warf ihm einen beleidigten Blick zu und verkrümelte sich unter die Decke.

Jonas musste lachen. »Ja«, sagte er, »so geht mir das auch mit diesem Fraß. Aber was anderes habe ich leider nicht.«

Er löffelte den Rest selbst auf und machte sich für die Arbeit fertig.

»Bis heute Abend«, flüsterte er in Richtung Bett. »Ich freue mich, dass du da bist.«

»Was ist denn hier los?«, dröhnte es vom Gang. »Fängst du schon an, mit deiner Pritsche zu reden? Das hatten wir noch nie. Raus mit dir. Ein bisschen körperliche Betätigung wird dich auf andere Gedanken bringen.« Der Wärter lachte dröhnend über seinen schwachen Witz.

Jonas grinste. Die Situation musste für einen Außenstehenden wirklich seltsam wirken.

Schlagartig stoppte das Gelächter des Wachmanns. »Was hast du hier zu feixen?«, brüllte er und hieb mit dem Knüppel gegen die Tür. »An die Arbeit, aber sofort!«

Jonas zog die Schultern ein und beeilte sich, seinen Platz in der Reihe der Arbeiter einzunehmen. Der Aufzug brachte sie in die Tiefe und spuckte sie in dem Stollen aus, der Jonas inzwischen sehr vertraut war. Er zog sich seinen Kombi über, nahm die Ausrüstung aus dem Spind, nickte dem Doktor zu und folgte dem unebenen Gang, bis er die Stelle erreicht hatte, an der er momentan arbeitete.

Was für ein Unterschied zu gestern! Seine roboterhafte Benommenheit war vollständig von ihm gewichen, er fühlte sich lebendig wie nie zuvor. Dieser Wombat war ein Geschenk Gottes.

Jonas stutzte innerlich bei diesem Gedanken, ließ ihn sich dann aber durchgehen. Es war halt eine antiquierte Redewendung, die einen glücklichen Zufall beschrieb. Und das war es wirklich. Ein glücklicher Zufall.

Seine Baustelle war dank der natürlichen Kaverne mittlerweile zu einer kleinen Abzweigung vom Gang herangewachsen. Vermutlich wurde es bald Zeit, eine Abstützung einzuziehen. Er nahm sich vor, den Doktor in der nächsten Pause danach zu fragen.

Jonas kroch durch den schmalen Durchgang. Unmittelbar dahinter konnte er wieder stehen. Er hakte den Detektor vom Gürtel, ging zu der Stelle, die er gestern kurz vor Feierabend noch freigelegt hatte, und aktivierte das Gerät. Der grüne Balken verhieß ein beachtliches Rhodaniumvorkommen. Bingo. Dies versprach, ein guter Tag zu werden.

Jonas sprühte ein Kreuz an die Wand und stellte noch einige Vergleichsmessungen an anderen Positionen an. Es blieb beim ersten Ergebnis. Die Richtung war eindeutig.

Gut gelaunt bückte er sich nach dem Pulser, setzte ihn an und zog den Hebel. Ihm kam das Gerät längst nicht mehr so schwer vor wie an seinen ersten Tagen hier unten. Er hegte den Verdacht, dass in Alois' Suppe irgendein Hightech-Präparat zum Muskelaufbau steckte, denn er konnte den Kraftzuwachs deutlich spüren.

Jonas spannte seine Muskeln an und ließ die Maschine ihre Arbeit machen. Mittlerweile hatte er es im Gefühl, wann das Gestein unter den Mikrowellen nachgab. Bald war es so weit. Der zerbröselte Felsen brach nach hinten weg. Noch eine Kaverne! Anscheinend war der Berg hier löcherig wie ein Stück Schaumstahl.

Jonas versuchte vergeblich, den Pulser aus dem neu entstandenen Loch zu ziehen. Irgendwie hatte sich das Teil darin verkantet. Schimpfend riss er eine Weile daran herum und beschloss endlich, den Doktor zu holen. Vielleicht konnte der mit seinem Pulser das gefangene Werkzeug wieder befreien.

Jonas kroch in den niedrigen Durchgang, aber noch bevor er dessen Ende erreicht hatte, gab es einen furchtbaren Knall, gefolgt vom Geräusch herabstürzender Steine. Das schale Licht des Stollens erlosch. Eine dichte Staubwolke raubte Jonas den Atem. Hektisch machte er sich daran, zurück in die Kaverne zu kriechen, aber auch dort waren Trümmer herabgestürzt und versperrten ihm den Weg.

Er saß in der Falle. Schlagartig überfiel ihn seine altbekannte Panik. Nun halfen keine Atemübungen mehr. Jonas schrie, schrie, so laut er es vermochte, brüllte sich geradezu die Lunge aus dem Leib. »Hilfe! Ich stecke hier fest!« Doch niemand gab ihm Antwort.

Mit aller Kraft, die er aufbringen konnte, drückte er seine Schultern gegen den Schutthaufen, der den Gang blockierte. Ohne Erfolg. Jonas schrie und tobte, hämmerte sich die Hände blutig. Doch seine verzweifelten Anstrengungen blieben ergebnislos – sie trugen lediglich dazu bei, ihm die Ausweglosigkeit seiner Lage unmissverständlich klarzumachen: Er war lebendig begraben, steckte hilflos im Bauch des großen Fisches fest, wie der Doktor diesen Ort genannt hatte. Jonas meinte zu ersticken, fühlte, wie die Luft knapp wurde, röchelte, rang nach Atem und blieb doch unerwarteterweise am Leben.

Irgendwann verebbte die Panik – vermutlich weil er sich völlig verausgabt hatte und sein Vorrat an Adrenalin schlicht aufgebraucht war. Stück für Stück gewann die Vernunft in ihm wieder die Oberhand.

Offensichtlich gab es hier mehr als genug Sauerstoff, und wenn nicht, würde er wohl einfach friedlich einschlafen und niemals wieder wach werden. Anzeichen von ungewöhnlicher Müdigkeit aber spürte er keine. Systematisch fühlte Jonas in seine Glieder hinein. Bis auf seine wundgeschlagenen Hände war er unverletzt, konnte alles normal bewegen, soweit ihm dieser enge Durchschlupf den nötigen Raum dazu gewährte.

Demnach war jetzt Trinken sein dringlichstes Problem. Es war sehr warm hier unten, und in den letzten Tagen hatte er während jeder Schicht mindestens vier Flaschen Wasser geleert. Sein Vorrat lag jedoch für ihn unerreichbar unter den Schuttmassen in der Kaverne. Wie lange konnte er ohne Flüssigkeit durchhalten? Wie lange würde er durchhalten müssen? Würde man nach ihm suchen?

Es hing wohl davon ab, wie viel von dem Stollen eingestürzt war. Sollte es so schlimm sein, wie es sich angehört hatte, dann gute Nacht. Dann könnte es Tage dauern, bis man sich zu ihm vorgearbeitet hatte. Jonas kam ein schrecklicher Gedanke – was, wenn alle seine Mitgefangenen ebenso verschüttet waren wie er? Wenn es niemanden mehr gäbe, der die Arbeit erledigen konnte? In diesem Fall würde dieser Gang erst wieder geöffnet werden, wenn sich neue Sklaven gefunden hatten. Bis dahin wäre von ihm nur noch ein Gerippe über. Ein höhnisch grinsender Schädel mit einem Helm auf dem Kopf.

Jonas schloss ermattet die Augen. Irgendwann ist es halt zu Ende, dachte er.

Er hatte zu viele Trauerfeiern gestaltet, um das nicht zu wissen. Und beim Tod geht es nun mal nicht der Reihe nach. Den einen trifft es früher und den anderen später. Doch im Universum bleibt alles erhalten – Energie verschwindet nicht, sie wird nur umgewandelt. Jedes Kohlenstoffatom seines Körpers wird irgendwo anders wiederverwendet werden. Das war sein Lieblingsgedanke bei Trauerpredigten.

Allerdings fand er ihn jetzt gerade wenig tröstlich. Etwas in ihm klammerte sich an das Leben, wollte mehr sein als bloße Energie, als eine Ansammlung von Kohlenstoff. Seine Seele? Gab es so etwas?

Zur Zeit der klassischen Religionen war der Gedanke noch weit verbreitet gewesen, dass in jedem ein unsterblicher Funke wohnte. Aber man hatte ihn gelehrt, dass die Vorstellung in den Bereich »gefährliche Religiosität« gehörte. Denn besessen von dieser Idee, hatten Fanatiker einst Bomben gezündet, um andere Menschen zu töten. Oft hatten sie sich bei diesen Attentaten selbst mit in die Luft gesprengt, weil sie ja davon überzeugt waren, dass ihre Seelen weiterleben würden, ja dass ihnen nach ihrem Tod das Paradies offenstünde, wenn sie ihr Leben für eine gerechte Sache opferten.

Ein absurder Gedanke, fand Jonas, denn wenn es wirklich einen Gott geben sollte, wie konnte der parteiisch sein? Wie konnte der den Tod von Menschen unterschiedlich gewichten? Müsste er nicht eher alles tun, was in seiner Macht stand, um solche Massaker zu verhindern?

Zum Beispiel Boten senden, die den Attentätern Einhalt gebieten ...

Jonas lief bei diesem Gedanken ein Schauer über den Rücken. Was, wenn Gott tatsächlich existierte und zu ihm gesprochen hatte? Wenn er ihn tatsächlich dazu beauftragt hätte, zu den Piraten zu gehen, um sie vom weiteren Blutvergießen abzuhalten? Aufgrund seiner eigenen Prämissen wäre das ein logisches Verhalten jenes hypothetischen Gottes.

Und er, Jonas, hatte abgelehnt. Er war zu feige gewesen, um diesen Auftrag auszuführen, und fand hier nun seine gerechte Strafe. Es ging ihm wie dem Mann in der Geschichte, von dem der Doktor erzählt hatte. Ein Prophet, der Gott nicht gehorchen wollte und zur Strafe von einem Fisch verschlungen wurde.

Jonas schüttelte energisch seinen Kopf. Nein, er war nicht bereit, in dieser Situation dem Wahnsinn zu verfallen und an höhere Wesen zu glauben.

Ein Schlag und ein knirschendes Geräusch folgten auf sein Kopfschütteln. Er war mit seiner Kopflampe an einen herabhängenden Felsen gestoßen. Die Lampe flackerte einmal auf und verlosch dann.

Finsternis. Tiefe, schwarze Finsternis. Dazu Wärme, unangenehm, drückend, schwül.

Es war vorbei.

Jonas schloss die Augen – es machte keinen Unterschied mehr, ob er sie offen oder geschlossen hatte.

Wohlan, mein Herz, nimm Abschied und gesunde ...

Woher kamen ihm diese Worte in den Sinn?

Aus einem Gedicht wohl, das er gelegentlich bei Abschiedsfeiern verlas.

Nimm Abschied – wovon eigentlich? Er war 26 Jahre alt und hatte bereits sein Lebensziel erreicht. Er hatte es geschafft, auf die Peacemaker zu kommen. Er gehörte zu den Auserwählten, die von anderen stets beneidet wurden. Was machte es dann für einen Unterschied, ob er jetzt starb oder 50 Jahre später?

Interessante Frage.

Zum ersten Mal in seinem Leben drängte sich ihm der Gedanke auf, dass er ein viel zu kleines Ziel verfolgt hatte. Im Grunde hatte er das Leben eher vermieden als gelebt.

Wer würde wohl um ihn trauern? Seine Eltern? Er hatte kaum noch Kontakt zu ihnen. Nicht weil sie sich gestritten hätten, sondern einfach weil es nur selten etwas Wesentliches zu sagen gab, das den Aufwand gerechtfertigt hätte, Videobotschaften durch den Hyperraum zu schicken.

Seine Schwester? Sie lebte ihr eigenes Leben, hatte einen Mann und – hatte sie inzwischen eigentlich Kinder? Jonas wusste es nicht einmal.

Die Besatzung der Peacemaker? Würde sie trauern? Vielleicht ein paar von ihnen. Bestimmt würde es einen offiziellen Akt geben, eine kleine Feierstunde, wie es eben üblich war, aber das wäre wenig mehr als Pflichterfüllung. Richtig fehlen würde er kaum jemandem.

Buddy vielleicht. Bei dem Gedanken an den kleinen Wombat wurde ihm warm ums Herz. Der schien ihn wirklich zu mögen. Aber auch er würde schon bald einen anderen finden, der ihn mit Futter versorgte.

Jonas öffnete die Augen und war einen Moment lang irritiert von der Schwärze, die ihn umgab. Er fühlte sich, als wäre er nicht real, als sei er nur ein Gedanke eines anderen – vielleicht die Romanfigur eines bösartigen Autors, der seine Freude daran hatte, ihn leiden zu sehen, oder die Spielfigur in einem Videospiel, die ein kleiner dicker Junge in die Ecke getrieben und anschließend die Lust zum Weiterspielen verloren hatte.

*****

»Morgen Abend Versammlung nur für Frauen«, stand auf dem handgeschriebenen Plakat. *»Thema: Kopftücher«* und darunter in kleinerer Schrift, ganz offensichtlich nachträglich hinzugefügt: *»aus medizinischer Sicht«.*

Rilana war gerade damit beschäftigt, ihre Plakate in der Kolonie aufzuhängen, als Nando auf sie zukam.

»Rilana, du kannst nicht einfach eine Versammlung einberufen, ohne vorher darüber mit mir zu sprechen«, sagte er bestimmt. »Immerhin bin ich der Dorfälteste.«

»Und ich bin für medizinische Fragen zuständig«, gab sie zurück. »Diese Kopftücher sind ungesund. Darüber muss ich die Frauen aufklären.«

»Ach, da muss mir wohl entgangen sein, dass du deine Ausbildung schon abgeschlossen hast. Ich dachte nämlich, dass Kabuto immer noch unser zuständiger Heiler ist.«

Sie verschränkte die Arme vor der Brust und sah ihn trotzig an.

»Wir beide wissen, dass das nicht wirklich das Thema ist, um das es geht, oder?«, fuhr er in einem deutlich versöhnlicheren Ton fort. »Ganz unter uns: Der Rat macht sich auch seine Gedanken über dieses Problem!«

»Der Rat hat Xator gestattet, ein Gemeindezentrum zu bauen. Ihr öffnet dieser Bewegung alle Türen!«

»Rilana, ganz so einfach ist es nicht. Es gibt da eine Menge zu bedenken.«

»Zum Beispiel, wie ihr dabei auf eure Kosten kommt!«

»Was soll das heißen?« Eine steile Falte erschien auf seiner Stirn.

»Ist es nicht merkwürdig, dass Bäcker Claude einen neuen Wagen bekommen hat, kurz nachdem er für das Gemeindezentrum gestimmt hat?«

»Woher weißt du, dass er dafür war? Unsere Sitzungen sind nicht öffentlich!«

»Jetzt weiß ich es«, sagte Rilana. »Es tut mir leid, aber es kommt mir nicht so vor, als würde euch das Wohlergehen der weiblichen Bevölkerung allzu sehr beschäftigen. Es werden immer mehr, die mit diesen Dingern rumlaufen, und bei mindestens zwei Frauen dienen die Kopftücher dazu, Spuren von Schlägen zu verdecken. Ist das etwa im Sinne des Rates?«

»Nein, natürlich nicht. Aber einen Streit mit der Komanda können wir uns auch nicht erlauben. Sie haben jede Menge Waffen zur Verfügung. Entweder tun wir freiwillig, was sie wollen, oder sie holen es sich mit Gewalt. So sieht's aus!«

Rilana sah ihn betroffen an und schwieg.

»Solange wir mit ihnen kooperieren, bleiben uns immerhin noch Gestaltungsräume«, fuhr Nando fort. Er sah ihr tief in die Augen. »Ich bitte dich inständig, Rilana, komm uns da nicht in die Quere. Wenn du jetzt eine Revolte der Frauen anstachelst, könnte es passieren, dass die ganze Geschichte aus dem Ruder läuft. Und ich möchte nicht wissen, was die Piraten dann mit uns machen.«

Er lächelte und legte ihr jovial die Hand auf die Schulter. »Ich garantiere dir, dass ich mich persönlich dafür einsetzen werde, dass keine Frau gegen ihren Willen ein Kopftuch tragen muss. Und ich bitte dich, wenn du einen konkreten Verdacht auf Gewalt hast: Sag mir Bescheid. Ich werde mir den Betreffenden dann zur Brust nehmen.«

Er deutete auf die Plakate.

»Aber jetzt sei bitte so nett und nimm die wieder ab, okay?«

Rilana nickte resigniert und machte sich an die Arbeit. Es stand sogar noch schlimmer um die Kolonie, als sie befürchtet hatte. Ohne Hilfe von außen waren sie der Komanda hilflos ausgeliefert. Aber wer sollte ihnen schon helfen?

*****

Sein Atem ging jetzt ruhig, und er konnte die Stimme von Dr. Rudolph wieder hören.

»Ihre Glieder sind ganz entspannt und schwer. Ihr Atem fließt gleichmäßig ...«

»Dr. Rudolph?«

»Ja, Jonas?«

»Wo bin ich?«

»In meiner Praxis, wo sonst?«

»Aber warum kann ich meine Augen nicht öffnen?«

»Sie können es. Sie müssen es nur wollen.«

Jonas wollte. Und plötzlich sah er das Licht. Ein gleichmäßiges, nicht zu helles, beruhigendes Licht, das von dem Panel über der Liege herabströmte. Dr. Rudolph saß in seinem altmodischen Sakko neben ihm und beobachtete ihn interessiert.

»Wie geht es Ihnen?«

»Ich hatte einen langen, komplizierten Traum. Er hat sich vollkommen real angefühlt. Ich war spiritueller Begleiter an Bord der Peacemaker ...«

»Nun, das ist doch immer Ihr Wunsch gewesen, nicht wahr?«

»Na ja, ich wollte eigentlich Waffentechniker werden, aber dann habe ich die Aufnahmeprüfung nicht bestanden. Wegen Mathe, wissen Sie?«

»Ich verstehe. Und weiter?«

»Dann habe ich halt Eirenosophie studiert und mich zum spirituellen Begleiter ausbilden lassen.«

»Haben Sie darin Erfüllung gefunden?«

»Ich weiß nicht – ich glaube schon. Doch dann sprach Gott eines Tages zu mir.«

»Was hat er gesagt?«

»Sie finden es nicht merkwürdig, dass ich mit Gott gesprochen habe?«

»Es ist, wie es ist, Jonas.«

Dr. Rudolph richtete sich in seinem Stuhl auf. Er war in Ehren ergraut, ein erfahrener Therapeut, ein weiser Mann, dem man rückhaltlos vertrauen konnte.

Jonas fiel wieder ein, weswegen er hier war. Er wollte geheilt werden von seiner Angst vor engen Räumen. Sonst würde er niemals ins All fliegen können.

»Mögen Sie mir erzählen, was Gott zu Ihnen gesagt hat?«

»Er hat mich bei meinem Namen genannt. Und er wollte, dass ich die Piraten davon abhalte, großes Unheil über die Galaxis zu bringen.«

»Und was haben Sie getan?«

»Ich bin weggelaufen.«

»Was fühlen Sie, wenn Sie daran denken?«

Jonas spürte in sich hinein.

»Scham«, sagte er schließlich. »Und Trauer, so als hätte ich etwas Wichtiges verloren oder etwas Einmaliges verpasst.«

Jonas setzte sich auf. »Aber ich bin froh, dass das alles nur ein Traum war. Er hat nämlich damit geendet, dass ich in einem Bergwerk verschüttet wurde.«

»Sie haben also das Schlimmste erlebt, das Sie sich vorstellen können. Ihren ganz persönlichen Albtraum.«

»Ja, genau. Meinen Sie, dass mir dieser Traum dabei helfen kann, mit meinen Ängsten fertigzuwerden?«

»Ich denke schon. Vor dem, was Sie in Ihrer Fantasie durchlebt haben, muss alles andere verblassen. Versuchen Sie sich einmal vorzustellen, dass Sie in einem Aufzug fahren. Wie geht es Ihnen damit?«

Jonas schloss die Augen, konzentrierte sich, sah sich selbst in einer Fahrstuhlkabine, mit Menschen um ihn herum, hörte nichtssagende Musik aus dem Lautsprecher dudeln – und blieb dabei ganz entspannt.

»Ich fühle mich vollkommen ruhig. Keine Spur von Beklemmung.«

»Das ist hervorragend. Sie machen Fortschritte! Ich denke, wir sollten für heute an dieser Stelle aufhören. Lassen Sie sich einen neuen Termin in 14 Tagen geben. Dann wollen wir sehen, ob die Besserung Bestand hat.«

Jonas stand auf und reichte dem Therapeuten die Hand. »Vielen Dank, Herr Doktor. Bis zum nächsten Mal.«

»Ja, auf Wiedersehen. Alles Gute für Sie!«

Jonas verließ beschwingt die Praxis. Heute hatte er endlich einen Durchbruch erzielt. Auch wenn ihm dieser Traum immer noch sehr zusetzte. Er fühlte sich so echt an. Eher wie eine Erinnerung an ein tatsächliches Erlebnis. Vielleicht war es gar kein Traum gewesen, sondern eine Form von Hypnose? Hatte Dr. Rudolph ihn mit seinen Techniken in diesen Zustand gebracht, damit er seine Furcht besiegen konnte? Er musste ihn unbedingt beim nächsten Mal danach fragen.

Doch jetzt wollte er erst mal den Tag genießen. Jonas fühlte sich so lebendig wie schon lange nicht mehr. Es war, als hätte man ihn aus dem Gefängnis entlassen. Dem Gefängnis seiner Angst. Nun war er endlich ein freier Mann. Jonas blieb vor der Eingangstür stehen, blickte auf das frische Grün um sich herum und sog den wunderbaren Geruch ein. Es war Mai, und es hatte vor Kurzem geregnet. Das Leben pulsierte in den knospenden Pflanzen. Tulpen und Osterglocken leuchteten in den Vorgärten der kleinen Seitenstraße, in der die Praxis von Dr. Rudolph lag. Überall alte, schöne Häuser, in deren nassen Fassaden das Licht der Sonne schimmerte.

Ziellos schlenderte Jonas den Bürgersteig entlang. Er fühlte sich leicht, als sei ein tonnenschweres Gewicht von ihm genommen. Ein älterer Herr mit einem kaffeebraunen Pudel kam ihm entgegen. Jonas grüßte so freundlich, dass der Alte ihm verwundert nachsah.

Seine Frau! Ein Gedanke durchzuckte Jonas. Er hatte seiner Frau versprochen, ein Geburtstagsgeschenk für ihre Tochter mitzubringen. Darum wollte er sich gleich kümmern.

Er folgte der kleinen Straße bis an die Kreuzung, betrat das Wartehäuschen und drückte den Rufknopf. Kurz darauf schnurrte ein Robotaxi heran. Die Tür schwang auf, Jonas stieg hinein.

»Guten Morgen!«, erklang eine ungemein freundliche weibliche Stimme. »Wohin darf ich sie bringen?«

»Ins Einkaufszentrum«, sagte Jonas.

»Sehr gern.« Das kleine Elektrogefährt sauste los. Jonas lehnte sich zurück und genoss den Ausblick durch die Panoramascheiben. In wahnwitzigem Tempo schossen Robotaxis kreuz und quer über die Straßen, perfekt koordiniert vom zentralen Verkehrsrechner. Jede Kreuzung war ein Erlebnis. Als Kind hatte Jonas manchmal aufgeschrien, wenn er mit seiner Mutter unterwegs gewesen war und ein anderes Fahrzeug auf sie zugehalten hatte, doch es war immer alles gut gegangen. Auf wunderbare Weise waren die Autos immer im letzten Moment knapp vor oder hinter ihnen vorbeigezischt, ohne dass etwas passiert wäre und ohne dass sie auch nur ein wenig langsamer geworden wären.

Sie fuhren nun durch die Blumenthal-Allee, die am Stadtpark vorbeiführte. Die uralten Kastanien saßen voller Blüten – wie Kerzen auf einem Leuchter. Es war ein wunderbarer Tag. Die Regenwolken hatten sich endgültig verzogen, und der Himmel strahlte blau.

Als sie das Einkaufszentrum erreichten, hielt Jonas kurz seinen Handrücken über das Lesegerät des Taxis. Der fällige Betrag wurde abgebucht, die Tür schwang auf.

»Ich wünsche Ihnen noch einen schönen Tag, Herr Rothenfels«, sagte die freundliche Stimme. »Herzlichen Dank, den wünsche ich Ihnen auch«, antwortete er automatisch, während er aus dem Fahrzeug stieg. Dann grinste er. Er musste wirklich gut drauf sein, wenn er sogar einem Taxi-Bot einen schönen Tag wünschte.

»Danke schön und auf Wiedersehen bei CityMobilService!«

Die Tür schloss sich wieder, und das Robotaxi schnurrte davon.

Jonas folgte dem Menschenstrom, der sich träge, aber beharrlich ins Einkaufszentrum bewegte, und überlegte, was er für seine Tochter kaufen könnte. Hatte seine Frau ihm das nicht gesagt?

Wie alt wurde sie eigentlich?

Keine Ahnung. Ihm fiel nicht einmal der Name seiner Tochter ein. Irritiert kam Jonas ins Stolpern und stieß gegen eine ältere Dame neben ihm, die ihn empört ansah.

»Entschuldigung«, murmelte er und schob sich aus dem Strom heraus. Er fand eine Bank und ließ sich daraufsinken. Die Euphorie, die ihn bis dahin begleitet hatte, verflüchtigte sich. Was hatte Dr. Rudolph mit ihm angestellt?

Wieso konnte er sich nicht mehr an seine Tochter erinnern? Er musste seine Frau anrufen. Sie würde vermutlich wenig Verständnis für sein Problem haben, aber was sollte er tun?

Er aktivierte den Kommunikator an seinem Handgelenk, als ihm plötzlich erschreckend klar wurde, dass er auch den Namen seiner Frau vergessen hatte. Stella war es nicht – irgendwas mit »R« ... so wie Rudolph?

Was war mit ihm los? Drehte er jetzt völlig durch? Erst der gute Erfolg in seiner Therapie, der wunderbare Frühlingstag, und dann das?

Jonas berührte das Feld »zu Hause« und ließ den Kommunikator die Verbindung aufbauen. Er war sich sicher, wenn er erst mit seiner Frau sprach, würde ihm alles wieder einfallen.

»Jonas«, sagte die Stimme, *»du läufst immer noch vor mir weg!«*

Jonas zuckte zusammen. Plötzlich war der schöne Frühlingstag verschwunden. Hatte er geträumt?

Er öffnete die Augen, aber um ihn herum war nichts als tiefe Dunkelheit.

Hatte er wirklich eine Stimme gehört? Meldete sich seine Psychose zurück?

Angestrengt lauschte er. Irgendwo tropfte Wasser. Sehr langsam. Vielleicht ein Tropfen alle 20 Sekunden.

»Du bist nicht real«, sagte er und erschrak über das dumpfe Echo seiner Stimme.

Er schloss die Augen und versuchte, in seinen Traum zurückzufinden. Schade, dass es nur ein Traum war; der Gedanke, verheiratet zu sein und eine Tochter zu haben, gefiel ihm. Was für eine schöne Aufgabe, nach einem Geburtstagsgeschenk für ein Kind Ausschau zu halten!

Du hältst deine Fantasiewelt für realer als mich. Dabei bin ich realer als der Felsen, der dich umgibt.

Die Stimme war sanft, eher ein innerer Eindruck als ein Hören mit den Ohren, aber sie sprach mit unleugbarer Klarheit. Da gab Jonas endlich seinen Widerstand auf. Es war doch jetzt eh alles egal. Da konnte er ebenso gut auch mit »Gott« reden.

»Was willst du von mir? Wer bist du?«

»Ich bin, der ich bin. Und ich habe dir einen Auftrag erteilt.

»Ich weiß. Aber ich habe dir nicht geglaubt. Ich habe dich für Einbildung gehalten. Es tut mir leid.«

Jonas stockte. Er spürte nun ganz deutlich, dass er nicht nur mit sich selbst sprach. Und als hätte etwas in seinem Inneren nur auf diese Gelegenheit gewartet, begannen die Worte wie von selbst aus ihm hinauszufließen.

»Ich hatte Angst. Dieser Auftrag war lebensgefährlich. Das konnte einfach nicht real sein.«

Und jetzt?

Jonas seufzte. »Jetzt ist es zu spät. Ich werde hier unten sterben. Wie sollte ich rechtzeitig gefunden werden?«

Er hing eine Weile seinen Gedanken nach, dann sagte er: »Da hätte ich ebenso gut auch zu den Piraten gehen können ... aber wer weiß, was die mit mir angestellt hätten ... vielleicht hätten sie mich gefoltert. Ich habe Angst vor Schmerzen, weißt du? Ich habe ständig Angst. Vor engen Räumen, vor Ratten, vor dem, was andere über mich sagen oder denken könnten, vor der Zukunft, vor dem Tod ...«

Jonas schwieg einen Moment.

Nachdenklich fuhr er fort: »Ich habe das Gefühl, als wäre ich vor langer Zeit mit meinen Lebensentscheidungen in einen falschen Zug gestiegen. Es ist warm und gemütlich darin, deswegen wollte ich nicht wieder aussteigen, aber er fuhr nun mal in die falsche Richtung.«

Er spürte, wie eine Träne seine Wange herunterlief.

»Wenn ich ganz ehrlich bin: Ich habe mein Leben satt. Ich habe die Peacemaker satt, die eingebildeten Uniformträger, die dummen Sprüche, die Quälerei, wenn ich eine Andacht vorbereiten muss, zu der dann doch nur drei Leute kommen ... aber ich will auch nicht sterben. Noch nicht. Nicht hier. Nicht so. Ich habe das Gefühl, noch gar nicht richtig gelebt zu haben ... Kannst du mir nicht helfen?«

Beharrlich tropfte irgendwo in der Ferne das Wasser. Jonas wartete. Unwillkürlich zählte er die Sekunden zwischen den Tropfen.

»Hey, ich habe dich was gefragt! Kannst du mir helfen? Willst du mir helfen?«

...

»Ich weiß, dass du alles tun kannst, was du willst. Wenn es dich wirklich gibt und du das ganze Universum erschaffen hast, dann ist nichts unmöglich für dich. Dann kannst du mich auch aus dieser Gruft befreien. Einfach – zack – und ich bin draußen.«

...

»Andererseits: Wenn du alles tun kannst – wozu hast du mich dann eigentlich gerufen? Warum willst du die Hilfe von Menschen? Du bist doch – allmächtig?«

...

»Das bist du doch, oder? Warum antwortest du mir nicht?«

...

In der Ferne trippelte es leise – ein Geräusch, das Jonas unliebsam an die Biobs erinnerte. Vor seinem inneren Auge erschienen Schreckensbilder; er sah die künstlichen Skorpione sich zwischen dem Geröll hindurchwinden, um ihn bei lebendigem Leib Stück für Stück zu zerlegen. Und er konnte sich in dieser Enge nicht zur Wehr setzen. Panik stieg hoch. Er schrie, so laut er konnte: »HILFE! Ich brauche Hilfe! Ich bin hier unten!«

Das Echo schmerzte in seinen Ohren. Jonas zwang sich zur Ruhe. Nur nicht durchdrehen hier unten. Widerwillig verflog die Panik, der Herzschlag normalisierte sich allmählich. Doch seine Augen spielten jetzt verrückt und malten ihm kleine bunte Flecken in die Dunkelheit. Es war heiß, und er schwamm in seinem eigenen Schweiß.

Er lauschte. Kein Trippeln mehr. War es bloß Einbildung gewesen?

Nach einer langen Zeit des ängstlichen Lauschens fuhr er im Flüsterton fort: »Gott, ich versteh schon. Warum solltest du mir auch helfen? Ich bin ein Versager. Ich habe dich enttäuscht. Ich bin vor dir geflohen. Ich habe nicht an dich geglaubt. Und wenn ich ehrlich bin, tue ich es immer noch nicht. Obwohl ich mit dir rede ... Aber hier ist ja sonst auch keiner, mit dem ich sprechen könnte.« Er kicherte.

Plötzlich kam ihm ein neuer Gedanke. »Ich rede, also glaube ich?

Kann man das so sagen?« Die Schlussfolgerung erschien Jonas unausweichlich.

»Gott, wenn es dich wirklich gibt, dann will ich ab jetzt an dich glauben. Aber ich brauche etwas, an dem ich mich festhalten kann. Ein Zeichen ...«

...

»Obwohl das alles natürlich keinen großen Sinn mehr hat. Ich meine, was nützt dir ein Gläubiger, der demnächst hier unten sterben wird? Aber vielleicht kannst du mich ja hier rausholen. Vielleicht sogar aus der Sklaverei befreien. Bitte! Wenn du das tust, dann werde ich dein Diener sein. Wirklich. Dein Bote. Dein Prophet. Was immer du willst. Das verspreche ich dir. Wenn es dich wirklich gibt, dann will ich für den Rest meines Lebens zu dir gehören. Aber ich muss die Wahrheit wissen. Bitte, gib mir ein Zeichen!«

...

Schlage dir gegen den Kopf.

»Wie bitte?«

...

»Hast du was gesagt?«

...

Jonas führte seine Hand durch die Enge nach oben und schlug sich vorsichtig gegen den Helm.

Fester!

Er schlug noch einmal, so fest er konnte. Die Helmlampe flackerte kurz und leuchtete dann wieder.

Jonas atmete auf. Es gab zwar nicht viel zu sehen, aber zumindest war die bedrohliche Schwärze verschwunden. Es war immer noch elend warm, er hatte kaum Platz, sich zu bewegen, hörte nichts außer dem leisen Tropfen des Wassers alle zweiundzwanzig Sekunden, aber es war wenigstens nicht mehr dunkel. Gott sei Dank.

Er fuhr zusammen. Das war ein Zeichen, oder nicht? Oder war es reiner Zufall?

»War das dein Zeichen?«

Die innere Stimme blieb stumm.

Natürlich war es ein Zeichen. Er hatte darum gebeten, hatte eine Anweisung bekommen, sie umgesetzt, und nun brannte auf wunderbare Weise sein Licht wieder. Auch wenn es ebenso gut Zufall sein konnte. Ein schlichter Wackelkontakt. Jonas spürte, dass er eine Entscheidung treffen musste. Die Sache war so furchtbar banal, dass sie ihm fast lächerlich vorkam, aber er fühlte, dass er an einer entscheidenden Abzweigung seines Lebens stand.

Zufall oder Zeichen? Glaube oder Unglaube? Ja oder nein?

Ja zu sagen hieße, sein ganzes bisheriges Leben, sein Denken, seine bisherigen Gewissheiten, komplett neu zu bewerten. Wenn Gott existierte, dann war alles, was man ihm während seiner Ausbildung beigebracht hatte, schlichtweg falsch. Dann hatte er den Leuten verkehrte Dinge erzählt. Dann hatte er sie in die Irre geführt, als er sie von ihrem Glauben an einen persönlichen Gott abgebracht hatte.

Nein zu sagen hieße, alles beim Alten zu lassen. Recht zu behalten. Jede Hoffnung aufzugeben. Hier unten zu krepieren.

Nun, sterben würde er so oder so. Egal, welche Entscheidung er traf. Dann konnte er sich ebenso gut einer Illusion ausliefern. Obwohl er sich nun ziemlich sicher war, dass er es nicht mit einer Illusion zu tun hatte. Gott gab es wirklich, und er versuchte, Kontakt mit ihm aufzunehmen. Das zu leugnen hieße, die Augen zu verschließen. Es war die Wahrheit.

Also gut.

»Gott, es tut mir leid, dass ich vor dir geflohen bin. Es tut mir leid, dass ich nicht an dich geglaubt habe. Es tut mir leid, dass ich erst so spät begriffen habe, wer du bist. Von nun an möchte ich deinen Willen tun. Egal, was das für mich bedeutet. Ich gebe mich in deine Hand. Bitte, bitte hole mich doch hier raus!«

Was dann folgte, beschrieb Jonas später als seine ganz persönliche Hölle.

Bilder der Vergangenheit stiegen in ihm auf, Begebenheiten seines Lebens, die ihn in immer neuen Wellen mit Scham und Reue erfüllten. Bislang war er der Meinung gewesen, dass er ein halbwegs passables Leben geführt hatte. Natürlich war er nicht perfekt, wer war das schon, aber auch kein wirklich schlechter Mensch. Eben – so mittel.

Die Erinnerungen, die ihm nun vor Augen geführt wurden, zerschlugen dieses Bild zu Trümmern. Er sah seine Arroganz und seinen Egoismus, erschrak zutiefst über seine Lieblosigkeit und Unbarmherzigkeit.

Er konnte es nicht leugnen. All dies hatte er gesagt und getan. Jonas begann, hilflos zu weinen, als ihm klar wurde, dass er nichts davon rückgängig machen konnte und er auch keine Gelegenheit mehr haben würde, sein Leben zu ändern. Wie sollte er jetzt noch Gutes tun, um diese Dinge ein wenig aufzuwiegen?

»Es tut mir alles so unendlich leid. Ich habe mein Leben vermurkst. Mein Tod ist mehr als verdient. Ich hätte gern die Chance, noch einmal von vorn zu beginnen und alles besser zu machen. Aber ich sehe ein, dass es zu spät ist. Mein Zug ist abgefahren. Jetzt verstehe ich, warum du mich nicht mehr willst. Du verdienst einen besseren Diener.«

Plötzlich war das Scharren wieder da, stärker als vorhin.

Jonas krampfte sich zusammen. Er war bereit, zu sterben, aber nicht so. Nicht Stück für Stück von den Biobs zerlegt werden, während er in diesem engen Kanal feststeckte. Er brauchte eine Waffe.

Im Schein seines neu gewonnenen Lichtes untersuchte er die Mauer aus Schutt, die sich vor ihm auftürmte. Dann griff er nach einem einigermaßen handlichen Stück Felsen und zerrte daran. In seiner beengten Lage konnte er nicht viel Kraft aufwenden, aber es gelang ihm trotzdem, den Stein nach rechts und links zu bewegen. Staub rieselte herab und verband sich mit Jonas' Schweiß zu einer grauen Schmiere.

Rechts – links, rechts – links, rechts – links. Allmählich wurde der Radius größer. Das Felsstück begann sich zu lösen. Erschöpft hielt Jonas inne und lauschte. Das Scharren schien lauter zu werden. Es bewegte sich offenkundig auf ihn zu.

»Ihr bekommt mich nicht«, knurrte der Verschüttete, packte den Stein erneut und zerrte daran. Endlich gab er nach, und Jonas hielt einen mächtigen Faustkeil in seiner Hand. Damit würde er sich seiner Haut schon erwehren können.

Die Geräusche kamen jetzt eindeutig aus der linken unteren Ecke der Schuttmauer. Jonas wich zurück, so gut er konnte. Diese künstlichen Skorpione ließen sich wahrscheinlich am besten zertrümmern, wenn sie sich auf einem festen Untergrund befanden. Er würde sie also herauskriechen und ein paar Schritte auf sich zukommen lassen. Dann aber musste jeder Schlag sitzen, sonst würde die Verteidigung schwierig werden.

Das Kratzen wurde nochmals lauter. In der Schuttmauer bildete sich ein kleines Loch. Steine sackten nach. Die Öffnung entstand von Neuem, dehnte sich aus. Jonas umfasste seinen Stein und machte sich bereit.

Etwas schien sich hinter dem Schutt zu bewegen. Das Geräusch verstummte kurz.

Dann ging plötzlich alles ganz schnell. Steine kamen ins Rutschen, das Loch vergrößerte sich abermals, und eine schwarze Nase wurde sichtbar. Graues, struppiges Fell. Kluge schwarze Augen.

»Ich fass es nicht«, flüsterte Jonas. Dann rief er: »Buddy, alter Junge, du hast mich gefunden, wie hast du das gemacht?«

Wombats können gut graben, fiel ihm ein. Er hatte einiges über diese Tiere in der Schiffsbibliothek nachgelesen. Aber das hier war bestimmt ein Rekord.

Buddy zog sich wieder zurück, scharrte weiter, endlich zwängte er sich durch das Loch. Dann blieb er vor Jonas stehen und sah ihn aufmerksam an. Jonas griff nach ihm und zog ihn in eine herzliche Umarmung. »Buddy, Buddy, alter Junge, es ist so schön, dass du da bist!«

Der Wombat schmiegte seinen Kopf an Jonas' Hals und ließ sich kraulen. Bald aber begann er sich zu winden. Er befreite sich aus der Umklammerung, tapste zu dem Loch zurück, durch das er gekommen war, zwinkerte Jonas kurz zu und verschwand in der Dunkelheit.

»Buddy, wo willst du hin?«, rief Jonas ihm nach, doch er war wieder allein.

Es dauerte nicht lange, bis der Wombat zurückkehrte. Diesmal hatte er seinen Kopf durch einen Tragegurt gesteckt, an dem er eine Tasche hinter sich herzerrte.

Er legte sie vor Jonas ab und sah ihn erwartungsvoll an.

»Was hast du mir denn da gebracht, Buddy? Lass mal sehen.«

Jonas zog die Tasche zu sich herüber und öffnete sie. Sie enthielt Wasserflaschen und Energieriegel. Vielleicht das Pausenbrot der Wachleute, überlegte Jonas, während er sich über den Proviant hermachte.

»Danke, dass du mich mit Essen versorgst«, sagte er mit vollem Mund. »Nun musst du mich nur noch hier rausbringen!« Das war als Scherz gemeint, aber der Wombat drehte sich um und kroch zurück in seinen Gang.

Jonas lachte. »Komm wieder, Buddy, so viel kannst du gar nicht graben, dass ich da auch hindurchpasse!«

Dankbar trank er einen Schluck Wasser. Erstaunlich, wie sich meine Situation gewandelt hat, dachte er. Ich stecke zwar immer noch in dieser Tiefe fest, aber es fühlt sich komplett anders an als noch vor einer Stunde. Ich bin nicht mehr allein.

»Danke, Gott!«, sagte er aus tiefstem Herzen.

Wie oft hatte er die Floskel »Gott sei Dank« gehört und auch selbst verwendet – aber nun meinte er es ernst. Sein Leben hatte sich verändert. Es gab zwar noch eine Menge Dinge, die er neu sortieren musste, aber dieses Gespräch mit Gott war ein Neuanfang für ihn. So viel war klar.

Gar nicht klar war jedoch, wie es hier unten mit ihm weitergehen sollte.

Da mussten Gott und sein kleiner tierischer Freund sich noch einiges einfallen lassen. Unmöglich kam es ihm allerdings nicht mehr vor.

Hoffnung, dachte er. So fühlt sich Hoffnung an. Diese Geschichte könnte ich mal in einer Andacht erzählen ...

Ein erneutes Scharren riss ihn aus seinen Gedanken.

Buddys Kopf erschien, wieder hatte er ihn durch einen Gurt gesteckt, doch diesmal schien die Tasche deutlich schwerer zu sein. Er zog und zerrte und kam nur mit Mühe voran. Jonas robbte ihm entgegen, streckte seinen Arm in den Tunnel und zog ebenfalls an dem Gurt. Der Wombat drückte sich an ihm vorbei und ließ ihn machen.

»Das gibt es doch nicht!«, flüsterte Jonas, als ihm schwante, was er dort an der Leine hatte. Mit metallischem Kratzen zog er einen Pulser aus dem Loch.

»Buddy, du bist ein Engel!«, rief er, während sich der Wombat, offensichtlich hochzufrieden mit seinem Werk, in einer Ecke zusammenrollte.

Jonas befreite das Gerät vom Staub und untersuchte es. Es sah anders aus als das, mit dem er bislang gearbeitet hatte. Irgendwie edler. Anscheinend handelte es sich um ein neueres Modell.

Er schaltete es ein und wartete, bis die Kontrollanzeige Betriebsbereitschaft signalisierte. Groß überlegen, wo er den Pulser ansetzen musste, brauchte er nicht. Aufgrund der Enge seiner Lage blieb ihm keine andere Wahl, als den Gang zu vergrößern, den Buddy gegraben hatte. Er konnte nur hoffen, dass das darüberliegende lockere Gestein nicht sofort nachrutschte.

Jonas kroch ein Stück rückwärts, um Platz zu gewinnen, setzte den Pulser an und zog den Hebel. Ein leichtes, kaum wahrnehmbares Zittern durchlief das Gerät. Er spannte seine Muskeln an, machte sich, so gut es in seiner beengten Lage möglich war, bereit, den notwendigen Gegendruck aufzubauen, doch ehe er sichs versah, zerfiel der Stein vor ihm in Staub. Verwundert sah er den Pulser an. Diese Maschine war wirklich um Klassen besser als die, mit der er in den letzten Wochen hatte arbeiten müssen.

Mit neuem Mut nahm er sich den darüberliegenden Felsen vor. Er hatte Glück. Als dieser zerbarst, rutschte der Schutt zwar etwas nach, verkantete sich dann aber und ließ eine Lücke frei, die schon fast groß genug war, um hindurchzukriechen.

Die Arbeit dauerte Stunden, und trotz des neuen Pulsers war Jonas fix und fertig, als er endlich aus dem engen Kanal herauskriechen konnte. Befreit streckte er sich und inspizierte das Umfeld. Er stand nun in einem kleinen Teil des eingestürzten Ganges, der unbeschädigt geblieben war. Auch wenn dieser Abschnitt kaum mehr Raum bot als der Förderkorb, der sie morgens zur Arbeit brachte, und ihm diese Enge unter normalen Umständen Schweißperlen auf die Stirn getrieben hätte, bedeutete das doch schon mal eine gewaltige Verbesserung seiner Situation.

Nachdenklich blickte Jonas auf die Felsbrocken, die ihm den Weg versperrten. Hier lag noch viel Arbeit vor ihm, und die Kapazitätsanzeige des Pulsers war bereits auf vierzig Prozent gesunken. Wenn er nur wüsste, ob der Gang hinter diesem Schuttberg passierbar war oder ob dahinter eine neue Halde folgte! Doch ihm blieb wohl keine andere Wahl, als es einfach auszuprobieren.

Er betrachtete den Steinhaufen aufmerksam, suchte den Felsblock aus, der ihm am günstigsten erschien, und setzte die Maschine an. Da spürte er, wie ihn etwas am Hosenbein zupfte. Irritiert sah er nach unten. Buddy wiegte leicht den Kopf, als müsse er nachdenken, dann erklomm er den Schuttberg und begann, an der oberen Kante zu scharren. Schließlich hielt er inne und sah Jonas auffordernd an.

»Da oben?«, fragte Jonas zweifelnd. »Bist du sicher?«

Er hängte sich das Gerät über die Schulter, kletterte zu Buddy hinauf und untersuchte im Schein seiner Kopflampe den Felsen. So wie es aussah, gab es dort einen kleinen Gang.

»Ah, hier bist du durchgekommen!«, sagte Jonas. »Na, wenn das so ist!«

Der Pulser summte und zerlegte die Steine, die den Weg nach oben versperrten. Es war keine angenehme Arbeit – ständig rieselten Schutt und Staub auf Jonas herab, verklebten seine Augen und brachten ihn zum Husten. Doch nach einiger Zeit hatte er den Durchgang ausreichend erweitert. Jonas zwängte sich hindurch und erreichte den Stollen, der über der Ebene lag, in der er gearbeitet hatte. Buddys Tipp war Gold wert gewesen. Große Krater klafften an den Stellen im Boden, wo der Fels hinabgestürzt war – es gab viel mehr davon, als er mit seinem Pulser je hätte bewältigen können.

Jonas balancierte über die schmalen Simse, die zwischen den Kratern und der Wand stehen geblieben waren, und folgte dem Gang, während Buddy hinter ihm hertappste. Irgendwo in der Ferne waren menschliche Stimmen zu hören. Das Rettungskommando! Endlich! Jonas holte tief Luft, wollte nach Hilfe rufen, aber dann besann er sich eines Besseren. Zum ersten Mal kam ihm der Gedanke, dass dieser Zwischenfall ihn in die Freiheit führen könnte, wenn er es geschickt genug anstellte.

Er blieb stehen, um darüber nachzudenken, doch Buddy schob sich an ihm vorbei und trippelte eifrig den Gang entlang. Jonas folgte ihm und versuchte im Gehen, einen Plan zu entwickeln. Wie konnte er unbemerkt an den Aufsehern vorbeigelangen? Und wenn ihm das glücken sollte, was dann? Wie wollte er in der Wüste überleben? Wäre Sklaverei nicht das kleinere Übel? Er fand auf keine seiner Fragen eine befriedigende Antwort.

Währenddessen trabte der Wombat unbeirrt weiter. Der Gang beschrieb nun eine Kurve. Die Stimmen wurden lauter, kamen auf sie zu. Das Trampeln von Stiefeln war zu hören. Lichtreflexe von Handscheinwerfern blitzten auf.

Warte hier.

Die Stimme in seinem Kopf war so intensiv, dass er ins Taumeln geriet. Ehe er ihn aufhalten konnte, war Buddy um die Ecke gehuscht und außer Sichtweite. Jonas' erster Impuls war, ihm nachzueilen und ihn daran zu hindern, diesen Leuten in die Arme zu laufen, doch der Nachhall der Worte hielt Jonas an Ort und Stelle fest.

Unvermittelt erstarben die Stimmen. Etwas fiel scheppernd zu Boden und zersplitterte.

Dann Stille.

Ein Geräusch wurde hörbar, das Jonas nicht einordnen konnte – es klang wie ein ersticktes Röcheln.

Was ging hier vor?

Es trippelte, und Buddy kam zurück. Er blieb vor Jonas stehen, sah ihn auffordernd an und drehte wieder um. Zögernd folgte Jonas ihm.

Als sie um die Ecke bogen, bot sich ihm ein merkwürdiges

Bild. Drei Männer lagen am Boden und schliefen. Einer von ihnen schnarchte leise. Die Lampe war ihm aus den Händen geglitten und lag zertrümmert am Boden.

Buddy trottete ungerührt an den Schlafenden vorbei. Jonas schlich hinter ihm her, drehte sich immer wieder um, fassungslos und dankbar zugleich.

Der Stollen wurde nun breiter, höher und auch deutlich glatter als der, in dem Jonas den größten Teil der letzten Wochen verbracht hatte. Nach einiger Zeit erreichten sie einen vergitterten Aufzugschacht, der genauso aussah wie der, mit dem er jeden Morgen zur Arbeit gefahren wurde. Jonas untersuchte den Mechanismus. Er war mit einem Scanfeld gesichert. Wahrscheinlich steuerte der Zentralrechner das ganze System. Keine Chance, über diesen Weg zu entkommen.

Buddy stieß mit seiner Nase gegen Jonas' Hosenbein. Er vergewisserte sich, dass dieser ihm folgte, dann lief er weiter den Stollen entlang, der an der Aufzugsanlage vorbeiführte. Offensichtlich wurde jener Teil seltener benutzt als der andere. Die Beleuchtung war hier weitaus spärlicher.

Sie passierten eine Stelle, an der es anscheinend schon früher Einstürze gegeben hatte – jedenfalls wurden Wand und Decke von mächtigen Balken abgestützt. Jonas war froh um seine funktionierende Helmlampe, denn ab hier gab es kaum noch Licht, und der Untergrund wurde wieder uneben. Der Gang beschrieb eine Kurve, dahinter hörte er urplötzlich auf. Eine Bretterwand versperrte den Weg. Jonas ließ den Schein seiner Lampe daran hinauf- und hinabwandern.

»Großartig, Buddy, das ist eine Sackgasse. Ich dachte, du kennst dich hier aus?!«

Der Wombat schaute ihn gekränkt an. Dann tappste er zum Hindernis und machte sich an dessen unterer Kante zu schaffen.

»Komm, lass es, Buddy. Wir müssen uns etwas anderes überlegen. Ehe du dich da durchgegraben hast, haben sie uns längst gefunden!«

Ein Brett wackelte. Jonas untersuchte es näher und stellte fest, dass es zu einer Art Türflügel gehörte. Er tastete mit seiner Hand am Rand entlang, langte in die Lücke daneben, fühlte einen Riegel und drückte ihn zur Seite. Der Flügel sprang auf, schwang ihnen ein Stück entgegen, bis er schließlich mit einem hässlichen Knirschen auf dem Geröll stecken blieb. Immerhin war der entstandene Spalt eben breit genug, dass Jonas mit einiger Mühe hindurchpasste. Als er auf der anderen Seite war, zog er die Brettertür wieder zu und versuchte, sich mit dem Strahl seiner Kopflampe in der Finsternis zu orientieren.

Notdürftig beiseitegeräumter Schutt zeugte davon, dass es auch hier zu Verschüttungen gekommen war. Ein schmaler Pfad wand sich zwischen den Trümmern hindurch. Buddy huschte voran, und Jonas folgte ihm, sorgfältig darauf bedacht, auf dem unebenen Weg nicht ins Stolpern zu geraten. Als er den Blick einmal vom Boden abwandte, stellte er fest, dass der Gang sich geweitet hatte. Die Wände und die Decke schienen in der Dunkelheit zu verschwinden. Jonas blickte nach oben, konnte aber nichts erkennen. Sie mussten sich in einer riesigen Halle oder auf dem Grund eines Kraters befinden.

Zielstrebig lief Buddy zur gegenüberliegenden Seite. Als sie dort ankamen, entdeckte Jonas eine hölzerne Treppe, die in die undurchdringliche Schwärze hinaufführte. Es war kaum mehr als eine einfache Leiter mit verbreiterten Trittstufen, die keinen besonders guten Eindruck machten.

»Bist du auf diesem Weg hierhergekommen?«, fragte er Buddy.

Statt einer Antwort begann der Wombat, die Stufen emporzuklettern. Das pummelige Tier bewegte sich mit einer erstaunlichen Leichtigkeit. Jonas warf einen letzten Blick zurück und stieg ihm hinterher. Es dauerte nicht lange, bis seine Beine über die ungewohnte Belastung protestierten. Immer wieder musste er innehalten und die schmerzenden Muskeln schütteln. Ein Ende der Kletterpartie war nicht in Sicht.

Jonas hatte keine Ahnung, wie lange sie schon unterwegs waren – ihm erschien es wie Stunden. Wie viele Höhenmeter sie wohl bereits überwunden hatten? Vermutlich ließ sich das irgendwie ausrechnen, aber er unternahm keinen Versuch dazu.

Nach schier endloser Plackerei erreichten sie irgendwann endlich das Ende der Treppe. Die letzten Stufen bestanden aus Metall und führten auf eine Plattform, die aus engmaschigem Eisengitter gefertigt war. Dankbar, den quälenden Aufstieg überstanden zu haben, schleppte sich Jonas über die letzten Stufen nach oben und ließ sich auf die Plattform fallen. Seine Beine zitterten. Der Schweiß lief ihm in breiten Rinnsalen über den Körper. Minutenlang lag er einfach nur da und wartete darauf, dass sich sein Pulsschlag wieder normalisierte. Er hätte auf der Stelle vor Erschöpfung einschlafen können, doch das gestattete er sich nicht. Stattdessen mobilisierte er seine restlichen Kräfte und setzte sich auf.

Am Rand der Plattform befand sich eine Stahltür. Jonas kroch zu ihr hinüber und presste sein Ohr dagegen. Er konnte das Summen von Elektromotoren, Fahrgeräusche, das Klappern von Containern hören. Hier wurde definitiv gearbeitet. Er stand auf, fasste nach der Türklinke und drückte sie behutsam hinab.

*****

»Du kennst dich doch mit Bomben aus ...«

Raschad saß gerade an seinen Wirtschaftsberechnungen und schreckte hoch, als Xator in sein Büro platzte.

»Klar, das ist ein Hobby von mir«, sagte er bescheiden.

Tatsächlich hatte kaum jemand in der Komanda ein solch umfangreiches Wissen wie er – wenn es auch eher theoretischer Natur war, da Raschad aufgrund seiner Gehbehinderung für den normalen Kampfeinsatz nicht in Frage kam.

»Diese Antimaterie-Torpedos – wie werden sie genau gezündet?«

»Normalerweise per Entfernungszünder«, erläuterte Raschad. »Das ist sozusagen eine Bombe in der Bombe. Wegen ihrer extrem starken Sprengwirkung sind die Torpedos nämlich besonders gut gegen unabsichtliche Beschädigungen geschützt, damit sie nicht hochgehen, wenn zum Beispiel das Schiff getroffen wird, auf dem sie lagern. Der Entfernungszünder wird beim Abschuss scharf gestellt, errechnet unterwegs aus Flugbahn und Geschwindigkeit den optimalen Zeitpunkt der Detonation – meistens kurz vor der Kollision mit dem Objekt –, dann schaltet er mit einer kleinen Explosion die Magnetflasche aus, die die Antimaterie im Zaum hält, und wumms.«

»Das heißt, mein Plan, die Torpedos mit einem Lander zum Raumhafen von Terracity zu bringen und dort zu zünden, würde gar nicht funktionieren?«

»Doch, aber dazu müsste man sie vorher modifizieren. Den Entfernungszünder ausbauen und durch eine konventionelle Sprengladung ersetzen. Damit sollte es klappen.«

»Würdest du das hinbekommen?«

»Ich denke schon. Wie gesagt, die Dinger sind so gut gesichert, dass der Eingriff nicht einmal sonderlich gefährlich ist. Man muss halt ein bisschen aufpassen, aber das sollte man immer, wenn man an Bomben herumschraubt.« Er lachte.

»Kann man es irgendwie vorher testen, um sicherzugehen, dass sie auch wirklich hochgehen, wenn es darauf ankommt?«

»Hm, das ist schwierig, weil die Sprengwirkung so enorm groß ist.«

»Und wenn man solch einen Torpedo zum Beispiel ganz tief unten in unserem Bergwerk zünden würde?«

»Um Himmels willen!« Raschad sah Xator erschrocken an. »Ich müsste es einmal genauer berechnen, aber gefühlt würde ich sagen, dass anschließend da, wo unsere Stadt jetzt steht, ein hässlicher Krater wäre.«

»Rechne das doch mal aus, wenn du Zeit hast. Diese Information wäre auch hilfreich, um die Gefahr von Anschlägen abzuschätzen. Falls die Union jemals unseren Planeten aufspürt, könnte sie vielleicht planen, uns mit einem Sonderkommando anzugreifen und solch eine Bombe zu legen.«

»Auf was für Ideen du immer kommst«, sagte Raschad bewundernd.

»Ja, man muss dem Feind stets ein paar Züge voraus sein«, meinte Xator stolz.

»Das konntest du schon früher ganz gut. Weißt du noch, wie wir als Gören zusammen die Speisekammer geplündert haben? Ich habe meiner Mutter den Schlüssel geklaut, und du hast ihn anschließend bei Elaf versteckt, damit er den Ärger bekommt!«

»Hat ja auch geklappt!« Die Männer lachten.

»Damals konnte ich noch laufen«, sagte Raschad nach einer kleinen Pause. Es klang bitter.

»Musst du immer wieder mit dieser alten Geschichte anfangen?«, gab Xator heftig zurück. »Ich habe dir tausendmal versucht zu erklären, dass es ein Unfall war. Ich habe dich nicht die Kellertreppe hinuntergestoßen. Ich habe versucht, dich festzuhalten!«

»Ja, das weiß ich doch. Ich frage mich nur manchmal, wie mein Leben wohl ohne diesen Unfall verlaufen wäre. Wenn ich mit dir auf Beutezug fliegen könnte, anstatt hier im Büro zu sitzen.« Er seufzte.

»Wer weiß das schon, vielleicht wärst du dann bereits tot. Vielleicht wärst du bei irgendeinem unwichtigen Überfall ums Leben gekommen, anstatt deine Intelligenz für die Komanda einzusetzen. Ich bin jedenfalls sehr froh, dass du auf diesem Posten hier sitzt. Ehrlich.«

Raschad lächelte ihn an. »Danke.«

»Melde dich, wenn du die Berechnungen fertig hast, aber behalt die Sache für dich, okay?«

»Klar«, sagte Raschad. »Du kannst dich auf mich verlassen.«

Er hob die Hand. »Bruder!«

Xator schlug ein. »Bruder!«

*****

Die Tür sprang auf. Jonas prallte sogleich zurück, denn ein Ladefahrzeug raste an ihm vorbei. Der Luftzug riss an seinen Haaren. Wäre sein Kopf nur eine Handbreit weiter aus der Tür heraus gewesen, hätte es ihn erfasst.

Noch während er versuchte, den Schrecken zu verdauen, donnerte schon das nächste Fahrzeug heran. Diesmal blieb Jonas in sicherer

Entfernung und konnte beobachten, dass es voller Erzbrocken war. Vor der Ladepritsche, die vielleicht sechs mal drei Meter maß, befand sich ein grauer Metallkasten, der vermutlich die Antriebs- und Steuereinheit beinhaltete. Die Anlage lief also vollautomatisch.

Es dauerte nicht allzu lange, bis der nächste Erztransporter zu hören war und schließlich an ihm vorbeirauschte. Jonas schätzte den Abstand zwischen ihnen auf weniger als eine Minute. Er streckte vorsichtig seinen Kopf in den Gang und sah sich um. Zwischen den Wagen und der Stollenwand war höchstens ein halber Meter Platz. Hier ging es nicht weiter. Das war lebensgefährlich.

»Bist du hier durchgekommen?«, fragte er Buddy. Der Wombat legte den Kopf schief und sah Jonas aus seinen schwarzen Knopfaugen an.

Natürlich. Buddy war schmal genug, um gefahrlos zwischen Wand und Wagen entlanglaufen zu können. Er aber nicht. Er musste einen anderen Weg finden. Doch die Treppe hinter ihm führte nur in die Tiefe hinab. Dies hier war der einzige Ausgang, den er bei seinem Aufstieg hatte entdecken können.

Jonas passte die Durchfahrt des nächsten Wagens ab und sprang dann auf die Fahrstrecke, um sich umzuschauen. Der Schein seiner Helmlampe verlor sich in der Finsternis, doch ihm schien es, als würde sich der Gang in der Ferne ein wenig verbreitern. Wenn er schnell genug war, konnte er hinter einem Wagen hersprinten und die Verbreiterung erreichen, bevor der nächste kam. Wenn er sich aber irrte, würde der Transporter ihn unweigerlich erwischen. Was sollte er tun?

Jonas kehrte an den sicheren Ort hinter der Tür zurück.

»Gott?«, fragte er, »kannst du mir vielleicht einen Tipp geben?«

Etwas in ihm kam sich abgrundtief dämlich dabei vor, mit dem Nichts zu reden, zugleich aber fühlte er so etwas wie Frieden und die tröstliche Gewissheit, nicht allein zu sein.

Der nächste Wagen donnerte heran.

Lauf! Es war nur eine leise Stimme in Jonas' Kopf, eher ein Eindruck als ein hörbares Wort, aber die Botschaft war eindeutig.

»Komm, Buddy!«, brüllte er gegen den Lärm des vorbeirasenden Transporters an. Dann sprang er auf die Fahrbahn und rannte ihm hinterher.

Sport, insbesondere Laufen, hatte noch nie zu Jonas' hervorragenden Talenten gehört. Erschwerend kam die spürbar höhere Schwerkraft des Planeten hinzu, die seinen Körper und seine Füße mit Bleiplatten zu belasten schienen. Außerdem hatte die Kletterpartie auf der Treppe schon mehr Kraft gekostet, als seine Beine eigentlich bereitstellen wollten.

Dennoch legte er einen guten Start hin. Er rannte über den Boden, in den die Räder der zahllosen Transportfahrzeuge tiefe Rinnen eingegraben hatten, und achtete darauf, zwischen ihnen zu bleiben. Der Scheinwerferkegel der Helmlampe tanzte im Takt seiner Schritte. Erleichtert stellte Jonas fest, dass er richtig gesehen hatte: Der Tunnel verbreiterte sich vor ihm, um sich bald darauf wieder zu verjüngen, sodass an beiden Seiten eine kleine Bucht entstand, eben breit genug, um zwei Fahrzeuge aneinander vorbeizuschleusen oder flüchtige Bergwerksklaven davor zu bewahren, überfahren zu werden.

Ein Rauschen hinter ihm kündigte das Herannahen des nächsten Transporters an. Jonas wandte im Lauf den Kopf, um nach Buddy zu sehen, aber es gelang ihm nicht, den schwankenden Lichtkegel dorthin zu lenken, wo er den Wombat vermutete. Er konnte nur hoffen, dass Buddy klug genug war, dem Fahrzeug nicht in die Quere zu kommen.

Das Loch in der Fahrbahnmitte diente der Entwässerung und wäre auf einer von Menschen benutzten Straße durch ein Gitter abgedeckt gewesen. Für die automatischen Fahrzeuge war dieser Aufwand jedoch unnötig. Hätte Jonas sich nicht umgedreht, wäre ihm der kleine Schacht auch sicher aufgefallen, und er hätte ihn mit einem etwas größeren Schritt mühelos überwinden können. So aber kam er auf äußerst schmerzhafte Weise zu Fall. Er geriet mit seinem rechten Fuß in das Loch und knallte ungebremst auf Hände und Knie. Grellroter Schmerz durchfuhr ihn. Er spürte, wie in seinem Fuß etwas zerriss.

Ungelenk rappelte er sich hoch. Das Geräusch des herannahenden Transporters im Nacken, versuchte er, seinen Lauf fortzusetzen, doch vergebens. Der rechte Fuß tat höllisch weh und knickte unter ihm weg, als Jonas ihn belasten wollte. Er schrie auf.

Auf allen vieren robbte er zur Wand hinüber, zog sich daran hoch und hinkte die letzten Meter bis zur rettenden Bucht. Keine Sekunde zu früh ließ er sich in die Lücke fallen, während der Erztransporter mit Höchstgeschwindigkeit an ihm vorbeibrauste. Jonas spürte den Luftzug in seinem Gesicht.

Mühsam setzte er sich auf, die Wand im Rücken, und befühlte seinen Knöchel, dessen Umfang bereits auf das Doppelte angeschwollen war.

Ende. Dies war definitiv das Ende seiner Flucht. Er hatte in diesem Zustand nicht den Hauch einer Chance, sich zwischen den schnellen Fahrzeugen zu bewegen.

Tränen des Schmerzes und der Enttäuschung rannen ihm über das Gesicht.

Er hörte das vertraute Tapsen, dann spürte er Buddys weichen Kopf an seinem Hals. Dankbar drückte Jonas den Wombat an sich. Die Wärme und Nähe einer lebendigen Seele tat ihm gut.

Nach einer Weile wurde das Tier unruhig und befreite sich aus dem Griff. Er schnüffelte an Jonas' Knie. Fast augenblicklich ließ der Schmerz darin nach. Dann wandte sich Buddy dem verletzten Fuß zu.

»Nein, aua, lass das, der ist verstaucht oder gebrochen oder irgendwas. Nicht dagegenkommen, bitte!«

Unendlich behutsam berührte Buddy den Knöchel mit seiner Schnauze. Jonas fühlte ein Kribbeln im ganzen Körper. Ein Wärmegefühl stieg vom rechten Fuß auf und strahlte hinauf bis in die Hüfte.

»Was ist das? Wie hast du das gemacht?«

Zaghaft bewegte Jonas seinen lädierten Fuß. Die Schwellung war verschwunden, ebenso der Schmerz.

»Das gibt es doch nicht!« Jonas richtete sich auf. Es fühlte sich an, als sei der Unfall nie geschehen; selbst die Muskelschmerzen und die

Müdigkeit, die das lange Treppensteigen hinterlassen hatten, waren fort. Ein Wunder!

»Was bist du?«, fragte er und sah den Wombat forschend an, doch der legte seinen Kopf schief und setzte einen so unschuldigen Blick auf, dass Jonas lachen musste.

Ein weiteres Fahrzeug rauschte heran. Jonas presste sich an die Wand und sah dem Transporter hinterher. Etwa hundert Meter hinter der Bucht verlangsamte er deutlich das Tempo und bog dann um eine Ecke.

Ohne lange zu überlegen, rannte Jonas ihm nach. Als er die Kurve erreichte, konnte er sehen, dass sich der Tunnel zu einer kleinen Halle ausweitete. Dort standen vier Wagen hintereinander.

Eine Weile lang passierte gar nichts, dann rollte das erste Fahrzeug plötzlich vorwärts, fuhr in einen Bereich, der von zwei silberfarbenen Wänden eingegrenzt wurde, und schwebte unvermittelt nach oben.

»Eine Antigrav-Anlage«, sagte Jonas, »die bringt uns hier raus!«

Ein weiterer Wagen kam an und reihte sich in die Schlange ein, während die verbliebenen Fahrzeuge um eine Position aufrückten.

»Los, komm, Buddy, in einer Minute sind wir hier weg!« Er bückte sich und hob den Wombat auf die Ladefläche des vorderen Transporters. Dann kletterte er selbst hinauf und versuchte zwischen den Gesteinsbrocken eine einigermaßen bequeme Lage zu finden, was gar nicht einfach vor.

Ein leichtes Zittern lief durch den Wagen, als er sich in Bewegung setzte. Er rollte vor, Jonas konnte die silbernen Wände sehen und spürte, wie das Fahrzeug in die Höhe gehoben wurde. Er hatte das unangenehme Gefühl, dass sich seine Eingeweide schneller bewegen wollten als der Rest seines Körpers, und musste mit dem Brechreiz kämpfen. Offensichtlich war dieses System nicht für menschliche Passagiere ausgelegt.

Als er nach oben blickte, sah er einen schwach erleuchteten Durchlass in der Hallendecke auf sich zukommen. Der Wagen schwebte hindurch und erreichte den Boden der nächsten Ebene.

Dann erhielt er einen Impuls und rollte aus der Antigrav-Anlage hinaus.

Wieder reihte er sich in eine Warteschlange ein, die sich langsam auf ein Tor zubewegte, hinter dem, den Geräuschen nach zu urteilen, gewaltige Maschinen am Werk waren. Jonas sah sich um. Sie befanden sich in einer gigantischen Fabrikhalle. In der Ferne wuselten Arbeitsdroiden herum, aber Menschen waren nicht zu sehen.

»Das muss die Erzaufbereitung sein«, rief Jonas gegen den Lärm an. »Der Direktor hat mir davon erzählt. Wir müssen versuchen, hier rauszukommen. Vielleicht können wir uns zu einem der Frachtraumschiffe durchschlagen und uns dort an Bord schleichen.«

Er griff nach Buddy und wollte ihn aus dem Transporter heben, doch der wich zurück und sah Jonas mit einem unergründlichen Blick an.

Das Tor zur Erzaufbereitung rückte näher.

»Buddy, komm jetzt, wir müssen hier raus!«

Der Wombat schüttelte energisch den Kopf.

»Buddy, vertraue mir. Ich bin ein Mensch, ich kann die Situation besser einschätzen als du. Es ist zu gefährlich hier drin!«

Buddy drehte sich um und verkroch sich zwischen den Gesteinsbrocken.

Ich diskutiere hier doch nicht wirklich mit einem Tier, oder?, dachte Jonas, während der Wagen vor ihnen hinter dem Tor verschwand. Es blieb nicht mehr viel Zeit.

Er beschloss, allein herauszuklettern und darauf zu hoffen, dass der Wombat ihm schon folgen würde, wie er es bisher immer getan hatte. Jonas zog sich am Rand der Pritsche hoch, glitt an der Außenseite hinab und sprang auf den Boden hinunter. Dann rannte er hinüber zur Seitenwand der Halle. Er suchte und fand eine Tür, öffnete sie und war draußen.

Dunkelheit umfing ihn. Sterne funkelten. Zugleich griff eine ungeheure Kälte nach ihm, auf die er nicht vorbereitet war. Bei seinem letzten Aufenthalt auf der Oberfläche wäre er fast gegrillt worden.

Na gut. Anscheinend war sein Plan doch nicht ganz ausgereift. Dann musste er eben versuchen, einen Weg durch die Erzaufbereitung hindurch zu finden. Vielleicht gab es dort auch irgendwo einen Thermoanzug für ihn. Er drehte sich um und suchte nach der Tür, doch sie war verschwunden. Im Lichtkegel seiner Helmlampe entdeckte Jonas endlich die Umrisse des Ausgangs, doch er war von außen nur mit einem Sensorfeld zu öffnen. Wütend und verzweifelt hieb er mehrfach dagegen, aber die Elektronik blieb stur und hielt die Tür geschlossen.

Die Kälte schnitt ihm brutal in die Haut. Die Temperatur musste weit unterhalb des Gefrierpunktes liegen, und Jonas trug lediglich seinen dünnen Schutzanzug, der für Außentemperaturen von 60 Grad plus ausgelegt war. Ebenso gut hätte er nackt sein können.

Jonas schlug die Arme an den Körper, um sich aufzuwärmen, und blickte sich um.

Zu seiner Rechten erhob sich, gut hundert Meter von ihm entfernt, düster und schroff eine Felswand, an die die Halle angebaut war. Zu seiner Linken stapelten sich, ebenfalls in gut hundert Meter Entfernung, einige Space-Container. Sie waren reifbedeckt und glitzerten im kalten Licht der Sterne. Mit etwas Glück waren sie temperaturgeregelt. Zumindest wäre er dort vor dem eisigen Wind geschützt.

So schnell es seine schlotternden Beine ermöglichten, lief Jonas zu den Containern hinüber. Als er sie endlich erreichte, machte er sich mit tauben Händen an dem altmodischen Verschluss zu schaffen. Einen schrecklichen Moment lang fühlte es sich an, als würden seine Finger an dem Metall festfrieren.

Endlich fuhr der Mechanismus mit einem unangenehmen Kreischen zurück und gab den Weg in das Innere des stählernen Behälters frei. Er war leer. Jonas trat ein und schlug die Tür hinter sich zu. Windstill war es hier drin, aber kaum wärmer als draußen.

Am ganzen Körper zitternd, ließ Jonas sich auf den Boden sinken und umfasste seine Knie mit den Armen. Wie lange mochte die Nacht auf diesem Planeten wohl noch dauern?

Jonas blickte den weißen Dampfwolken seines Atems nach, die im Licht der Helmlampe aufstiegen und in der Finsternis verschwanden. Trotz der Kälte fühlte er sich plötzlich unsagbar müde.

Als Sanitätsassistent wusste er, dass es keine gute Idee war, jetzt zu schlafen. Vermutlich würde er nie wieder wach werden. Er sollte aufstehen und sich bewegen. Aber seine Müdigkeit war stärker als alle guten Vorsätze. Nur eine Minute, nahm er sich vor. Nur einmal kurz die Augen schließen.

Sein Kopf sackte auf die Brust.

Er musste tatsächlich eingeschlafen sein, denn als etwas unvermittelt gegen seinen Fuß stieß, schreckte er hoch.

»Buddy«, sagte er mühsam. Es fühlte sich an, als sei sein Gesicht tiefgefroren. Er konnte kaum die Lippen bewegen.

»Hast du es dir doch noch anders überlegt?« Kraftlos hob er die Hand und legte sie dem Wombat auf den Rücken.

Über das, was dann passiert ist, hat Jonas später noch oft nachgedacht, aber sosehr er es auch versuchte, wollte es ihm doch nicht gelingen, die Geschehnisse lückenlos zu rekonstruieren.

Er erinnerte sich daran, wie er Buddys Fell berührt hatte, und als Nächstes an einen plötzlichen hellen Lichtschein, grell wie ein Blitz, der seinen Kopf und die Welt um ihn herum schmerzhaft weiß ausgeleuchtet hatte. Sein Herz war für einen Moment aus dem Tritt gekommen, als sich Zeit und Raum ins Nichts auflösten.

Eine Ewigkeit später, und dennoch im selben Moment, hatte er wieder Boden unter sich spüren können. Die Dunkelheit und die tödliche Kälte waren verschwunden.

Jonas lag nicht mehr in dem schrecklich kalten Container.

Das war gut.

Allerdings hatte er keine Ahnung, wo er sich nun befand. Zumindest herrschten hier angenehme Temperaturen. Der Raum um ihn herum schien gigantisch zu sein, soweit sich das in dem schwachen Licht abschätzen ließ. Der Boden unter ihm bestand aus Stahl.

Jonas schüttelte verwirrt den Kopf. Seine Haut, die eben noch der extremen Kälte ausgesetzt war, prickelte.

Er setzte sich auf, blickte umher und stellte fest, dass er neben einem Container lag. Es war der untere eines Stapels von fünf. Etliche gleich hohe Stapel standen daneben. Dies hier sah aus wie der Frachtraum eines Raumschiffs.

Jonas stand auf, schlug mit der Faust gegen den Stahlbehälter, hörte einen dumpfen, metallischen Laut und spürte einen leichten Schmerz an seiner Hand. Nein, dies war definitiv kein Traum.

Zwischen den Containerstapeln gab es eben genug Platz, um bequem hindurchzugehen. Jonas lief umher, vertrat sich die Beine, spürte, wie Wärme und Leben allmählich in seinen Leib zurückkehrten.

Gerade noch einmal gut gegangen, dachte er dankbar, auch wenn er sich beim besten Willen keinen Reim darauf machen konnte, wie das alles zugegangen war.

Dann sah er den Wombat reglos am Boden liegen.

»Buddy!«, rief Jonas. Das Tier reagierte nicht.

Er ließ sich auf die Knie sinken, streichelte über den kleinen Körper, stellte fest, dass er sich leblos und kalt anfühlte. Ein Schauer lief über seinen Rücken.

»Nein«, flüsterte er. »Nein, nein. Das darf nicht wahr sein!«

Wieder und wieder stuppste er den Wombat an, doch er regte sich nicht. Jonas' Augen füllten sich mit Tränen.

»Komm zu mir zurück, Buddy«, schluchzte er. »Ich brauche dich doch!«

Nichts geschah.

Jonas vergrub sein Gesicht in seinen Händen und gab sich der Trauer hin. Es dauerte lange, bis er wieder aufstand.

»Buddy, ich weiß nicht, ob du mich da, wo du jetzt bist, hören kannst«, sagte er feierlich. »Aber ich möchte dir danken. Es hat dich all deine Energie gekostet, mich zu retten! Du hast dich geopfert, um mir die Freiheit und das Leben zu schenken! Du warst wirklich ein Engel! Ich werde dich nie vergessen!«

Er wischte sich mit dem Handrücken über das Gesicht.

Plötzlich lief ein Zittern durch das Schiff. Die Triebwerke fuhren hoch. Jonas setzte sich neben seinen leblosen Freund und lehnte sich mit dem Rücken an den Space-Container. Ihm fiel siedend heiß ein, dass es im Frachtraum wahrscheinlich kein Antigrav-Feld gab, das normalerweise den Druck der Beschleunigung von den Passagieren fernhielt. Er würde die volle Last des Startes abbekommen. Wenn er Glück hatte, würde die große Masse des vollbeladenen Schiffes dafür sorgen, dass die auftretenden Kräfte im Rahmen blieben. Aber sicher war er sich mit seiner Vermutung nicht.

Nun waren die Triebwerke auch zu hören. Ein Rauschen und Zischen, dazu das singende Geräusch der Generatoren. Der Lärm schwoll an, und Jonas, der mittlerweile lag, fühlte, wie er mit Gewalt auf den Boden gepresst wurde. Das Raumschiff hob ab.

Der Beschleunigungsdruck war überraschend gut auszuhalten, vielleicht 2,5 g, schätzte Jonas. Dann waren sie der Schwerkraft des Planeten entronnen, der Pilot reduzierte die Beschleunigung, und Jonas konnte wieder aufstehen. Geschafft. Er war aus dem Bauch des Fisches entkommen. Dag Gadol lag hinter ihm. Dank der Hilfe von Buddy.

Jonas kniete sich hin und strich dem kleinen Kerl über das struppige graue Fell. Was sollte er jetzt mit ihm anfangen? Der Wombat hatte ein Begräbnis verdient. Egal, auf welchem Planeten er als Nächstes landen würde – das wäre seine erste Tat dort.

Dieser Vorsatz löste eine Flut von Gedanken aus.

Wohin mochte das Schiff wohl fliegen? Wie lange würden sie unterwegs sein? Wie kam er an Wasser und Nahrung – und was würde geschehen, wenn man ihn hier erwischte?

Seine Unruhe stieg, als ihm klar wurde, dass er auf keine dieser Fragen eine befriedigende Antwort hatte. Wenn es ganz dumm lief, würde er in diesem Frachtraum verhungern und verdursten, und der kleine Wunder-Wombat hätte sich ganz umsonst für ihn geopfert.

Jonas schniefte und spürte, wie sich seine Augen erneut mit Tränen füllten.

Da plötzlich zuckte etwas unter seiner Hand.

»Buddy?«, fragte Jonas. Er tastete nach dem Herzen des Tieres, und tatsächlich konnte er ein schwaches Pochen ausmachen.

»Buddy!«, jubelte er. »Du bist nicht tot!«

Mit äußerster Anstrengung, wie es schien, öffnete der Wombat die Augen und blinzelte ihn an. Dann ließ er seine Lider kraftlos sinken.

»Ja, schlaf du nur«, schluchzte Jonas. »Erhol dich, mein Freund. Mach so was nie wieder, hörst du? Ich brauche dich doch!«

Er legte sich neben das Tier und schloss es in seine Arme, um es mit seinem Körper zu wärmen. Als der Wombat leise zu schnarchen begann, klang das wie Musik in Jonas' Ohren.

»Hey, wer bist du, und was machst du hier?«

Eine Stiefelspitze bohrte sich in Jonas' Seite. Er schrak hoch. Ein grobschlächtiger Mann stand vor ihm. Er trug einen Arbeitsanzug, hatte tätowierte Arme, einen struppigen schwarzen Bart, dafür keine Haare auf dem Kopf und sah aus, als wäre mit ihm nicht zu spaßen.

»Ich bin auf der Flucht«, sagte Jonas. »Bitte helfen Sie mir!«

»So, so. Und wovor bist du auf der Flucht?«

»Man hat mich gefangen genommen und als Sklave im Bergwerk festgehalten. Aber eigentlich bin ich Besatzungsmitglied der Peacemaker!« Jonas setzte sich aufrecht hin.

»Kannst du das beweisen?«

»Nein, die haben mir alles abgenommen. Aber wenn Sie Kontakt zur Raumflotte aufnehmen, wird man Ihnen das bestätigen. Mein Name ist Jonas Rothenfels.«

»Mein Wombat und ich wären Ihnen sehr dankbar für Ihre Hilfe«, setzte er nach einer Weile hinzu.

»Dein was?«

»Mein Wombat«, sagte Jonas und tätschelte Buddy über den Rücken. »Wir haben zusammen eine Menge durchgemacht.«

»Willst du mich verarschen oder was?« Der Arbeiter sah ihn verächtlich an. »Du hast doch 'ne Vollmeise, Mann. Ich muss das mit dem Käpt'n besprechen. Du bleibst so lange hier.« Er drehte sich um und ging weg.

Jonas sah Buddy an, der seinen Blick mit unschuldigen Augen erwiderte. »Er konnte dich nicht sehen, stimmt's?«

Der Wombat rollte sich zusammen und setzte sein unterbrochenes Nickerchen fort.

Jonas stand auf, reckte seine Glieder und ging zwischen den Containern hin und her. Was würde nun mit ihm passieren? Ein flaues Gefühl machte sich breit.

Endlich hörte er Schritte. Der grobschlächtige Glatzkopf kam zurück, begleitet von einem muskulösen Kollegen mit Pferdeschwanz.

»Mitkommen«, knurrte er.

»Was passiert mit mir?«, wollte Jonas wissen.

»Maul halten. Kommst du jetzt mit, oder sollen wir dir Beine machen?«

»Ich komm ja schon.«

Jonas folgte dem Glatzkopf, während der Langhaarige hinter ihm herging. Hinter ihnen trottete Buddy. Seine Krallen tickerten über den Stahlboden.

Sie verließen den Frachtraum, folgten einem Korridor und blieben vor einer kleinen Arrestzelle stehen.

»Los, rein da!«, knurrte der Glatzkopf, während sein Kumpel Jonas unsanft an die Schulter stieß. Jonas stolperte in seine neue Unterkunft, und die Tür schloss sich hinter ihm.

6. HERAUSFORDERUNGEN

»Mut und Weisheit sind wertvoller als Besitz und Ansehen.«
(Buch der Weisheit)

Jonas hatte jede zeitliche Orientierung verloren. Seine Kabine war durchgehend hell, gelegentlich bekam er etwas zu essen, aber die Abstände zwischen den Mahlzeiten erschienen ihm unregelmäßig und willkürlich. Glatzkopf und Pferdeschwanz wechselten sich hin und wieder ab, aber keiner von ihnen sprach mit Jonas. So war er einmal mehr dankbar für Buddy, der ein guter Zuhörer war.

Jonas versuchte zu raten, wohin die Reise ging; in Astrografie war er einigermaßen bewandert, aber ihm fehlte jeder Anhaltspunkt. Einmal verriet ihm das vertraute helle Licht, dass sie durch ein Hypergate flogen – damit war jede Einschätzung unmöglich geworden. Sie konnten buchstäblich überall in der Galaxie sein.

Nach endlosen Stunden oder Tagen ließ ihn eine Veränderung im bisher gleichmäßigen Summen des Ionentriebwerks aus dem Schlaf hochschrecken. Sie schienen sich ihrem Ziel genähert zu haben. Eine leichte Seitwärtsbewegung deutete darauf hin, dass sie in einen Orbit eintraten.

»Wo sind wir?«, fragte er, als endlich seine Tür geöffnet wurde.

»Liman«, antwortete Pferdeschwanz. Dies war das erste Mal, dass Jonas ihn reden hörte.

»Liman? Nie gehört. Zu welchem Stern gehört das?«

»Maul halten und mitkommen«, knurrte Glatzkopf. »Und keine Dummheiten, sonst ...«

Er verzichtete darauf, den Satz zu Ende zu bringen, und vollführte stattdessen eine aufmunternde Kopfbewegung in Richtung Tür. Jonas stand auf und sah zu Buddy, der den Blick mit seinen weisen Knopfaugen erwiderte.

Ergeben folgte Jonas seinem Wärter. Buddy trippelte hinter ihm her. Pferdeschwanz schloss die Tür und bildete das Schlusslicht.

Sie brachten ihn in eine altmodisch wirkende Aufzugsanlage – trotz oder wegen seiner Abenteuer unter Tage hatte Jonas mit deren Enge zu kämpfen. Er schloss die Augen und konzentrierte sich auf seinen Atem, bis ihm das Geräusch der Türen ankündigte, dass sie ihr Ziel erreicht hatten.

Die Männer führten ihn durch ein Labyrinth von schmalen Gängen, bis sie endlich das Landedeck erreichten, auf dem ein reisebusgroßes Shuttle stand. Ein Ladedroide fuhr heran und brachte einen ungewöhnlich kleinen Container herbei. Er mochte vielleicht zwei Meter lang sein.

Ein Besatzungsmitglied des Shuttles öffnete ihn. Das bläuliche Leuchten darin war Jonas nur allzu bekannt. Ihn durchlief ein Schauer. Bisher hatte er sich an die vage Hoffnung geklammert, dass man ihn als blinden Passagier der Raumbehörde übergeben würde, wo sich alles Weitere leicht hätte klären lassen, aber offensichtlich hatte er es hier mit Rhodaniumschmugglern zu tun. Das war nicht gut für ihn. Gar nicht gut.

»Was ist mit dem da?«, fragte einer aus dem Shuttle und deutete auf Jonas.

»Der ist von der Peacemaker. Wir dachten, der könnte für euch interessant sein.«

»Gut möglich. Was wollt ihr für ihn haben?«

»Fünfzig.«

Der Mann musterte Jonas, als wäre er ein Pferd auf einer Auktion.

»Na schön, geht in Ordnung«, sagte er mit Blick auf den Overall, den Jonas noch immer trug. »Wenn wir ihn befragt haben, kann er bei uns in den Minen arbeiten. Damit scheint er sich auszukennen.«

Mit einer Handbewegung bedeutete er seinen Leuten, Jonas an Bord zu bringen.

Das Shuttle erinnerte auch im Inneren an einen Reisebus. Es war dafür ausgelegt, eine große Anzahl Passagiere zu befördern. Im hinteren Teil hatte man vier Sitzreihen entfernt, um Platz für den Rhodaniumcontainer zu schaffen.

Die Männer schoben Jonas auf einen der vorderen Sessel. Als er saß, schnappten stählerne Fesseln um seine Arme und Beine. Instinktiv öffnete er den Mund, um zu protestieren, aber als er in die Gesichter der Männer sah, unterdrückte er diese Regung, die wahrscheinlich nur zu weiteren Schmerzen geführt hätte.

Buddy kletterte auf seinen Schoß. Jonas spürte dessen Gewicht, aber immer noch schien er der Einzige zu sein, der den Wombat sah. Wie konnte das angehen?

Er beschloss, dass dies ein denkbar ungünstiger Augenblick war, um der Frage weiter nachzugehen. So fragte er stattdessen: »Wohin fliegen wir?«

»Kyros«, lautete die knappe Antwort. Jonas wurde es flau im Magen.

War das nun Zufall oder Bestimmung?

Der Pilot des Shuttles war nicht gerade zimperlich. Das ganze Fluggerät rüttelte und ächzte, als würde es jeden Moment zerbrechen. Jonas hing in seinen Gurten, kurz davor, aus dem Sessel zu fallen, und spürte, wie die Innentemperatur rapide anstieg.

Dank der Reibung mit der Atmosphäre des Planeten mussten sie von außen wohl wie ein Komet aussehen, der eine Feuerspur hinter sich herzog. Jonas konnte nur hoffen, dass die Hitzeschilde dieser Belastung gewachsen waren.

Unwillkürlich begann er zu beten. Diese Regung war so neu für ihn, dass er sich ein wenig dafür schämte. Die Überreste der Gedankengebäude, die er während seiner Ausbildung errichtet hatte, klebten noch an ihm wie Eierschalen an einem frisch geschlüpften Küken. Jahrelang hatte er zu hören bekommen, dass Gott nur eine gefährliche Erfindung sei und Beten eines modernen Menschen unwürdig. Zugleich aber spürte Jonas, wie seine Angst wich und sich sein Herz mit Frieden füllte. Auch das war noch ungewohnt für ihn. Aber es fühlte sich gut an.

Endlich fing der Pilot die Maschine ab und bog in eine weite Kurve ein. Die Antigrav-Anlage war nicht besonders komfortabel, denn wieder hing Jonas in seinen Gurten, diesmal seitwärts. Die Stahlfesseln schnitten ihm in die Arme. Mühsam unterdrückte er einen Schmerzlaut.

Das Shuttle richtete sich wieder auf, ging erneut in einen steilen Sinkflug, dann erschütterte ein kräftiger Schlag den Innenraum. Gelandet. Butterweich rollte das Fluggerät in den Antigrav-Feldern des Flugplatzes aus.

Es gab ein kräftiges Zischen, die Türen öffneten sich. Zwei sehnige Männer kamen herein, bekleidet mit Armeehosen und Hemden aus kräftigem Stoff. An ihren Gürteln hingen Faustlaser. Sie blieben vor Jonas stehen, ließen seine Stahlfesseln zurückschnappen und eskortierten ihn schweigend hinaus. So betrat Jonas zum ersten Mal den Planeten Kyros.

Die Luft war etwas dünn, aber sauber. Der Himmel leicht violett gefärbt. Die Sonne stand im Zenit.

Nicht weit entfernt erhob sich eine überschaubare Bergkette, an deren Hängen die Ausläufer einer Stadt emporwuchsen. Es waren einfache kleine Häuschen, die sich voneinander nur durch ihre Farben unterschieden. Aus der anderen Richtung war das Rauschen des Meeres zu hören. Ein sanfter Wind wehte über das Rollfeld.

»Wo bin ich hier?«, fragte er eine der Wachen, einen hageren, durchtrainiert wirkenden Mann mit einer schlecht verheilten Narbe unter dem linken Auge. Der sah ihn an, als könne er nicht nachvollziehen, dass jemand im Ernst solch eine Frage stellen konnte.

»In Evinin«, sagte er mit unverhohlenem Stolz. »Bei der Komanda von Kyros.«

Jonas wurde auf die Rückbank eines Elektrokarrens verfrachtet; der eine Wächter setzte sich neben ihn, der andere übernahm das Steuer. Summend setzte sich das Gefährt in Bewegung. Sie überquerten das Rollfeld, fuhren vorbei an weiteren Shuttles, die in einer schnurgeraden Reihe standen und auf ihren Einsatz warteten, und passierten schließlich ein offenes Tor. Ein gepflasterter Platz schloss sich daran an. Trotz seiner beträchtlichen Größe war er menschenleer.

»Wohnt hier niemand?«, fragte Jonas.

»Es ist Gebetszeit«, erwiderte der Wachmann mit der Narbe, als würde dies alles erklären.

Jonas war überrascht – zum einen darüber, dass in diesem Piratennest gebetet wurde, zum anderen weil daran ganz offensichtlich viel mehr Menschen teilnahmen als an seinen Andachten auf der Peacemaker.

»Zu wem betet ihr?«

Wieder warf ihm der Mann einen grenzenlos erstaunten Blick zu.

»Zu dem einzig wahren Gott natürlich. Al Kahar, dem Allesbezwinger, der die Gläubigen belohnt und die Ungläubigen straft.« Die Worte klangen einstudiert.

Jonas schwieg. Von einem Gott dieses Namens hatte er noch nie gehört. Aber es klang gefährlich.

Der Elektrokarren kam vor einem großen Gebäude zum Stehen, mehrstöckig, mit einem von steinernen Säulen geschmückten Portal. Ein Rathaus vielleicht.

Die Wachleute führten Jonas hinein und brachten ihn in ein nüchternes kleines Zimmer, in dem sich lediglich ein Stuhl und ein kleiner Tisch befanden.

»Warte hier«, sagte der Pirat mit der Narbe. »Du wirst in Kürze abgeholt.« Dann ging er hinaus und schloss die Tür hinter sich ab.

Nervös tigerte Jonas in dem kleinen Raum auf und ab. Was würde auf ihn zukommen? Warum war er eigentlich in der letzten Zeit ständig irgendwo eingesperrt?

Er konnte undeutliche Geräusche hören – etwas wie gebrüllte Befehle und vielstimmige Antworten. Das klang viel mehr nach Kasernenhof als nach Gebet, fand Jonas, während sein innerer Friede allmählich verschwand und die altvertraute Furcht erneut ihren Platz einnahm.

Nach schier endloser Warterei näherten sich endlich Schritte. Seine beiden Wachmänner erschienen und führten ihn einen langen widerhallenden Flur hinunter.

Sie öffneten eine Tür, gut drei Meter hoch und mit aufwendigen Schnitzereien verziert, und betraten einen Saal, dessen Holzfußboden so glatt war, dass Jonas ins Rutschen geriet. Goldene Kronleuchter spendeten ein warmes Licht. An der Stirnseite sah er ein Podest, auf dem ein großer Sessel stand – es war eigentlich schon fast ein Thron.

Als sie etwa die Mitte des Raumes erreicht hatten, öffnete sich hinter dem Thron eine Tür, und zwei Männer traten heraus. Der linke trug eine Uniform, der andere ein langes dunkles Gewand, das mit prunkvollen Goldstickereien bedeckt war. Beide waren nicht mehr jung, aber der rechte war deutlich älter als der andere. Er hatte einen beeindruckenden grauen Bart und ein faltiges Gesicht, doch seine aufrechte Körperhaltung zeugte davon, dass er voller Energie steckte.

Der Uniformträger war schwarzhaarig und trug ebenfalls einen Bart. Er wirkte durchtrainiert und kraftvoll, obwohl erste Silberstreifen in seinem Haar verrieten, dass er die Mitte seines Lebens bereits hinter sich hatte.

Plötzlich bekam Jonas einen Schlag in die Kniekehle. Seine Beine sackten weg. Instinktiv griff er nach den Armen seiner Wachen, um Halt zu finden, doch diese hatten sich inzwischen auf ein Knie sinken lassen. Unelegant plumpste Jonas zwischen ihnen zu Boden. Er unterdrückte einen Schmerzensschrei.

»Du bist hier vor Bakur Khan, dem Kalifen der Komanda«, klärte der Graubärtige ihn mit ruhiger Stimme auf. »Er wird über dein weiteres Schicksal entscheiden.«

Der Khan nahm auf dem Thron Platz und betrachtete den vor ihm knienden Jonas eingehend.

»Mir wurde berichtet, dass du von der Peacemaker kommst, stimmt das?«

»Ja, das stimmt«, antwortete Jonas, woraufhin er einen schmerzhaften Hieb in die Rippen kassierte.

»Es heißt: ›großer Khan‹«, zischte einer der Wachmänner.

Mit einer ungeduldigen Handbewegung unterbrach Bakur die Belehrung des Wächters. »Was ist deine Funktion auf diesem Schiff?«

»Ich bin spiritueller Begleiter – äh – großer Khan.«

Der Khan schwieg.

Etwas unsicher setzte Jonas fort: »Ich stehe zur Verfügung, wenn jemand aus der Mannschaft ein Gespräch braucht. Außerdem biete ich Andachten an.«

»Demnach bist du ein gläubiger Mensch?«

Siedend heiß durchfuhr es Jonas. Ihm wurde bewusst, dass sich ihm gerade die Chance bot, seinen heiligen Auftrag zu erfüllen. Die furchtbaren Strapazen der letzten Wochen ergaben endlich Sinn – sie hatten alle nur dazu gedient, ihn vor den Khan zu bringen, damit er ihm Gottes Botschaft übermitteln konnte. Eine Mischung aus Dankbarkeit und ungläubigem Staunen durchströmte ihn. Wie groß war dieser Gott, der das alles möglich machte!

Während Jonas noch versuchte, sich seine Worte zurechtzulegen, erhob sich der Khan von seinem Thron und begann mit leuchtenden Augen zu sprechen.

»Unser Gott heißt Al Kahar. Er ist der alles Bezwingende, der Allmächtige, dessen Willen sich niemand widersetzen kann. Er wird die Ungläubigen vernichten und seine Getreuen belohnen. Ihr seid des Todes, wenn ihr euch ihm in den Weg stellt. Welchem Gott dient ihr?«

Jonas schnappte nach Luft. Das war nicht so leicht in Worte zu fassen.

»Die Frage nach Gott muss bei uns jeder Mensch für sich selbst beantworten«, sagte er. »Wir haben die Zeiten hinter uns gelassen, in denen nur *ein* Gottesbild gelehrt wurde, die Zeiten der verschiedenen Religionen, die sich jede als allein seligmachend verstanden haben. Denn das hat in der Vergangenheit nur zu Leid und Tod geführt und unseren Planeten beinahe an den Rand der Zerstörung gebracht. Das Symbol unseres Glaubens ist eine leere Sonne – eine Sonne deshalb, weil es ohne die Sterne kein Leben geben würde. Und leer, weil jeder und jede eingeladen ist, ihre und seine ganz eigenen Vorstellungen hineinzugeben. Niemandem wird etwas vorgeschrieben.«

Unwillkürlich war Jonas im Text einer seiner letzten Andachten gelandet. Die vertrauten Phrasen gaben ihm Sicherheit. Zugleich spürte er, dass er sich immer weiter von dem entfernte, was er eigentlich hatte sagen wollen.

»Das reicht«, befand der Khan. »Ich habe genug gehört. Steckt den Kerl in die Bergwerke. Er ist wertlos für uns.«

Während sich Bakur und sein Berater zum Gehen wandten, neigten die Wachen ehrfurchtsvoll ihre Köpfe.

Diesen Moment nutzte Jonas. Er sprang auf, rannte und schlitterte halb zum Ausgang. Der Khan fuhr herum. »Ergreift ihn!«, befahl er. »Los, los, bewegt euch!«

Jonas riss die übergroße Tür auf und befand sich auf einem langen Korridor. Einem inneren Impuls folgend, wandte er sich nach links. Mit großen Schritten rannte er den Flur entlang, erreichte eine große Treppe und lief die Stufen hinunter, während er hinter sich die Schritte und das Rufen der Wachen hörte. Sein Vorsprung war denkbar knapp, und er kannte sich weder im Gebäude noch in der Stadt aus. Was er jetzt brauchte, war eine große Portion Glück oder ein freundlich gestimmtes Universum oder die Hilfe Gottes – am besten alles drei.

Die Treppe führte in eine Vorhalle hinab, in die die Sonne von Kyros helle Flecken warf. Eine Frau mit einem schwarzen Kopftuch saß hinter einem Empfangstresen; ein Mann in Arbeitskleidung schleppte einen großen Karton durch die Tür. Jonas konnte über dessen Kopf hinweg eine gepflasterte Fläche ausmachen. Dort ging es hinaus.

»Haltet ihn auf!«, brüllten die Wachen, die mittlerweile die Treppe erreicht hatten.

Jonas sprang die letzten Stufen hinab und hielt auf den Ausgang zu.

Der Arbeiter mit dem Karton, der unwillkürlich zu den brüllenden Wachen hinaufgesehen hatte, reagierte zu spät. Jonas rammte ihn mit seiner Schulter, der Mann ging zu Boden und ließ seinen Karton fallen. Der platzte auf und entließ eine große Lache aus Papier.

Jonas taumelte ein paar Schritte, bis er nach diesem Zusammenstoß sein Gleichgewicht wiederfand; die Türen öffneten sich vor ihm, und er stand im Freien. Hektisch sah er sich um.

Direkt vor dem Rathaus parkte ein Elektrokarren, ähnlich dem, mit dem ihn die Wachen vom Flughafen hergebracht hatten – nur dass sich im hinteren Teil statt der Sitze eine kleine Ladefläche befand, auf der weitere Kartons standen.

Mit drei Sätzen erreichte er das Gefährt, sprang auf den Fahrersitz und trat das Pedal herunter. Das Fahrzeug rührte sich nicht von der Stelle. Mist, ID-codiert. Man brauchte wahrscheinlich einen entsprechenden Transponder, um die Elektronik zu entsperren.

Jonas sah, wie die Wachen aus der Tür stolperten.

Dann fiel sein Blick auf einen schwarzen Hebel, neben dem drei Markierungen angebracht waren – ein kleines Dreieck, das nach vorn zeigte, eine Null und ein weiteres Dreieck, das nach hinten wies. Der Hebel stand auf der Null. Jonas schob ihn nach vorn, trat erneut auf das Pedal, und der Wagen setzte sich prompt in Bewegung.

Die Wachen sprinteten hinter ihm her, kamen auf Armeslänge heran, doch das Fahrzeug war zu schnell für sie. Sie fielen zurück und blieben endlich keuchend stehen. Während Jonas um eine Kurve fuhr, sah er im Rückspiegel noch, wie der mit der Narbe in einen Kommunikator sprach.

Anders als bei seiner Ankunft herrschte nun deutlich mehr Leben auf den Straßen. Etliche Elektrokarren fuhren herum, einige Kinder liefen umher und spielten Fangen, daneben standen Frauen – allesamt mit Kopftüchern – und waren ins Gespräch vertieft.

Jonas folgte der Straße, die nun einen Bogen beschrieb und zum Meer hinabführte. Er beschloss, sich sobald wie möglich von dem Wagen zu trennen. Wahrscheinlich konnte der leicht geortet werden.

Neben einer Baustelle hielt er an. Aus irgendwelchen Gründen schien hier niemand zu sein; der ganze Bau machte den Eindruck, als würden die Arbeiten daran schon länger ruhen. Ein gutes Versteck.

Jonas fuhr auf die Einfahrt. Die Räder drehten ein wenig durch auf dem losen Sand, aber er kam doch voran. Hinter dem Rohbau, geschützt vor Blicken von der Straße, stellte er das Fahrzeug ab – direkt neben einer Baubude, die wohl den Arbeitern einst als Pausenraum gedient hatte.

Jonas warf einen Blick hinein. Ein Tisch, zwei Bänke, ein Waschbecken, neben dem noch das abgespülte Geschirr der letzten Mahlzeit stand. Eigentlich ein perfekter Unterschlupf – doch er hatte kein gutes Gefühl bei der Sache. Vermutlich würden sie hier zuerst suchen.

So griff er sich eine alte Arbeitsjacke, die an der Tür hing, und zog sie über. Er hoffte, dass er damit weniger auffallen würde als mit seinem schwarzen Bergmannsoverall, den er immer noch trug.

Er rannte zur Straße zurück und ging dann zügig in die Richtung, aus der er eben gekommen war. Er hatte beim Vorbeifahren eine kleine Abzweigung entdeckt, mit der er sein Glück versuchen wollte.

Keinen Moment zu spät bog er in die Gasse ein – gerade als er um die Ecke war, rasten zwei Fahrzeuge an ihm vorbei. An eine Hauswand gedrückt, sah er hinter ihnen her: Jedes transportierte sechs Bewaffnete.

Jonas begann wieder zu laufen, er hetzte den Weg entlang, der immer schmaler wurde und schließlich in eine Treppe überging. Dank der erhöhten Schwerkraft von Dag Gadol, der er in den letzten Wochen ausgesetzt war, verfügte er über eine ausgezeichnete Kondition. Er wusste es nicht genau, aber es kam ihm so vor, als sei die Anziehungskraft von Kyros sogar etwas niedriger als auf der Erde. Jedenfalls machte ihm die Steigung nicht viel aus.

Der Aufgang führte zwischen kleinen Häusern entlang, die sich an den Abhang der Bergkette schmiegten. Jonas erinnerte sich daran, dass er sie vom Flugplatz aus gesehen hatte. Es ging höher und höher, die Häuser wurden prachtvoller und größer. Schließlich endete die Treppe an einer Villa.

Der Ausblick von hier war grandios – er konnte die Stadt unter sich liegen sehen und weit über das Meer hinausblicken. Doch es fehlte ihm gerade an Muße, das Panorama länger zu genießen. Die Verfolger konnten ihn jeden Moment aufspüren.

Das Haus vor ihm war so in den Berg gebaut, dass kein Weg daran vorbeiführte. Auf der linken Seite ging es steil abwärts, auf der rechten ebenso steil nach oben. Der Fels war vom Regen glatt gewaschen und bot keine Möglichkeit zum Klettern.

Sackgasse. Zurück über die Treppe konnte er nicht, sonst wäre er seinen Häschern direkt in die Arme gelaufen. Mit einem Stoßgebet ging er zum Eingang und drückte die Klinke hinunter.

Das Haus war nicht verschlossen.

Jonas glitt hinein und schloss die Tür so leise, wie es ihm möglich war. Hoffentlich gab es hier keinen Hund. Er blieb drei Atemzüge lang stehen und lauschte. Es schien niemand zu Hause zu sein.

Von dem großzügigen Eingangsbereich, in dem er nun stand, führte eine geschwungene Treppe nach oben. Rechts und links von ihm befanden sich Türen.

Jonas entschied sich für die linke und betrat ein Wohnzimmer. Wer auch immer hier wohnte, gehörte zu den Oberen der Stadt. Die Einrichtung war exklusiv.

Der große Teppich, der den Steinfußboden zierte, stammte von Dagan und war unbezahlbar. Alister hatte einmal seinen Urlaub auf Dagan verbracht und seitdem von solch einem Stück geträumt. Für ein Exemplar von der Größe eines Blatt Papiers musste man angeblich einen Monatslohn hinblättern. Dieser hier nahm den ganzen Raum ein.

Zögernd drückte Jonas sich an dessen Rand vorbei. Er mochte diese Kostbarkeit nicht betreten und wollte es um jeden Preis vermeiden, Spuren zu hinterlassen.

Am Ende des Raumes gab es eine weitere Tür, die ihn in einen Hauswirtschaftsraum brachte. Von dort gelangte er wieder nach draußen in einen schmalen dunklen Hinterhof, gebildet von der Rückwand des Hauses und der steil nach oben strebenden Bergwand unmittelbar dahinter. Unschlüssig sah Jonas sich um.

Das Haus stand auf einer Plattform, die die Unebenheit des Berges ausglich. Darunter gab es an einer Stelle einen Hohlraum, in dem man sich vielleicht verstecken konnte. Aber allein schon der Gedanke, sich wieder in einen engen Raum zu quetschen, löste bei ihm Atemnot aus.

Die Felswand hinter dem Haus war deutlich zerklüfteter als die an der Vorderseite. Jonas kletterte sie ein Stück empor, tastete sich seitwärts an ihr entlang, bis er zu einer Rinne kam, die man wohl in den Berg geschlagen hatte, um dem Regenwasser eine kontrollierte Richtung zu geben. Derzeit war sie trocken.

Die Geräusche von Stiefeln auf Stein wehten zu ihm herüber. Seine Jäger waren ihm auf den Fersen. Ihm blieb nicht viel Zeit.

Jonas begann, die Rinne emporzuklettern. Immer wieder rutschten ihm die Füße weg, wenn kleinere Steine unter ihnen nachgaben. Einmal schlitterte er gut zwei Meter nach unten, bevor es ihm gelang, Halt zu finden. Seine Hände bluteten und hinterließen gut sichtbare Spuren. Aber er hatte keine Wahl. Verbissen kämpfte er sich aufwärts.

Er hörte noch, wie seine Verfolger die Haustür erreichten, heftig daran klopften und etwas riefen, dann beschrieb die Rinne eine Kurve und wurde flacher und weiter. Ab hier war der Aufstieg einigermaßen gut zu bewältigen.

Die orangerote Sonne von Kyros verschwand in einem Feuerwerk der Rottöne hinter den Bergen. Dämmerung legte sich auf das Land. Nun stiegen seine Chancen, unentdeckt zu bleiben, während es zugleich schwieriger und gefährlicher wurde, den steilen Abhang emporzukraxeln.

Endlich erreichte er die Oberkante der Felswand und fand sich auf einem Gebirgskamm wieder. Mittlerweile war es komplett dunkel geworden, lediglich das Licht dreier Monde beschien seinen Weg. Etwas irritierte ihn daran, aber er nahm sich nicht die Zeit zum Innehalten. Er fürchtete, dass die Piraten auf anderen Wegen hier heraufkommen und ihn suchen könnten. Mit einer einfachen Infrarotkamera wäre er leicht zu finden. Immer wieder lauschte er nach dem Geräusch von Aufklärungsdrohnen, aber es blieb ruhig.

Schließlich – er wusste nicht, wie lange er schon gelaufen war – ließ er sich erschöpft auf einen Felsblock sinken. Das Licht der Monde spiegelte sich auf dem Wasser, Evinin funkelte daneben mit tausend kleinen Lichtern. Ein traumhaftes Panorama.

Plötzlich wurde Jonas klar, was ihn vorhin irritiert hatte. Kyros besaß nur zwei Monde! Einer von ihnen schien als halber, der andere als Dreiviertelmond, während der vermeintliche dritte rund und voll war. Zudem leuchtete er in einer eigentümlich blauen Farbe – wie eine Laserprojektion.

Er kniff die Augen zusammen und sah genauer hin, erkannte Strukturen. Das war eindeutig ein Dodekaeder, keine Kugel. Kein Zweifel, es handelte sich um die Peacemaker – besser gesagt, um deren Projektion. Jonas wusste, dass es ein gängiges Mittel der Einschüchterung war, vor dem Angriff auf einen Planeten ein übergroßes Abbild des Schiffes an den Nachthimmel zu strahlen. In vielen Fällen hatte die dadurch erzielte Panik schon dazu geführt, dass sich rebellische Völker ergaben und die Zerstörung ihrer Heimat verhindert werden konnte.

Jonas fühlte Stolz in sich aufsteigen. Das war *sein* Schiff, das kampfstärkste, das Menschen je erbaut hatten. Und es war ihnen gelungen, das Piratennest ausfindig zu machen! Sie würden es ihnen zeigen, würden Evinin ausradieren, damit die Handelsrouten endlich wieder sicher wären. Yeah!

Es gab nur ein kleines Problem mit diesem Plan: Jonas wollte nicht gern in der Nähe der Stadt sein, wenn die Peacemaker ihre Torpedos abfeuerte. Er musste einen Weg finden, um mit dem Schiff Kontakt aufzunehmen. Aber wie?

Er beschloss, sich um dieses Problem später zu kümmern. Zunächst musste er hier weg, musste weiter, bevor seine Verfolger ihn aufspüren konnten. Es war wohl nicht damit zu rechnen, dass sie vorschnell aufgaben. Seine Flucht war eine Beleidigung für den Khan gewesen, und so wie er ihn einschätzte, würde der das nicht auf sich sitzen lassen.

Mühsam rappelte Jonas sich hoch. Auch wenn die Zeit auf Dag Gadol ihn fitter gemacht hatte, als er je zuvor in seinem Leben gewesen war, spürte er nun die Erschöpfung.

Immer wieder stolpernd, suchte er sich einen Weg, der ihn weiter bergauf führte.

Er hätte nicht sagen können, warum er gerade diese Richtung wählte – da er sich in der Gegend nicht auskannte, wäre jeder andere Weg genauso gut oder schlecht gewesen. Aber wie ein Tier, das von einem Hund auf den Baum gejagt wird, instinktiv immer weiter nach oben klettert, so fühlte auch er sich mit zunehmender Höhe sicherer. Zugleich kam er so der Peacemaker näher.

Hin und wieder warf er einen Blick auf die Stadt, die zu seiner Linken funkelte und leuchtete. Wunderschön und friedlich sah sie aus. Gar nicht wie die Höhle des Löwen.

Schließlich führte ihn der Pfad auf die andere Seite des Bergkamms. Evinin entschwand seinen Blicken. Zu seiner großen Verwunderung aber entdeckte Jonas auch hier Lichter in der Ferne. Er hatte nicht gewusst, dass es auf Kyros Menschen gab, die nicht in der Piratenstadt wohnten. Ob er bei ihnen Unterschlupf finden könnte?

Zu gefährlich, entschied er. Wahrscheinlich steckten sie mit den Leuten des Khans unter einer Decke. Aber was tun?

Zaghaft warf Jonas einen Blick in den Himmel.

»Gott«, murmelte er, »es tut mir unendlich leid, dass ich vorhin versagt habe. Du hast mir eine Chance gegeben, und ich habe sie nicht genutzt. Bitte vergib mir. Aber könntest du mir vielleicht helfen, hier rauszukommen? Ich weiß nicht, was ich tun soll. Bitte hilf mir.«

Wieder erfüllte ihn diese merkwürdige Mischung aus Scham und Frieden. Ob es richtig war, einfach so mit Gott zu reden? Durfte man das? Oder musste man bestimmte Formen einhalten? Trotz oder gerade wegen seiner Ausbildung hatte Jonas keine Ahnung von diesen Dingen. Nach all dem, was er mittlerweile erlebt hatte, zweifelte er nicht mehr daran, dass Gott wirklich existierte, aber er wusste praktisch nichts über ihn. Welche der alten Religionen hatte recht? Eine, alle oder gar keine?

»Gott«, murmelte er erneut, »bitte entschuldige, wenn ich einfach so mit dir rede. Ich will dich nicht beleidigen oder so. Ich weiß es einfach nicht besser. Auch da brauche ich deine Hilfe!«

Nachdenklich setzte Jonas seinen Weg fort. Dieses Beten fühlte sich komplett anders an, als wenn er sich an das Universum wandte. Irgendwie – persönlicher.

Allerdings hatte er immer noch keinen Plan.

*****

Bakur und Alim standen auf dem Balkon der Residenz und blickten schweigend auf den großen blauen Mond, der plötzlich am Himmel von Kyros erschienen war. Die Menschen in der Stadt waren unruhig. Viele von ihnen standen auf dem Marktplatz und diskutierten heftig, blickten abwechselnd zur Projektion der Peacemaker und ihrem Khan hinauf.

»Es war nur eine Frage der Zeit, bis sie unseren Unterschlupf finden«, sagte Bakur.

Obwohl er sich alle Mühe gab, souverän zu klingen, bemerkte Alim, der ihn von klein auf kannte, seine Nervosität.

»Das ist wohl der Preis für den erbeuteten Kreuzer und den Schuss auf die Peacemaker«, stimmte er dem Khan zu.

»Nach dem Bericht von Xator hätte ich erwartet, dass sie mindestens für ein halbes Jahr ins Dock geht. Entweder hat er maßlos übertrieben, oder ihre Arbeitsdroiden haben sich selbst übertroffen.«

»Vermutlich von beidem ein bisschen«, sagte Alim. Dann wurde er durch einen Klingelton unterbrochen, der aus Bakurs Tasche kam.

Der Khan griff nach seinem Kommunikator und aktivierte die Sprechverbindung.

»Was gibt es?«

»Hier ist Tarek, Sir.«

»Dich wollte ich gerade aufsuchen«, blaffte der Khan. »Wieso hast du das Kommen der Peacemaker nicht gemeldet?«

»Großer Khan, es tut mir leid. Sie sind unsichtbar.«

»Unsichtbar? Schau mal zum Himmel, du Trottel!«

»Ich weiß nicht, wie sie es machen. Sie müssen ganz in der Nähe sein, aber unser System erfasst sie einfach nicht. Eben hat die Peacemaker Verbindung zu uns aufgenommen. Die Kommandantin verlangt, Sie zu sprechen. Soll ich durchstellen?«

»Sie verlangt ...«, brummte der Khan unwillig, fuhr dann aber fort: »Ja, Tarek, stell sie durch.«

»Hier spricht Kommandantin Patricia Fairchild von der Peacemaker«, klang gleich darauf eine energische Stimme durch den Raum. »Sind Sie der Anführer der Piraten?«

»Wir bevorzugen die Bezeichnung ›Komanda‹«, sagte Bakur steif. »Ich bin Bakur Khan.«

»Um es kurz zu machen, wir verfügen über die Feuerkraft, Ihren Planeten in kosmischen Staub zu verwandeln. Daher befehle ich Ihnen, sich zu ergeben. Händigen Sie uns Ihre Waffen aus, und machen Sie sich bereit für die Evakuierung Ihrer Stadt. Sie haben 72 Stunden Zeit. Sollten Sie bis dahin nicht kooperieren, werden wir das Feuer eröffnen.«

»Moment«, sagte der Khan, »Diese Bedingungen sind für uns unannehmbar. Wir ...«

»Ich verhandle nicht, ich erteile Ihnen einen Befehl«, unterbrach ihn die Kommandantin. »Ich rate Ihnen, die Zeit zu nutzen. Peacemaker Ende.«

*****

Jonas stolperte den Hügelkamm entlang. Die überdimensionale bläuliche Projektion der Peacemaker hing über ihm am Nachthimmel und spendete gerade genug Licht, um den größeren Felsen ausweichen zu können und keinen Abhang hinabzustürzen. Dennoch blieb sein Vorankommen mühselig.

Allmählich wurde der Kamm breiter. Er weitete sich zu einer kleinen Hochebene aus. Die Stadt zur Linken und die vereinzelten Lichter zur Rechten gerieten aus dem Blick. Jonas war erschöpft, und seine Verzweiflung wuchs. Was sollte diese Strapaze? Er hatte weder

Ziel noch Plan. Eigentlich könnte er sich auch gleich hier, wo er war, hinlegen und schlafen. Jeder Ort war so gut wie der andere.

Du musst weitergehen, ermahnte er sich selbst. Die Peacemaker weist dir den Weg! Das hat sie immer schon getan. Dieser Impuls weckte neue Energien in ihm, doch dann meldete sich die innere Opposition zu Wort: Und was hat es dir gebracht? Hast du dort gefunden, was du gesucht hast? Er durfte seine knappe Energie nicht auch noch mit fruchtlosen Debatten vergeuden.

Unvermittelt änderte sich der Untergrund, wurde gleichmäßiger; die großen Felsen verschwanden. Jonas brauchte ein paar Schritte, ehe er begriff, dass er hier eine Schotterpiste kreuzte – anscheinend eine Verbindung von Evinin zu den Menschen auf der anderen Seite des Berges.

Er blieb stehen und überlegte. Konnte er es wagen, der Straße zu folgen? Den Lichtern nach standen die Häuser dort unten nicht allzu dicht beisammen, vielleicht waren es landwirtschaftliche Betriebe. Bestimmt gab es da Nahrung und Verstecke. Andererseits würden seine Verfolger natürlich über diese Straße kommen – doch wenn sie es bisher nicht getan hatten, wäre er jetzt wahrscheinlich sicher ...

Ein vertrautes Tappsen ließ ihn auffahren.

»Buddy!«, rief er, als er die kleine gedrungene Gestalt erkannte, die die Straße hinaufkam. »Du hast mich schon wieder gefunden!« Der Wombat rieb seinen Kopf an Jonas' Hosenbein und genoss es für einen Moment, von Jonas gekrault zu werden. Dann lief er ein paar Schritte von ihm weg und sah ihn an.

»Weißt du einen Weg?«, fragte Jonas. Der Wombat legte den Kopf schief, drehte sich um und trabte los – quer über die Piste, weiter in der gleichen Richtung, die Jonas bisher eingeschlagen hatte. Mit frischem Mut folgte er dem Tier.

Die Strecke ließ sich gut laufen; vereinzelte Fahrzeugspuren zeigten, dass hier gelegentlich Geländefahrzeuge unterwegs waren. Jonas durchquerte eine Bodensenke, umrundete einen gewaltigen Felsen und stand plötzlich vor einer Holzhütte.

»Buddy, du bist genial!«, sagte er, während er ungläubig die Tür öffnete.

Im Inneren war es stockdunkel. Jonas tastete sich voran, erspürte einen Tisch, davor eine Bank, mit der sein Schienbein sogleich schmerzhafte Bekanntschaft schloss.

Er schrie auf, hielt sich an der Tischplatte fest, ließ sich auf die Bank fallen und hörte, wie etwas Metallenes auf dem Tisch schepperte. Tastend fand er heraus, dass es sich um eine Lampe handelte, die bald darauf den Raum erhellte.

Die Hütte war recht geräumig. Es gab noch zwei weitere Türen; hinter der einen lag eine Schlafkammer mit zwei Betten, hinter der anderen ein Depot, dessen leere Metallregale davon zeugten, dass die Unterkunft nicht mehr genutzt wurde.

Jonas war hundemüde, und er beschloss, den Rest der Nacht hier zu verbringen. Seine Flucht hatte ohnehin keine Perspektive – das Risiko, gefunden zu werden, schien ihm in dieser verlassenen Hütte nicht größer als anderswo.

Die Betten waren gar nicht mal so schlecht. Jonas legte sich hin und schloss die Augen.

Ein Stupsen ans Bein ließ ihn hochschrecken.

»Buddy, was soll das? Ich will schlafen«, brummte er und drehte sich auf die Seite. Doch der Wombat war hartnäckig. Immer wieder stieß er mit seiner Nase gegen das Bein.

Schließlich setzte sich Jonas entnervt auf.

»Was willst du?«, fragte er.

Buddy trippelte zur Zimmertür, blieb dann stehen und sah ihn an.

»Musst du mal raus?«, fragte Jonas und kletterte aus dem Bett. Doch der Wombat lief nicht zum Ausgang. Stattdessen hielt er zielstrebig auf den verlassenen Lagerraum zu.

Missmutig trottete Jonas hinter ihm her.

»Was willst du hier?«, fragte er mürrisch. »Hier gibt es nichts, das Depot ist leer, alles ist voller Staub. Lass mich weiterschlafen!«

Buddy blieb vor einem der Regale stehen und stupste mit seinem Kopf dagegen. Dann sah er Jonas auffordernd an.

»Ich verstehe nicht, was du willst«, brummte Jonas. »Das ist nur ein leeres Regal.«

Doch Buddy stieß erneut seinen Kopf gegen den Stahl, legte sogar seine Pfoten um einen der Eckpfosten und begann zu zerren.

»Was tust du da?«, fragte Jonas. Dann entdeckte er die Kratzspuren auf dem Boden, die davon zeugten, dass dieses Regal schon häufiger bewegt worden war. Er packte zu und schob es zur Seite.

»Und nun?«, fragte er ratlos und betrachtete die Wandverkleidung, ohne etwas Bemerkenswertes zu finden. Schließlich holte er die Lampe vom Tisch im Nebenraum und inspizierte in ihrem Schein die Paneele. Ihm kam es so vor, als wären an einer Stelle Handabdrücke zu sehen.

Jonas stellte die Lampe auf den Boden und tastete den Bereich ab. Unvermittelt gab etwas nach, er konnte mit seinen Fingern hinter die Vertäfelung langen, fühlte einen kleinen Hebel, zog daran, und plötzlich bewegte sich die ganze Wand mit einem leisen Summen zur Seite.

»Wow«, flüsterte Jonas, als die Funkanlage sichtbar wurde. Er hatte nicht viel Ahnung von Technik, aber er vermutete, dass dies seine Chance war, den Planeten zu verlassen. Vorausgesetzt, dass er diese Geräte zum Laufen brachte und es hinbekam, eine Funkverbindung zur Peacemaker aufzubauen.

Aufmerksam untersuchte er die Anlage. Der altertümlich wirkende Drehschalter an der Seite schien eine Art Hauptschalter zu sein. Als er ihn nach einigem Zögern betätigte, erwachten die Geräte tatsächlich zum Leben. Displays und kleine Lämpchen flammten auf. Außerdem war ein tiefes Summen zu hören, als würde ein Elektromotor etwas bewegen. Vielleicht die Antenne?

Er nahm das Mikrofon. »Hallo, Peacemaker, könnt ihr mich hören?«

Nichts passierte. Dann fand er heraus, dass sich an der Seite des Mikrofons ein breiter Schalter befand. Er drückte ihn hinunter und versuchte es erneut.

»Hallo, Peacemaker, hier spricht Jonas Rothenfels. Ich befinde mich auf der Oberfläche von Kyros. Könnt ihr mich hören?«

Es knackte und rauschte einen Moment lang, dann antwortete eine Stimme, schwach, aber glasklar verständlich: »Hier ist die Peacemaker. Identifizieren Sie sich.«

»Jonas Rothenfels, spiritueller Begleiter. Personalnummer 31171.«

Schweigen.

»Hallo, Peacemaker, habt ihr mich verstanden?«

»Bestätigt. Herr Rothenfels, was machen Sie auf dem Planeten?«

»Das ist eine lange Geschichte. Können Sie mich von hier wegholen?«

»Wir werden es versuchen. Bleiben Sie, wo Sie sind, wir haben Ihre Position bestimmt.«

»Bitte beeilt euch, ich werde verfolgt. Wahrscheinlich wissen die Piraten jetzt auch, wo ich bin.«

»Ein Landetrupp ist unterwegs. Halten Sie sich bei Sonnenaufgang bereit. Viel Glück.«

»Danke! Danke! Sie glauben gar nicht, wie sehr ich mich freue, Ihre Stimme zu hören.«

»Peacemaker verstanden. Es ist sicherer, die Verbindung nun zu beenden.«

»Ja, ja, schon klar. Bis gleich!«

Jonas schaltete die Anlage aus.

»Buddy!«, rief er, nahm den Wombat auf den Arm und tanzte mit ihm umher. »Wir sind gerettet! Sie kommen uns holen!«

Die Stunden bis Sonnenaufgang kamen ihm endlos vor. Nachdem er eine Weile auf und ab gegangen war, legte Jonas sich auf das Bett, um ein wenig zu entspannen. Die Flucht hatte ihn müde gemacht.

Plötzlich schreckte er hoch. Dämmeriges Licht sickerte durch die Fenster.

»Um Himmels willen«, entfuhr es ihm. »Bin ich etwa eingeschlafen?«

Er hastete nach draußen, wo der Horizont über dem Meer schwach purpurn leuchtete. Gott sei Dank. Gerade noch rechtzeitig.

Es war kalt. Fröstelnd beobachtete Jonas den Himmel, suchte in der Richtung, in der die Projektion der Peacemaker gestanden hatte, nach Anzeichen einer Feuerspur oder Ähnlichem, aber er konnte nichts entdecken. Allmählich stieg die orangerote Sonne von Kyros aus dem Meer. Geblendet kniff er die Augen zusammen.

Als Buddy ihn ans Bein stupste, fuhr Jonas herum und sah endlich den Lander, der fast geräuschlos einschwebte. Das neuste Modell. Antigrav-Technik vom Feinsten. Die weiße Nanodendrit-Verkleidung glänzte bernsteinfarben im Lichte der Morgensonne.

Federleicht setzte der Lander auf dem Boden auf, an beiden Seiten klappten Türen nach unten, wurden zu Rampen, über die gepanzerte Soldaten nach draußen stürmten, ihre Impulslaser im Anschlag. Sie bildeten einen schützenden Ring um Jonas und das Shuttle.

Ein Obermaat in Peacemaker-Uniform kam auf ihn zu. Jonas kannte ihn flüchtig, aber der Name wollte ihm nicht einfallen.

»Guten Morgen, Herr Rothenfels, wir sind hier, um Sie abzuholen!« Er musterte mit unverhohlenem Missfallen den schwarzen Bergmannskombi, den Jonas immer noch trug.

Jonas lächelte ihm dankbar zu. »Vielen Dank. Sie glauben gar nicht, was ich alles hinter mir habe.«

Der Unteroffizier erwiderte das Lächeln nicht. »Oh, ich bin sicher, das werden Sie uns alles erzählen.« Es klang wie eine Drohung. Jonas sah ihn irritiert an.

»Lassen Sie uns an Bord gehen, es ist nicht sicher hier.« Er machte eine einladende Handbewegung in Richtung der Rampe. Buddy trippelte voran, aber keiner der Soldaten achtete auf ihn.

Plötzlich fasste sich der Obermaat ans Ohr. »Los, los, los,« rief er. »Beeilung, wir bekommen Besuch!«

Er fasste Jonas unter dem Arm und zerrte ihn zum Lander. In der Ferne jaulte der Motor eines schweren Fahrzeugs.

Jonas und der Unteroffizier ließen sich in die Flugsessel fallen. Die Männer vom Sicherheitsteam folgten Sekunden später und nahmen ihre Plätze ein. Die Türen schlossen sich, der Lander hob ab wie ein Korken, der erst unter Wasser gedrückt und dann losgelassen wurde.

Auf dem Außenmonitor sah Jonas, wie ein achträdriges Geländefahrzeug den Platz erreichte, auf dem sie eben noch gestanden hatten. Auf der Ladefläche war ein Geschütz montiert, welches sich nun bewegte und seine Mündung auf den Lander richtete.

Doch so schnell, wie das Fahrzeug auf dem Monitor kleiner wurde, bezweifelte Jonas, dass es ihnen noch Schaden zufügen konnte.

»Boden-Luft-Raketen!«, sagte der Copilot. »Festhalten!«

Ein anderer Monitor zeigte zwei silbern glänzende Geschosse, die eine mächtige Spur aus Qualm hinter sich herzogen.

»Das ist Technik aus dem letzten Jahrhundert«, sagte der Sicherheitsoffizier verächtlich. »Wo haben sie die Dinger ausgegraben?«

»Wenn du es richtig anstellst, können auch Pfeil und Bogen tödlich sein«, entgegnete der Copilot.

Die Raketen detonierten in sicherer Entfernung am Schutzschirm des Landers. Für kurze Zeit waren auf allen Monitoren nur Rauch und Flammen zu sehen, so als durchflögen sie eine Sonne.

Das Schiff beschleunigte erneut, und Jonas war dankbar für die hochentwickelte Antigrav-Anlage, die den Beschleunigungsdruck von ihm und seinem empfindlichen Magen fernhielt. Die Monitore zeigten nun die Planetenoberfläche, die bereits weit unter ihnen lag. Dann schaltete die Anzeige auf die Bugkameras um – vor ihnen schwebte die Peacemaker im All.

Jonas schluckte, als er die imposante Erscheinung sah. Ein metallisch glänzender Dodekaeder – ein Würfel mit zwölf Seiten, wie seine kleine Schwester früher gesagt hatte. Jede Fläche bestückt mit Impact-Lasergeschützen, jede zweite ein Lande- und Startdeck für Drohnen und Abfangjäger. Die stärkste Waffe des Universums. Das größte Raumschiff, das Menschen je gebaut hatten. Und er war Teil der Crew.

Jonas spürte den vertrauten Stolz früherer Tage in sich aufsteigen. Endlich war er wieder dort, wo er hingehörte. Bei den Männern und Frauen, für die er als spiritueller Begleiter Verantwortung trug. Wie waren sie ohne ihn nur so lange zurechtgekommen?

Die Peacemaker kam rasch näher, bald füllte das Landedeck den kompletten Monitor. Der Lander zitterte leicht, als der Traktorstrahl ihn erfasste und in den Hangar hineinzog. Sanft wie ein Schmetterling setzte das Raumfahrzeug auf, das Vibrieren der Aggregate verebbte, sie waren am Ziel.

Jonas konnte es kaum fassen. So vieles lag hinter ihm – es war im wahrsten Sinne des Wortes ein Wunder, dass er diese Reise überlebt hatte und jetzt wieder seinen Fuß auf den Boden der Peacemaker setzen durfte. Gleich in der nächsten Andacht musste er davon erzählen. Er konnte nicht mehr so weitermachen wie bisher und den Leuten weismachen, dass es keinen Gott gäbe. Gott war eine unbestreitbare Realität, und er, Jonas, würde dafür sorgen, dass die Menschen davon erfuhren.

Unsanft ergriffen ihn zwei Soldaten an den Armen und rissen ihn aus dem Sessel.

»Hey, was soll das?«, protestierte Jonas.

»Sie stehen unter Arrest«, kommentierte der Sicherheitsoffizier ungerührt.

»Aber warum?«

»Da fragen Sie noch? Verdacht auf Spionage und Geheimnisverrat. Abführen.«

*****

Nach all dem, was Jonas in den letzten Wochen durchgemacht hatte, kam ihm der Arrestbereich vor wie ein Luxushotel. Es gab eine Dusche, die er ausgiebig nutzte, und eine frische Uniform. Es tat gut, wieder an Bord der Peacemaker zu sein. Hier fühlte er sich zu Hause.

Dennoch konnte er eine gewisse Unruhe nicht leugnen. Was würde nun mit ihm passieren? Der Offizier hatte von »Geheimnisverrat und Spionage« gesprochen. Das klang nicht gut ...

Wahrscheinlich nur eine Formsache, tröstete er sich. Immerhin hatten sie ihn vom Planeten des Feindes abgeholt.

Nach einer gefühlten Ewigkeit schob sich endlich die Kabinentür auf. Zwei Soldaten erschienen und brachten ihn in den Verhörraum.

Er war überraschend ansprechend eingerichtet. Jonas wusste nicht, wie ein Verhörraum normalerweise aussieht. Erwartet hatte er einen sachlichen, kalten Raum mit harten Stühlen. Hier aber gab es bequeme Sessel, die um einen Konferenztisch herumstanden, und an den Wänden hingen Bilder, die wunderschöne Landschaften der Erde zeigten.

Die Soldaten wiesen ihn an, Platz zu nehmen, dann bezogen sie Posten neben der Tür.

Kurz darauf betraten drei Personen den Raum. Ein schon leicht grauhaariger Major und zwei jüngere Unteroffiziere, ein Mann – es war derjenige, der Jonas von Kyros abgeholt hatte – und eine Frau mit verkniffenen Gesichtszügen.

»Das sind Leutnant Merzbach und Obermaat Augmann. Ich bin Major Kingsmann vom militärischen Sicherheitsdienst. Wir möchten uns gern mit Ihnen unterhalten. Bitte, setzen wir uns.« Der Major lächelte und machte eine einladende Handbewegung.

»Brauche ich einen Anwalt oder so was?«, fragte Jonas.

»Warum, haben Sie etwas verbrochen?«, entgegnete der Obermaat mit eisigem Lächeln.

»Es besteht kein Grund zur Sorge. Wir wollen uns nur etwas unterhalten«, sagte der Major mit einem tadelnden Blick in Richtung seines Untergebenen und nahm in einem der Sessel Platz.

Jonas setzte sich ebenfalls hin. Er spürte, wie seine Handflächen feucht wurden und sein Puls sich beschleunigte.

Die Frau, die ihm als Leutnant Merzbach vorgestellt worden war, ergriff das Wort.

»Herr Rothenfels, ich werde diese Untersuchung leiten«, sagte sie und versuchte ein Lächeln, das jedoch wenig überzeugend ausfiel. »Sie brauchen sich keine Sorgen zu machen, es ist ein Standardverfahren. Schließlich wurden Sie aus dem Gebiet des Feindes evakuiert. Zunächst einmal: Geht es Ihnen gut? Hat man Sie verhört, sind Sie misshandelt worden?«

Jonas entspannte sich etwas. Das war eine freundliche Frage, fand er.

»Ja, ich wurde befragt. Man hat mich vor den Khan gebracht. Aber als er erfuhr, dass ich spiritueller Begleiter bin, hatte er kein Interesse mehr an mir. Er befahl, mich in die Bergwerke zu stecken. Kurz darauf bot sich mir eine Gelegenheit zur Flucht, und ich bin abgehauen.«

»Vielen Dank für Ihre Offenheit. Über die Flucht möchte ich Sie später noch befragen. Erst einmal interessiert mich, wie Sie überhaupt nach Kyros gekommen sind.«

»Das ist eine lange Geschichte ...«

»Wir haben Zeit.« Sie sah ihn an und wartete. Leutnant Merzbach war eine maskulin wirkende junge Frau, sie hatte stechende blaue Augen, dunkelblonde Haare, die sie in einem Kurzhaarschnitt trug, und einen schroffen Zug um die Mundwinkel.

Jonas holte tief Luft. Im Geist filterte er seine Geschichte.

»Ich weiß nicht so recht, wo ich anfangen soll ...«, sagte er, um Zeit zu gewinnen.

»Zum Beispiel bei dem plötzlichen Urlaubsantrag kurz nach dem Angriff auf unser Schiff?«, knurrte der Obermaat. Leutnant Merzbach warf ihm einen vernichtenden Blick zu. Dann sagte sie: »Warum nicht? Das scheint mir doch ein guter Einstieg zu sein. Was ist damals passiert?«

»Ein guter Freund von mir ist gestorben.«

»Alister McGregor?«

»Ja, genau. Wir kannten uns schon von früher. Ich brauchte etwas Abstand.«

»Das kann ich gut verstehen. Was ist dann passiert?«

»Ich bin mit dem Versorgungsschiff nach Ran geflogen und habe mir dort ein Zimmer genommen. Alle Anschlussflüge waren ausgebucht, aber es gelang mir, einen Charterflug zu erwischen. Auf der – äh – Marad.«

»Und weiter?«

»Wir sind in einen schweren Energiesturm geraten und mussten in die Rettungskapseln. So bin ich auf Dag Gadol gelandet.«

»Was ist aus dem Schiff geworden?«

Jonas knetete seine Hände. »Das weiß ich nicht«, krächzte er. »Kann ich vielleicht etwas zu trinken bekommen? Ich habe einen ganz trockenen Mund.«

»Selbstverständlich.« Leutnant Merzbach nickte dem Obermaat auffordernd zu. »Für mich bitte auch ein Glas.« Widerwillig erhob sich der Angesprochene und kam ihrer Aufforderung nach.

»Ich bin in der Wüste gelandet«, fuhr Jonas fort, nachdem er einen Schluck Wasser getrunken hatte. »Dort hat mich ein Flieger der Bergwerksgesellschaft aufgesammelt, nachdem ich etliche Kilometer marschiert bin.«

»Da haben Sie aber Glück gehabt!«, sagte der Leutnant. Jonas sah sie misstrauisch an, aber er konnte keine Spur von Sarkasmus in ihrer Miene entdecken.

»Ja«, sagte er, »das habe ich auch erst gedacht. Aber dann stellte sich heraus, dass der Direktor dort ein kleines Nebengewerbe betreibt. Schwarzabbau von Rhodanium. Dafür setzt er Gefangene ein – unter anderem einen Doktoranden, der nach Dag Gadol gekommen war, um eine Arbeit in Planetologie zu schreiben. Ich wurde betäubt und gezwungen, unter Tage zu arbeiten. Keine Ahnung, wie lange – man verliert dort unten jedes Zeitgefühl.«

Obermaat Augmann setzte zu einer bissigen Bemerkung an, doch seine Vorgesetzte unterbrach ihn mit einer Handbewegung.

»Es sind über sechs Wochen her, seitdem sie das Schiff verlassen haben.«

»Sechs Wochen?«

»Ja, das ist einer der Gründe für diese Untersuchung. Sie hatten Urlaub für drei Wochen beantragt, sind aber nicht wiedergekommen. Damit wird Ihnen eigenmächtige Abwesenheit zur Last gelegt.«

»Aber ich konnte nichts dafür!«

»Darum sitzen wir ja hier zusammen. Wir wollen zunächst Ihre Darstellung hören, bevor darüber entschieden wird, wie es mit Ihnen weitergeht.« Sie sah ihn forschend an. »Sind Sie bereit, im Falle eines strafrechtlichen Vorgehens gegen den Direktor des Bergwerkes Ihre Aussage vor einem Gericht zu wiederholen?«

»Selbstverständlich! Der Typ muss hinter Gitter!«

»Wir werden uns darum kümmern. Doch weiter. Wie ist es Ihnen gelungen, zu entkommen?«

»Es hat ein Erdbeben gegeben oder eine Explosion oder so was, und ich bin verschüttet worden.«

»Haben Sie sich allein befreien können, oder hat Ihnen jemand geholfen?«

Ja, Buddy, aber ich werde mich hüten, euch von ihm zu erzählen ...

»Nein, niemand. Nach einiger Zeit habe ich es geschafft, an meinen Pulser heranzukommen ...«

»Ihren was?«

»Meinen Pulser. Das ist ein Gerät, das im Bergbau eingesetzt wird, um Felsen zu zerkleinern.«

»Interessant. Davon habe ich noch nie gehört.«

»Ich vorher auch nicht. Aber die Dinger sind wirklich klasse. Ich habe gelernt, damit zu arbeiten.«

Der Obermaat machte sich eine Notiz auf seinem Sketchboard.

Das kannst du gerne nachprüfen, du Arsch.

»Ich habe mir damit einen Weg gebahnt und bin über die Tunnel der automatischen Verladung entkommen. Dann habe ich mich in den Frachtraum eines der Erzschiffe geschlichen.«

Hoffentlich fragen sie nicht nach, wie ich das geschafft habe.

Hastig ergänzte er: »Leider hat mich die Besatzung schon bald nach dem Start erwischt. Sie haben mich eingesperrt und auf Kyros an die Piraten ausgeliefert. Den Rest kennen Sie.«

»Sicher wollten die Piraten einiges über unser Schiff wissen. Ich könnte es gut verstehen, wenn Sie nach all dem, was Sie durchgemacht haben, nicht auch noch die Kraft aufgebracht hätten, einem Verhör standzuhalten.«

»Aber ich weiß über die Peacemaker auch nicht viel mehr, als man eh im Netz lesen kann. Ich bin spiritueller Begleiter, kein Techniker. Das habe ich auch dem Khan gesagt. Anschließend war er ohnehin mehr an meinen religiösen Überzeugungen interessiert als an dem Schiff.«

»Interessant.«

»Ja, diese Piraten scheinen irgendein religiöser Haufen zu sein. Dreimal täglich haben sie Gebetszeiten und ...«

»Hör mal, Rotzfels ...« Der Obermaat war nicht mehr zu bremsen. »Du willst uns doch wohl nicht erzählen, dass das Heilige sind, oder? Weißt du, was die mit der Besatzung der Perseus angestellt haben? Sie haben sie alle abgeschlachtet und ins All geworfen. Tiere sind das!«

»Das wusste ich nicht.« Jonas war erschüttert. »Ich habe auch nicht behauptet, dass sie Heilige sind. Nur dass sie irgendeiner Religion anhängen. Vielleicht kann das ja noch wichtig sein ...«

»Wieso sollte das wichtig sein? Willst du noch mal hinfliegen und sie totquatschen oder was? Mann, Mann, und für so einen Spacken wie dich haben wir Kopf und Kragen riskiert ...«

»Es reicht«, mischte der Major sich ein. »Ich denke, fürs Erste haben wir genug gehört. Herr Rothenfels, ich hebe Ihren Arrest hiermit auf. Sie bleiben aber noch vom Dienst suspendiert, bis die Angelegenheit endgültig geklärt ist. Sie dürfen in Ihre Kabine gehen.«

Jonas brauchte einen Moment, um zu verstehen, dass der Major ihn soeben aufgefordert hatte, den Raum zu verlassen.

Er stand auf, nickte in die Runde und machte sich auf den Weg zum nächsten Mover.

Unterwegs begegnete er André Kussolini, der einen Wagen mit einem defekten Reinigungsdroiden vor sich herschob. Er war einer der wenigen, der fast jede seiner Andachten besucht hatte.

»Hallo, André!«, sagte Jonas freundlich.

Doch der Arbeiter antwortete nicht. Er blickte zur Seite, bekreuzigte sich und drückte sich scheu an ihm vorbei. Verwundert sah Jonas ihm nach.

Er beschloss, erst mal einen Kaffee trinken zu gehen. Um diese Zeit war normalerweise nicht viel los in der Messe. Doch als er eintrat, sah er Stella Obermayer an einem der Tische sitzen, händchenhaltend mit Maat Lennox. Jonas machte kehrt und irrte ziellos über die Decks.

Er fühlte sich plötzlich fremd auf diesem Schiff, auf dem er drei Jahre lang unermüdlich versucht hatte, den Menschen zu dienen. Nun musste er praktisch von vorn anfangen, ihr Vertrauen neu gewinnen. Vielleicht sollte er eine Versammlung einberufen, wenn er endlich wieder seinen Dienst aufnehmen durfte. Eine Andacht, in der er alles erklären würde.

Er seufzte entmutigt auf, als ihm sein Denkfehler bewusst wurde. Es war sehr unwahrscheinlich, dass mehr als eine Handvoll Leute zu dieser Veranstaltung kommen würden – und es stand noch lange nicht fest, ob und wann er wieder als spiritueller Begleiter arbeiten durfte.

Diese verkniffene Frau Leutnant war zwar in der Befragung sehr nett zu ihm gewesen – aber das hieß noch lange nicht, dass alles in Ordnung war. Freundlichkeit war Teil ihres Verhörkonzeptes, so viel war klar. Und er hatte mehrfach gelogen. Vermutlich hatte der Bordcomputer während des ganzen Gespräches seine Biodaten überwacht und würde das Verhörteam auf jede Auffälligkeit hinweisen. Der konnte zwar keine Gedanken lesen, aber Puls- und Atemfrequenz waren verräterisch genug.

Jonas kehrte zu seiner Kabine zurück, warf sich aufs Bett und vergrub sein Gesicht im Kissen. Dies könnte das Ende seiner Karriere sein.

»Lieber Gott, ich brauche deine Hilfe«, murmelte er. Ein Teil von ihm registrierte erstaunt, wie dieses Gebet einfach so aus einer Ecke seines Herzens herausquoll.

»Ich möchte meinen Job nicht verlieren. Ich will auf der Peacemaker bleiben. Davon habe ich immer geträumt. Bitte hilf mir. Mach, dass ...«

Er stockte. Durfte man beten »Mach, dass sie meine Lügen glauben«?

War es im Sinne Gottes, zu lügen?

Aber er hätte doch auch unmöglich die Wahrheit sagen können. Er setzte sich auf und wischte eine Träne aus dem Augenwinkel. Dann faltete er die Hände.

»Mach, dass diese Untersuchung gut für mich ausgeht. Du weißt, dass ich kein Spion bin und auch kein Fahnenflüchtiger. Bitte gib mir eine neue Chance. Ich würde den Menschen so gern von dir erzählen.«

Jonas schwieg noch eine Weile, horchte in sich hinein, ob so etwas wie eine Antwort kam, aber da war nichts. Missmutig nahm er das Sketchboard, das noch genau so auf seinem Schreibtisch stand, wie er es vor vielen Wochen zurückgelassen hatte, und rief die Schiffsnachrichten auf.

Er scrollte durch die Artikel, überflog den üblichen Klatsch und Tratsch und zuckte plötzlich zusammen, als sein eigener Name auftauchte.

»Unser spiritueller Begleiter Jonas Rothenfels hat es anscheinend satt, dass seine Andachten nur so spärlich besucht sind. Jedenfalls hat er es vorgezogen, aus dem Urlaub nicht mehr zurückzukehren. Dem Vernehmen nach ist er bereits 14 Tage überfällig. Bisherige Nachforschungen blieben erfolglos. Möge die Macht mit ihm sein.«

Jonas ging weiter zurück, las die Berichte über die Reparaturen des Schiffes. Enorm, was die Werftdroiden in so kurzer Zeit geleistet haben. Allerdings ist längst nicht alles repariert worden. Auf Anweisung des Flottenkommandos haben sie den beschädigten Sektor abgeschottet und lediglich die Außenhülle erneuert, um die Peacemaker möglichst schnell wieder in den Kampf zu schicken und den Nimbus ihrer Unbesiegbarkeit zu erhalten. Glück im Unglück: Der Treffer hatte im Wesentlichen nur einige für den Einsatz entbehrliche Forschungsstationen zerstört.

Dann stieß Jonas auf ein Foto der Perseus.

»Piraten kapern schweren Kreuzer, alle Besatzungsmitglieder tot. Wie die Auswertung der Videodaten ergeben hat, haben die Piraten auf unserem Geleitschiff, dem schweren Kreuzer Perseus, ein Blutbad angerichtet. Nachdem es ihnen gelungen war, die Bordelektronik lahmzulegen und mit einem Torpedotreffer ein Loch in die Außenhülle zu reißen, haben sie das Schiff geentert und alle Überlebenden, deren sie habhaft werden konnten, erschossen. Einige Offiziere wurden gefangen genommen, ver-

hört und anschließend ins All geworfen. Die Grausamkeit dieses Vorgehens ist beispiellos.«

Es folgte eine Liste der Gefallenen. Jonas überflog sie kurz, die meisten Namen sagten ihm nichts. Plötzlich stöhnte er auf. Edlin Geppert, spiritueller Begleiter.

Sie kannten sich, hatten eine Weile zusammen studiert. Edlin wäre auch gern auf die Peacemaker gegangen, er hatte Jonas immer um sein Glück beneidet. Stattdessen war er mehreren Schiffen zugeteilt worden, zwischen denen er in mehr oder weniger regelmäßigem Turnus wechselte. Erst vor Kurzem hatten sie ein angeregtes Gespräch über Videocom geführt. Edlin hatte erzählt, dass er sich um einen Posten auf der Erde bewerben wollte, weil er bald Vater werden würde. Die Reise auf der Perseus hätte sein letzter Einsatz sein sollen.

Jonas ballte die Fäuste. Diese Piraten waren Tiere, keine Menschen. Es war nur gerecht, sie und ihren Planeten vom Antlitz der Galaxie zu tilgen. Zum ersten Mal seit langer Zeit bedauerte er es, nicht zur kämpfenden Abteilung zu gehören, nicht aktiv dazu beitragen zu können, dass diesen Bestien ein für alle Mal das Handwerk gelegt wurde.

Die Erschöpfung, die er anfänglich noch gespürt hatte, fiel von ihm ab. Er brauchte Bewegung und beschloss, in den Fitnessraum zu gehen. Die Anstrengung würde ihm guttun, und außerdem war er gespannt, ob die Bergwerksarbeit ihm eine messbare Kraftzunahme gebracht hatte.

Er zog seine Sportsachen an und machte sich auf den Weg.

Die wenigen Kameraden, die im Kraftraum trainierten, behandelten Jonas, als sei er Luft. Das schmerzte ihn, und er versuchte, die Mauer des Schweigens zu durchbrechen, doch nach etlichen unbeantworteten Grüßen und ignorierten Bemerkungen gab er es auf.

Er verzog sich zu den Laufbändern in eine stille Ecke und begann mit den Aufwärmübungen. Plötzlich stand Samir Amahdi vor ihm, sein Kollege aus der Krankenstation.

»Hallo, Samir, willst du mich auch ignorieren wie all die anderen hier?«

Der braunhäutige Sanitäter sah ihn mit seinen dunklen Augen aufmerksam an.

»Ist es wahr, was man von dir behauptet?«

»Was denn?«

»Dass du nach dem Angriff der Piraten Schiss bekommen hast und abgehauen bist.«

»Von wem hast du das?«

»Maat Lennox erzählt das überall herum. Außerdem sollst du versucht haben, seine Freundin zu vergewaltigen.«

»Das ist nicht wahr. Du weißt selbst, wie sie mich immer angebaggert hat. Und einmal – ja, es stimmt, da bin ich zu weit gegangen, aber ich habe versucht, mich bei ihr zu entschuldigen.«

»Das hat nicht besonders gut funktioniert«, grinste Samir. »Lennox macht dich schlecht, wo er nur kann. In seinen Augen bist du ein Feigling, der die Truppe im Stich lässt, wenn es ernst wird.«

»Schon merkwürdig, dass er mich vermisst hat. Als ob er meine Dienste jemals für wichtig gehalten hätte ...«

»Darum geht es nicht. Es geht ums Prinzip und um die Moral der Mannschaft.«

»Aber ich bin nicht weggelaufen. Ich habe regulär Urlaub beantragt und unterwegs Pech gehabt. Du glaubst nicht, was mir alles passiert ist.«

Zum zweiten Mal an diesem Tag erzählte er seine Geschichte.

»Hm«, machte Samir, als Jonas geendet hatte, »das ist ja eine wüste Story.«

»Jedes Wort ist wahr.«

»Ich glaube dir ja, aber was sagt die Interne dazu?«

»Sie sind sich noch nicht ganz einig.«

»Ja, das kann ich mir vorstellen. Ist dieser Augmann dabei?«

Jonas nickte.

»Dem kannst du nicht trauen. Er und Lennox sind alte Kumpel.«

»Das erklärt einiges.«

»Pass auf dich auf, Jonas. Es gibt hier ein paar Leute, die nur auf eine gute Gelegenheit warten, um dir ans Bein zu pinkeln.«

Ausgepowert und zufrieden schlenderte Jonas in seine Kabine zurück. Der Sport hatte ihm gutgetan.

Allerdings machten ihm das Gespräch mit Samir und das Verhalten der Kameraden ziemliches Kopfzerbrechen. Einst war die Peacemaker sein Zuhause gewesen, inzwischen fühlte er sich hier wie ein Fremdkörper. Er musste die Sache unbedingt wieder in Ordnung bringen. Schließlich handelte es sich nur um ein gewaltiges Missverständnis. Er konnte doch nichts dafür, wie die Sache gelaufen war!

Es würde schwierig werden, gegen die Feindschaft und die Verleumdungen von Lennox anzukommen, doch er musste es wenigstens versuchen. Am besten sollte er einmal direkt mit ihm reden. Jonas lief ein kalter Schauer über den Rücken, als er an das schmerzhafte Zusammentreffen zwischen ihm und dem Maat auf dem Gang vor Stellas Kabine dachte, und verschob seinen Plan lieber auf morgen.

Vielleicht konnte er einen Artikel für die Bordzeitung verfassen und den Kameraden erklären, was passiert ist – natürlich nur, wenn die Innere nichts dagegen hatte. Aber er könnte den Text ja zumindest schon einmal vorbereiten.

Er griff nach seinem Sketchboard und machte sich an die Arbeit, doch er kam nicht über den ersten Satz hinaus. Wie sollte er formulieren, ohne dass es nach Ausrede oder Rechtfertigung klang? Vermutlich machte er die Sache nur umso schlimmer, je mehr er sich bemühte.

Gedankenverloren startete er sein persönliches Orakel: ein kleines Programm, das ihm einen zufällig ausgewählten Vers aus dem Buch der Weisheit präsentierte.

Wer's Recht hat und Geduld, für den kommt auch die Zeit.

Ja, das schien in der Tat das Beste zu sein. Er musste sich erst einmal in Geduld fassen und warten, bis die Innere über die Sache entschieden hatte. Wenn seine Suspendierung aufgehoben war und er wieder arbeiten durfte, wäre er auch wieder in einer Position, in der er neues Vertrauen gewinnen konnte.

Seufzend klappte er das Sketchboard zu und legte sich ins Bett. Er war plötzlich hundemüde.

Innerhalb weniger Minuten schlief er ein. Es sollte seine letzte Nacht in dieser Koje sein.

*****

Kabuto und Rilana waren gerade damit beschäftigt, Weidenrinde zu schälen und sie zum Trocknen vorzubereiten, als es heftig an der Tür klopfte. Sekunden später platzte Achim herein, ein einfacher Landarbeiter, der bei Henk Jonker auf dem Hof arbeitete. Er war völlig außer Atem, so als wäre er die ganze Strecke gerannt.

»Guten Morgen!«, japste er, »Henk schickt mich. Kabuto möchte bitte kommen, die kleine Janneke hat hohes Fieber.«

»Ist gut«, sagte Kabuto und griff nach seiner alten, dickbäuchigen Ledertasche. »Wir sind schon unterwegs.«

Achim sah ihn verunsichert an. »Von Rilana hat er nichts gesagt!«

»Und wenn schon. Meine Assistentin kommt selbstverständlich mit.«

Achim nickte ergeben. Er eilte voraus, wobei er wie ein Hund immer wieder stehen blieb und sich vergewisserte, dass die beiden ihm folgten.

Sie hatten eine ganze Weile zu gehen; der Hof lag am südlichen Rand der Kolonie. Hier war Rilana noch nie gewesen. Sie durchquerten gewaltige Gemla-Felder, vor denen sich die Landwirtschaft ihres Vaters wie ein Vorgarten ausnahm.

Das Anwesen erinnerte sie an das Geheimversteck ihres Bruders – ein protziger Bau, hinter dessen weiß getünchter Holzfassade sich mindestens zwanzig Zimmer verbargen.

Henk selbst stand am Portal, als sie ankamen. »Ah, wie schön, dass du gleich gekommen bist, Kabuto«, sagte er. »Janneke geht es nicht gut, sieh selbst!«

Er führte die Besucher über eine breite, sich nach links windende Treppe ins obere Stockwerk. Die Türen glänzten weiß und waren viel höher als die in Rilanas Haus. Sie betraten ein abgedunkeltes Zimmer. Sieben Puppen saßen aufgereiht nebeneinander auf einem niedrigen Regal. Rilana hatte als Kind nicht mal eine besessen.

In der Mitte des Raumes stand ein großes Himmelbett, in Rosa und Weiß gehalten, darin ein kleines dünnes Mädchen, vielleicht vier oder fünf Jahre alt, fiebrig glänzend, die Haare nassgeschwitzt.

»Wie lange hat sie das schon?«, fragte Kabuto.

»Gestern Nachmittag ging es los. Janneke klagte über Kopfschmerzen. Meine Frau hat sie früh ins Bett geschickt. Am Abend begann das Fieber dann zu steigen. Die ganze Nacht hat Saskia bei dem Kind gewacht und ihr die Stirn gekühlt. Nun ist sie selbst schlafen gegangen.«

Kabuto trat ans Bett, nahm eines der zarten Ärmchen und fühlte nach dem Puls. Das Mädchen tat die Augen auf und sah ihn matt an.

»Hallo, Janneke«, sagte er mit sanfter Stimme. »Ich bin hier, um dir zu helfen! Wo tut es dir denn weh?«

Das Mädchen schloss die Augen und drehte den Kopf weg. Rilana ging an die andere Seite des Bettes und wollte ihr die Hand auf die Stirn legen, aber Kabuto schüttelte unmerklich den Kopf. Laut sagte er: »Lass dir zeigen, wo die Küche ist, und bereite einen Weidenrindentee.«

Dann wandte er sich an Henk. »Ich brauche eine Schüssel mit lauwarmem Wasser und einen Stapel Tücher. Könnt ihr mir das besorgen?«

»Sicher. Alles, was ihr braucht.« Er winkte Achim, der sich mit betroffenem Gesichtsausdruck an der Tür herumdrückte. »Zeig dem Mädchen, wo die Küche ist, und hol das Wasser und die Tücher. Beeil dich!«

Der junge Mann nickte, sah Rilana auffordernd an und eilte die Treppe hinunter.

»Hat dein Chef was gegen mich?«, fragte Rilana, als sie die Küche erreicht hatten.

»Nicht gegen dich persönlich, glaube ich. Er mag nur keine Schwarzen.«

Rilana erstarrte. »Wie bitte?«

»Na ja, man sieht dir halt an, dass dein Vater schwarz ist. Und damit kann Herr Jonker nicht gut umgehen. Nimm es ihm nicht übel. Er ist sonst kein schlechter Mensch.«

»Das ist mir ziemlich egal, weißt du? Wenn er Leute nach ihrer Hautfarbe beurteilt, dann ist er ein Rassist, einerlei, wie nett er sonst so ist. Und ich dachte, diese Typen wären ausgestorben ...«

»Bitte, hilf dem kleinen Mädchen. Das ist der beste Weg, ihn umzustimmen.«

Grummelnd machte Rilana sich an die Arbeit. Achim suchte die Tücher zusammen, füllte heißes Wasser vom Herd in eine Schüssel und wollte sich davonmachen.

»Nein, Achim«, sagte Rilana, die ihn beobachtet hatte. »Kabuto sagte ›lauwarmes Wasser‹, nicht ›heißes‹. Er will einen Wadenwickel damit machen, um das Fieber zu senken.«

Sie goss einen Teil zurück in die Kanne, füllte kaltes Wasser nach, prüfte die Temperatur. »So, jetzt passt es.«

Er sah sie dankbar an. »Du kennst dich schon ziemlich gut aus, was?«

»Na ja, ich mache das nicht erst seit gestern. Und nun bring die Sachen hoch!«

Er verschwand.

Als Rilana bald darauf mit dem Weidenrindentee hinterherkam, hatte Kabuto die Wadenwickel bereits zum zweiten Mal gewechselt.

Er sah sie an. So besorgt hatte sie ihn bislang noch nie gesehen.

Gemeinsam flößten sie dem Kind den Tee ein. Nach ein paar Schlucken drehte Janneke den Kopf weg.

»Ich mag das nicht«, sagte sie mit schwacher Stimme.

»Bitte, Liebes, trink, das ist gut für dich!«, flehte ihr Vater. Tapfer nahm die Kleine noch einen Schluck, dann musste sie würgen.

»Wir lassen es fürs Erste«, entschied Kabuto. »Heute Nachmittag komme ich wieder. Bis dahin musst du alle halbe Stunde die Wadenwickel erneuern. Sollte das Kind zu frieren anfangen, hörst du damit auf.«

»Ja, in Ordnung. Wird sie wieder gesund?«

»Das kann ich noch nicht sagen«, sagte Kabuto ernst. »Das Fieber ist ziemlich stark, und sie ist sehr geschwächt. Aber wir tun alles für sie, was wir können.«

Auf dem Rückweg gingen Rilana und Kabuto schweigend nebeneinanderher. Rilana kämpfte mit den Tränen. Sie musste bei dem kranken Mädchen an ihren eigenen kleinen Bruder denken.

Kabuto legte ihr die Hand auf die Schulter. »Weine nicht«, sagte er ungewohnt sanft. »Als Heilerin musst du akzeptieren lernen, dass du nicht allen Menschen helfen kannst. Je früher du das lernst, umso besser.«

Rilana zog geräuschvoll die Nase hoch. »Ich weine nicht«, sagte sie trotzig. »Aber wenn ein kleines Kind so krank ist, geht mir das eben nahe. Meinst du, dass du ihr helfen kannst?«

»Ich fürchte nicht«, antwortete Kabuto mit belegter Stimme. »Ich weiß nicht genau, was sie hat, aber es raubt ihr in rasender Geschwindigkeit ihre Kräfte. Ich werde die Ahnen befragen.«

»Du wirst was?«

»Ich werde mich an die Kräfte der unsichtbaren Welt wenden und sie um Hilfe bitten. Das ist meine letzte Hoffnung.«

Rilana fühlte, wie die Wut in ihr hochstieg.

»Hast du das auch getan, als meine Mutter so krank war?«, fragte sie.

»Oh ja.«

»Und was hat dieser Hokuspokus gebracht? Gar nichts! Du bist ein Scharlatan! Du verstehst überhaupt nichts von Medizin. Die Menschen vertrauen dir, aber du faselst bloß von Yin und Yang und Energie und hilfst ihnen damit keinen Deut weiter. Ich verachte dich!« Sie spuckte vor ihm aus und rannte weg.

Sie rannte den ganzen Weg nach Hause, hielt kurz inne, hastete dann an ihrem Hof vorbei, über die klapprige Holzbrücke, durch den Wald. Schließlich blieb sie keuchend am Stacheldrahtzaun stehen.

Wenn es eine Hoffnung für das kleine Mädchen gab, dann hier.

Während sie in den Busch kroch, um sich unter dem Draht hindurchzuzwängen, ärgerte sie sich über sich selbst. Wie hatte sie Kabuto nur so brüskieren können? Natürlich hatte sie mit allem recht, was sie gesagt hatte, doch klug war es nicht gewesen. Es war nur – in solchen Momenten brach der Schmerz über ihre Mutter von Neuem auf. Sie hatte die ausgemergelte Gestalt noch so deutlich vor Augen, fühlte die Hilflosigkeit und Trauer von damals, als wäre sie wieder das sechzehnjährige Mädchen, das alles in ihrer Macht Stehende tat, um der sterbenden Mutter zu helfen. Und außer ein paar Kräutertees hatte Kabuto ihr nichts geben können.

Energisch schob sie die quälenden Erinnerungen zur Seite. Das brachte sie jetzt nicht weiter. Wenn sie dem Mädchen helfen wollte, musste sie einen klaren Kopf bewahren.

Sie folgte dem vertrauten Weg durch das Unterholz und erreichte die Wiese mit dem hohen Gras.

Zuletzt war sie mit Franco hier gewesen. Das schlechte Gewissen nagte an ihr. Sie hatte ihrem Bruder doch fest versprochen, das Geheimversteck niemandem zu verraten! Ihr war selbst nicht klar, warum sie Franco dennoch hierhergeführt hatte. Hatte sie ihn beeindrucken wollen?

Und was sollte dieser Kuss bedeuten? Liebte Franco sie? Das war unlogisch. Wieso sollte sie für ihn plötzlich mehr sein als die kleine Schwester von nebenan, die sie all die Jahre gewesen war?

Sie horchte in sich hinein, prüfte ihre eigenen Gefühle. Sie fand Franco sehr attraktiv, aber die Vorstellung, mit ihm enger befreundet zu sein, lag ihr völlig fern. Es war nicht nur diese jahrelange geschwisterliche Vertrautheit, die ihr im Weg stand, auch seine Begeisterung für Xator stieß sie ab. Von ihrer anfänglichen Faszination für diesen Piraten war nicht das Geringste übrig geblieben. Er war ein gefährlicher Feind der Kolonie, den man mit allen Mitteln bekämpfen musste.

Sie betrat das Haus und suchte zielstrebig die Krankenstation auf. Einmal mehr stand sie vor den Regalschränken mit den Medikamenten und studierte deren Bezeichnungen. Irgendwo hier könnte der Schlüssel für Jannekes Heilung liegen. Wenn sie sich nur besser mit diesen Dingen auskennen würde! Entmutigt ließ Rilana sich auf einen Stuhl sinken und starrte ins Leere. Endlich fiel ihr Blick auf einen graubraunen Gegenstand, der wie ein dünnes Buch wirkte. Er lehnte ganz am Rand des untersten Regals und war ihr bislang noch nicht aufgefallen. Neugierig zog sie ihn heraus und klappte ihn auf. Als die Innenseite aufleuchtete, bekam sie einen so heftigen Schrecken, dass sie das Gerät beinahe fallen gelassen hätte.

Sie betrachtete die Anzeige näher. Der Name und das Bild eines Medikamentes war darauf zu sehen, daneben die Beschreibung der Wirkungsweise. Es handelte sich um ein Präparat zur Behandlung von Verdauungsstörungen.

Schnell stellte sie fest, dass man andere Seiten aufrufen konnte, indem man das Display mit den Fingern berührte, und kurze Zeit später fand sie heraus, wie man die Suchfunktion bediente. Rilana hielt eine Quelle des Wissens in den Händen, und es fiel ihr ausgesprochen schwer, sich nicht hier und dort festzulesen.

Nach einer Weile verfügte sie über alle Informationen, die sie benötigte. Anscheinend litt die kleine Janneke unter etwas, das im Volksmund »Astronautenkrankheit« genannt wurde; hervorgerufen durch ein multiresistentes Bakterium, das sich mit Vorliebe in den Sauerstoffaufbereitungen von Raumschiffen entwickelte. Ein gesunder Mensch konnte den Keim in sich tragen, ohne etwas davon zu merken; nur gelegentlich machte er sich durch einen hartnäckigen Husten bemerkbar. Der Erreger wurde aber leicht an andere weitergegeben – und wenn er ein Kind, einen alten Menschen oder jemanden, der von einer Krankheit bereits geschwächt war, erwischte, löste er ein heftiges Fieber aus. Ohne Behandlung führte es innerhalb weniger Tage zum Tod. Es gab kaum Medikamente, die dagegen halfen. Eines der genannten hatte sie in den Regalen gesehen. Cytoflacin.

Rilana brauchte nicht lange zu überlegen. Nach allem, was sie gelesen hatte, musste es schnell gehen, wenn das Kind noch eine Chance haben sollte. Sie suchte die entsprechende Packung heraus, steckte sie ein und machte sich auf den Weg.

Die Sonne stand bereits am Horizont. Es würde dunkel sein, ehe sie auf dem Hof ankam.

Hastig durchquerte sie die Kolonie. Als sie an dem alten Lagerschuppen vorbeikam, der Xator und seinen Leuten als Versammlungsraum diente, hörte sie laute Rufe, die von vielen Stimmen wiederholt wurden, ohne dass sie die Worte verstehen konnte, und daneben immer wieder das Geräusch von synchron auftretenden Füßen, so als probten die Männer dort einen bizarren Tanz. Ihr schauderte.

In ihrem Rucksack befand sich ein kleines Päckchen, das die Medizin für Janneke enthielt. Rilana konnte nur hoffen, dass sie alles richtig machen würde. Noch nie zuvor hatte sie eine Spritze in der Hand gehalten, geschweige denn eingesetzt. Immerhin hatte sie die Anleitungen sorgsam studiert und sogar ein kurzes Lehrvideo angeschaut. Das musste als Vorbereitung reichen.

Endlich erreichte sie die Lehmstraße, die zu Henk Jonkers Anwesen führte. Rechts und links lagen weite Felder. Es war mittlerweile Nacht, aber eine bläuliche Leuchterscheinung stand hoch am Himmel und spendete ein fahles Licht. Sie hatte etwas Beängstigendes, doch Rilana hatte keine Zeit, sich darüber Gedanken zu machen. Für's Erste war sie froh, dass sie den Weg erkennen konnte.

Nachdem sie endlich angekommen war, schlüpfte Rilana ohne zu klopfen ins Haus. Sie stieg die Treppe empor und fand das Zimmer von Janneke. Eine flackernde Öllampe erhellte es notdürftig.

Saskia, die Mutter des Kindes, saß am Bett und schreckte hoch, als Rilana eintrat.

»Wie geht es ihr?«

»Nicht gut. Es ist schön, dass du kommst. Kabuto hat ihr heute Nachmittag noch einmal Tee gegeben, aber mir scheint es nicht so, als ob der wirklich helfen würde.«

Rilana beugte sich über das Bett. Janneke schien zu schlafen. Ihre Haare waren verschwitzt, das Gesicht glühte.

»Ich habe eine Medizin dabei, die dein Kind bestimmt wieder gesund machen wird. Du musst mir helfen, es auf den Bauch zu drehen.«

Saskia sah sie erstaunt an. »Hat Kabuto das angeordnet?«

Rilana zögerte.

»Nein«, sagte sie schließlich mit fester Stimme. »Er weiß nichts davon. Und ich fürchte, dass uns nicht genug Zeit bleiben wird, um ihn zu fragen. Janneke ist schwer krank, und das hier ist ihre letzte Chance.«

Saskia sah sie erschrocken an. Dann nickte sie zögernd. »Ich hoffe, du weißt, was du tust«, sagte sie.

Das hoffe ich auch, dachte Rilana, während sie sich bemühte, aufmunternd zu lächeln. Sie öffnete ihren Rucksack und nahm die Packung Cytoflacin heraus. Die Schachtel enthielt zwei kleine Fläschchen – in dem einen befand sich Wasser, in dem anderen ein graues Pulver. Rilana brach den Verschluss der Wasserflasche auf und goss deren Inhalt in das andere Fläschchen. Sie schüttelte es, hielt es prüfend in das Licht der Ölfunzel und zog schließlich die mitgebrachte Spritze auf. Die Mutter des Kindes verfolgte jede ihrer Bewegungen.

Gemeinsam schlugen die beiden Frauen die Decke zurück und drehten das kraftlose Kind auf den Bauch. Schlief es, oder war es bereits bewusstlos? Rilana war sich nicht sicher. Sie hielt die Kanüle senkrecht nach oben, drückte die Luft aus der Spritze, dann zog sie das Nachthemd der kleinen Patientin hoch. Sie schreckte einen Moment zurück, als sie den winzigen Po sah, doch dann schob sie die Nadel ins Fleisch und drückte die Flüssigkeit hinein. Janneke zuckte nicht einmal.

Sie drehten das Kind wieder auf den Rücken, setzten sich neben das Bett und warteten auf das Wunder.

Es blieb aus.

Kurz vor Sonnenaufgang seufzte das Mädchen einmal schwach, dann war es vorbei.

Saskia schrie auf, sie packte ihre Tochter bei den Schultern und rüttelte das leblose Kind. »Janneke, Janneke, wach auf!« Aber sie wachte nicht mehr auf.

»Rilana, tu doch etwas! Du hast gesagt, es würde ihr bald wieder besser gehen!«

Rilana schüttelte bedauernd den Kopf. »Es tut mir so leid!«, stammelte sie.

Da stieß Saskia ein lautes Geheul aus. Durchdringend, markerschütternd. Es dauerte nicht lange, bis Schritte durch den Flur polterten und Henk in den Raum stürmte, nur notdürftig angezogen. Er sah das leblose Mädchen im Arm seiner laut weinenden Frau, die betreten dreinschauende Rilana und die leere Spritze auf dem Tischchen neben dem Bett.

»Was macht die Schwarze hier?«, brüllte er. »Was hat sie mit meiner Tochter gemacht? Raus hier, verschwinde, bevor ich dir den Schädel einschlage! Die Sache wird ein Nachspiel haben, das schwöre ich dir!«

Dann nahm er sich seiner Frau an, umarmte sie und stimmte in ihre Klage mit ein.

Rilana weinte ebenfalls. »Es tut mir so leid«, sagte sie und strich dem toten Kind eine Haarsträhne aus dem Gesicht.

»Wage es nicht, sie anzurühren!«, brüllte Henk. »Raus mit dir, du schwarze Hexe, verschwinde aus meinem Haus! Mach, dass du wegkommst, oder ich prügele dich windelweich!«

Mittlerweile waren auch die Bediensteten des Hauses wach geworden. Lichter wurden entzündet, auf den Fluren hörte man Schritte.

Rilana wollte etwas erwidern, etwas erklären, ein Wort des Bedauerns oder des Trostes sagen, aber das Reden war ihr vergangen. So stand sie wortlos auf und verließ das Zimmer.

»Was ist passiert?«, fragte Achim auf dem Flur. Doch Rilana konnte immer noch nicht sprechen. Sie schüttelte stumm den Kopf, spürte bei dieser Bewegung die Tränen auf ihrem Gesicht, wandte sich ab und lief hinaus in den anbrechenden Morgen.

Rilana rannte und rannte. Die Füße begannen zu schmerzen, aber das war gut. Schmerz war gut jetzt. Sie hatte ihn verdient. Sie hatte heute Nacht ein Kind getötet. Diese Erkenntnis traf sie nun wie ein Keulenschlag.

Aus dem Lauf heraus ließ sie sich auf die Knie fallen. Der raue Schotter riss ihr Hose und Haut auf. Rilana blieb auf den Knien liegen, presste die Stirn auf die Erde, legte die Arme über ihren Kopf und weinte.

Sie weinte und weinte, schlug dabei immer wieder mit dem Kopf auf den harten Boden und weinte noch mehr. Sie weinte um das tote Kind, um ihre tote Mutter, über die Ungerechtigkeit dieser Welt, über ihre Unfähigkeit und ihre viel zu große Schuld. Sie verfluchte ihre Arroganz und Leichtfertigkeit, ihre Aufsässigkeit, ihre Besserwisserei.

Sie weinte, bis keine Tränen mehr kamen und ihr Verstand wieder das Regiment übernahm. Mit unerbittlicher Klarheit erkannte sie, was in Kürze passieren würde.

Henk Jonker, einflussreicher Großbauer und Ratsmitglied, würde die Jagd auf sie eröffnen. Der Rat wäre natürlich auf seiner Seite, Kabuto würde bestätigen, dass sie eigenmächtig und unverantwortlich gehandelt hatte, und wäre damit endlich seine ungeliebte Schülerin los.

Sie hatte keine andere Wahl, sie musste die Kolonie verlassen. So schnell wie möglich.

Sie stand auf. Ihre zerschundenen Knie schmerzten. Zu Hause würde sie sie mit BMF 25 behandeln. Ein wenig humpelnd machte sie sich auf den Weg.

Als Rilana zu Hause ankam, war ihr Vater gerade aufgestanden. Ein Wasserkessel stand auf dem Herd und wartete darauf, dass das Holzfeuer genügend Energie entwickelte, um seinen Inhalt zum Sieden zu bringen.

»Du bist gestürzt«, sagte er statt einer Begrüßung. »Wo warst du heute Nacht?«

Plötzlich waren die Tränen wieder da. Rilana flüchtete sich in die starken Arme ihres Vaters, der ihr ein wenig unbeholfen und verlegen auf den Rücken klopfte.

»Kind, hat dir jemand etwas angetan?«, fragte er schließlich.

»Nein, Papa, es ist viel schlimmer«, schluchzte Rilana. »Eine Patientin ist heute Nacht gestorben, und ich bin dafür verantwortlich!«

»Wer weiß das schon, vielleicht wäre es ja sowieso passiert«, brummte er. »Das ist nun mal der Lauf der Welt.«

»Hör zu, Papa, ich muss weg. Es geht um die Tochter von Henk Jonker. Ich bin sicher, dass er etwas gegen mich unternehmen wird. Ihr müsst eine Weile ohne mich zurechtkommen.«

Er sah sie besorgt an.

»Wo willst du denn hingehen?«

»Glaub mir, es ist besser, wenn du es nicht weißt.«

Der Kessel auf dem Herd begann Geräusche von sich zu geben. Rilana wandte sich von ihrem Vater ab und ging in ihre Kammer, wo sie hastig ein paar Sachen zusammenpackte. Als sie mit ihrem Rucksack auf dem Rücken wieder in die Küche kam, hielt ihr Vater ihr einen kleinen Sack Gemla hin.

»Damit du was zu essen hast«, murmelte er. »Pass auf dich auf. Ich hab dich lieb!«

»Ich dich auch, Papa«, flüsterte Rilana und drückte ihm einen Kuss auf die Wange. »Bitte sage auch Liko, dass ich ihn lieb habe und dass es mir leidtut.«

Den Proviantsack unter den Arm geklemmt, verließ sie das Haus, ohne zu wissen, ob sie es jemals wiedersehen würde.

7. Die Rückkehr

»Liebe deine Feinde – du lernst von ihnen mehr als von deinen Freunden.« (Buch der Weisheit)

Nach etlichen Stunden tiefen Schlafs wachte Jonas auf, weil ihn der Durst plagte. Er stand auf, wankte im Halbschlaf zu seiner Nasszelle, füllte ein Glas mit Wasser und trank es mit gierigen Schlucken leer.

Zurück im Bett, konnte er nicht wieder einschlafen. Jonas lag wach, und die Gedanken fingen an zu kreisen – er dachte an die zurückliegende Befragung, seine Zukunft an Bord, an die Möglichkeiten, die ihm noch blieben, um das verloren gegangene Vertrauen seiner Kameraden wiederzugewinnen ...

Irgendwann begann er zu beten.

»Lieber Gott, bitte hilf mir, dass meine Kameraden mir wieder vertrauen. Mach doch, dass die Feindseligkeit von Lennox verschwindet, dass er aufhört, schlecht über mich zu reden. Und zeig mir, was ich tun kann ...«

Jonas?

Er zuckte zusammen. Wieder diese Stimme – fast hörbar, aber doch in ihm.

Jonas, du hast deinen Auftrag nicht ausgeführt!

»Ich weiß, Herr, es tut mir leid. Ich habe es versaut.«

Ich möchte, dass du noch einmal zum Khan gehst und ihm ausrichtest, was ich dir sagen werde.

»Aber Herr, wie soll ich ... Du weißt doch, wie die letzte Begegnung abgelaufen ist. Ich bin froh, dass ich fliehen konnte, bevor die mich wieder in ein Bergwerk gesteckt haben. Ich kann da unmöglich noch mal hin. Die bringen mich um!«

…

»Hallo? Gott?«

…

»Das ist unfair. Du kannst mir nicht einfach so einen Auftrag geben und mich dann damit alleine lassen!«

Ich lasse dich nicht allein.

Ein Kratzen an seinem Bett ließ Jonas aufschrecken.

»Buddy, da bist du ja wieder!«

Dankbar kraulte Jonas den Wombat, was der eine Weile genoss, um sich dann daranzumachen, die Bettdecke wegzuziehen.

»Hör auf, lass das, was soll denn das!«

Aber Buddy war unerbittlich. Nachdem er die Decke erfolgreich erobert hatte, stieß er Jonas mehrfach an, trippelte zur Tür, blieb dort stehen und fixierte ihn mit seinen schwarzen Knopfaugen.

»Was hast du vor?«

Neugierig geworden, zog sich Jonas an und trat aus seiner Kabine auf den leeren Gang. Der Wombat lief zielsicher zum Mover. Jonas aktivierte den Ruf, die Türen öffneten sich.

Und nun?

Sektor 5, Ebene 3.

Die Stimme in seinem Kopf war laut und deutlich. Verwirrt sah Jonas sich um. Es fühlte sich ähnlich an wie sein Gespräch mit Gott und war doch anders.

»Kam das von dir, Buddy? Kannst du in meine Gedanken hineinsprechen?«

Der Wombat sah ihn unschuldig an und wartete.

»Mach das noch mal!«

Nichts passierte. Seufzend nannte Jonas der Mover-Steuerung den Bestimmungsort.

Die Fahrt dauerte eine Weile. Im Kopf ging Jonas den Plan der Peacemaker durch. Sektor 5 – das musste der Bereich für Flugtechnik und Wartung sein. Was sollte er hier?

Zischend schob sich die Tür zur Seite und gab den Blick aufs

Deck frei. Diese Ebene gehörte offensichtlich den Mechanikern. Auf dem fleckigen grauen Boden standen zwei zerlegte Jäger, neben denen etliche Kunstoffpaletten mit Ersatzteilen abgestellt waren.

Einige Schritte davon entfernt parkte ein anscheinend intakter Lander, der etwas kleiner war als der, der ihn von Kyros abgeholt hatte. Daneben verharrten zwei deaktivierte Arbeitsdroiden in ihrer Ruheposition. Es sah so aus, als seien die Wartungsarbeiten an diesem Schiff gerade abgeschlossen. Das Deck war menschenleer.

Zielsicher hielt Buddy auf den Lander zu. »Sun'Izir« stand in feuerroten Buchstaben am Rumpf des weißen Schiffes.

»Nein, das kann nicht dein Ernst sein«, keuchte Jonas, als ihm endlich klar wurde, worauf die ganze Aktion hinauslief. »Das mach ich nicht!«

Die Tür des Landers stand offen. Widerstrebend betrat Jonas ihn, setzte sich auf den Pilotensessel und studierte die Anzeigen. Die Navigationseinheit war für einen Testflug programmiert, vermutlich als Abschluss der Wartungsarbeiten.

In der Gewissheit, eine riesengroße Dummheit zu begehen und doch nicht anders zu können, rief er die Startsequenz auf. Es dauerte einen Moment, dann signalisierte ein grünes Feld die Startfreigabe von der Flugüberwachung. Der Wartungsflug war beim Zentralrechner bereits angemeldet.

Das Schiff drehte sich und wurde auf dem Antigrav-Feld sanft in die Startposition bewegt. Es schwebte durch drei Ebenen hindurch, bis es die Außenhülle erreicht hatte, in der die Ausflugsöffnung bereits offen stand. Dann beschleunigte es, und Jonas befand sich im Weltall. Abgesehen von der Zeit in der Rettungskapsel, die er betäubt verschlafen hatte, war er noch nie allein im All gewesen. Das Gefühl war überwältigend.

Er zog das Steuer zu sich heran und versuchte, den Lander in eine Kurve zu lenken. Nichts geschah. Stattdessen wurde das Schiff abwechselnd schneller und langsamer und fing dann an, sich in wilden Schlangenlinien zu bewegen.

Jonas brauchte einen Moment, um zu begreifen, dass hier das Steuerungsprogramm des Wartungsfluges am Werk war. Vermutlich durchlief es gerade die vorgesehenen Testreihen. Er musste es irgendwie ausschalten.

Ratlos blickte er auf den zentralen Screen, auf dem endlose Kolonnen von kryptischen Bezeichnungen und Zahlen erschienen. Er tippte auf dem Display herum, jedoch ohne erkennbaren Erfolg. So wie es aussah, nahm das Schiff keine Befehle von ihm entgegen. Und selbst wenn es ihm gelingen würde, die Automatik lahmzulegen – er war kein Pilot. Ohne die Steuerung des Bordcomputers wäre seine Chance, auf dem Planeten heil zu landen, gleich null. Mist. Was hatte er sich nur dabei gedacht?

Die Sun'Izir beschrieb eine lang gestreckte Kurve und hielt wieder auf die Peacemaker zu. Testflug beendet. Wahrscheinlich würde das Sicherheitspersonal schon auf dem Flugdeck warten. Damit hatte er seine letzte Chance versiebt, in seine alte Tätigkeit zurückzukehren. Das durfte nicht wahr sein!

»Gott«, schrie er, »du wolltest doch, dass ich das hier tue. Nun hilf mir auch!«

Im selben Moment gingen alle Lichter aus. Das Geräusch der Aggregate verstummte. Der Monitor verlöschte. Etwas Weiches streifte ihn an der Wange. Instinktiv stieß er es von sich. Im schwachen Licht der Sterne, das durch die Cockpitfenster hineinschien, erkannte er Buddy, der in der Schwerelosigkeit umhertrieb. Gut, dass er selbst festgeschnallt war.

Dann glomm der Monitor vor ihm auf. Es erschienen Zahlen- und Buchstabenreihen. Reboot.

Endlich poppte eine spartanisch wirkende Eingabeaufforderung auf.

Schwerer Systemfehler. Wartung erforderlich.
Optionen:
** manuelle Steuerung*
** Landung auf Wartungsdeck (Traktorstrahl erforderlich)*
** Planetenlandung*

Jonas berührte die untere Schaltfläche. Die Anzeige änderte sich.

Scanne Planetenoberfläche ...

....

Planet Kyros III

....

Raumhafen gefunden.

....

Landung einleiten?

Jonas tippte auf die Schaltfläche, und das Schiff nahm Kurs auf Evinin.

*****

Tarek hatte die Füße auf den Arbeitstisch gelegt und döste mit offenen Augen vor sich hin. In den Händen, die auf seinem Schoß lagen, hielt er eine längst kalt gewordene Tasse Tee. Diese Schicht war mal wieder endlos. Nichts passierte. Seit Stunden. Auf Tetris hatte er auch keine Lust mehr. Er wollte einfach nur raus und die Sonne genießen statt des eintönigen Lichts seiner langweiligen Monitore.

Ein Alarmsignal ließ ihn so heftig zusammenzucken, dass die Tasse überschwappte und einen nassen Fleck auf seiner Hose hinterließ. Er fluchte, stellte seinen Tee weg, wischte hektisch mit der Hand über die nasse Stelle und versuchte gleichzeitig, die Ursache des Alarms herauszufinden.

»Im Anflug: Lander mit unbekannter Kennung« verkündete ein rot blinkender Text, der einen winzigen, ebenso roten Punkt auf dem Monitor begleitete.

Tarek vergrößerte den Ausschnitt, um der Anzeige weitere Informationen zu entlocken. Plötzlich poppte eine Infobox auf, die vor seinen Monitoren in der Luft schwebte und sich beständig um ihre eigene Achse drehte. *»Notruf empfangen«* verkündete ihre Aufschrift.

Tarek tippte sie mit seinem Zeigefinger an, woraufhin sie in mehrere würfelförmige Einzelteile zerfiel, die sich in einer geordneten Reihe wellenartig bewegten. Er wählte die Option »Abspielen«, und sofort erfüllte eine offensichtlich computergenerierte Stimme den Raum.

»Achtung, Achtung, dies ist ein Notruf des Landers Sun'Izir. Es liegt eine schwere Systemstörung vor. Erbitten sofortige Landeerlaubnis. Achtung, Achtung, dies ist ein Notruf des Landers Sun'Izir. Es liegt eine schwere Systemstörung vor ...«

Tarek tippte den Würfel abermals an, und die Blechstimme verstummte.

Nachdenklich fuhr er sich durch sein ohnehin schon völlig zerzaustes Haar.

Dann aktivierte er die Sprechfunkverbindung. Es rauschte ein paar Sekunden, dann ertönte eine glasklare Stimme. »Raumhafen Liman.«

»Was ist da los bei euch? Ich habe hier einen Lander im Anflug auf unseren Raumhafen, und von euch kommt gar nichts. Pennt ihr, oder was?«

Zwei Sekunden vergingen, dann sagte die Stimme: »Tarek, bist du das? Du hast Nerven, so zu reden. Wenn du nicht gerade Tetris spielst, bist du ja wohl derjenige, der immer am Pennen ist.«

Das war Elchin. Eindeutig. »Markier hier nicht den Dicken, Mann. Es gibt ein Problem, und dafür seid ihr zuständig. Setzt eure Jäger in Gang, und zerlegt das verdammte Ding in Atome.«

»Du hast sie ja wohl nicht alle. Der Lander kommt von der Peacemaker. Wenn wir ihn angreifen, werden *wir* in unsere Atome zerlegt.«

»Das ist euer Job. Was, wenn es ein Trojaner ist? Vielleicht sitzt das Teil voll mit Bomben. Wenn die in Evinin hochgehen, war's das mit unserer Komanda.«

»Junge, glaub mir, wenn die Peacemaker unsere Stadt plattmachen will, dann hat sie solche Mätzchen nicht nötig. Hast du eigentlich eine Vorstellung davon, was dieses Schiff für eine Feuerkraft hat?«

Tarek gefiel der Tonfall nicht. Aber er fand es beruhigend, was Elchin sagte. Dennoch gab er zurück: »Ich mache jetzt Meldung an den Khan. Vielleicht habt ihr ja Glück, und er sieht es genauso. Evinin Ende.«

*****

In einem weiten Bogen näherte sich die Sun'Izir dem Raumhafen von Evinin und setzte sanft auf dem Boden auf. Jonas ließ die angehaltene Luft mit einem Zischlaut entweichen und wischte sich den Schweiß von der Stirn. Es war kein schönes Gefühl, sein Leben einer defekten Automatik anzuvertrauen.

Während Jonas sich aus den Gurten befreite, erwachte der Lautsprecher zum Leben. »Pilot der Sun'Izir, kommen Sie unverzüglich mit erhobenen Händen heraus! Ansonsten werden wir Ihr Schiff zerstören. Ich wiederhole: Verlassen Sie sofort Ihren Lander, und kommen Sie mit erhobenen Händen heraus.«

Jonas überlegte einen Augenblick. Dann sagte er: »Ich bringe eine wichtige Botschaft für den Khan. Lassen Sie mich mit ihm reden.«

»Er hat bereits mit der Peacemaker verhandelt. Kommen Sie heraus, oder wir eröffnen das Feuer!«

Jonas verstand selbst nicht, warum ihn diese Offerte nicht erschreckte.

»Ich bringe keine Botschaft von der Peacemaker. Ich bringe eine Botschaft von Gott. Der Khan wird sie hören wollen.« Er zögerte kurz, dann fügte er hinzu: »Sagt ihm Folgendes: ›So spricht der Herr – vertraue deinem Traum, denn ich habe ihn dir gesandt.‹«

Jonas war fassungslos. Diese Worte waren einfach so aus seinem Mund geflossen. Er konnte sich selbst beim Reden zuhören. Gruselig – aber irgendwie auch heilig? Erhebend? Ihm fiel kein passendes Wort ein, das beschreiben konnte, was er gerade erlebte. Doch es gefiel ihm, ein Sprachrohr Gottes zu sein.

Es dauerte einen Moment, bevor die Antwort erfolgte.

»Sag es ihm selbst. Ich verbinde.«

»Hier Bakur Khan. Mit wem spreche ich?«

»Mein Name ist Jonas Rothenfels.«

»Ach, der entlaufene Bergsklave! Du hast Nerven, noch einmal hierherzukommen!«

»Das habe ich mir nicht ausgesucht. Gott hat mich gesandt.«

»Du Ungläubiger willst mir etwas von Gott erzählen? Du weißt doch nicht einmal seinen Namen!«

»So spricht der Herr: ›Ihr nennt mich Al Kahar – und das mit Recht, denn meinem Willen kann sich niemand widersetzen. Doch habe ich noch 99 andere Namen. Wer sie nicht kennt, wird in die Irre gehen.‹«

Jonas keuchte. Er fühlte sich, als wäre ein starker Strom durch ihn hindurchgeflossen.

»So, so. Und wie ist der Name des Gottes, in dessen Auftrag du angeblich redest?«

»Mein Name ist ›Ich bin‹, denn ich bin ewig und unvergänglich, du aber bist Staub. Einst hast du geblüht, aber nun welkst du. Die Tage deines Lebens sind gezählt.«

»Wie kannst du es wagen, so mit mir zu reden? Ein Wink meiner Hand genügt, und dein Lander wird zum Feuerball!«

»Meinen Knecht kannst du töten, aber du bleibst dennoch in meiner Hand. Gedenke des Traumes, den ich dir geschickt habe! Ein Menschenleben gilt dir nicht viel, doch für mich hat jedes einzelne Gewicht.«

»Was willst du von mir?«

»Kehrt um. Ich sehe, dass ihr Eifer habt, doch euch fehlt die Erkenntnis. Du hast recht daran getan, mich um Weisheit zu bitten. Darum höre jetzt mein Wort: Lasst ab von der Gewalt. Vergesst eure Rache. Ich habe keinen Gefallen am Tod von Menschen. Die höchste Macht ist die Liebe, nicht der Tod!«

Interessanter Gedanke, dachte Jonas, der sich selbst beim Reden zuhörte. Das wäre mal was für eine Andacht.

»Das heißt jetzt was?«

»Vertraut mir, und legt eure Waffen nieder. Ich will dafür sorgen, dass euch nichts geschieht.«

Ein scharfes Knacken ertönte. Die Verbindung war unterbrochen.

Der Khan brauchte eine Weile, um sich wieder zu sammeln. Er war blass und wirkte verstört. Hilfesuchend sah er zu Alim hinüber, der zusammen mit Xator das Gespräch mitangehört hatte.

»Ich habe guten Grund zu der Annahme, dass dieser Mensch die Wahrheit spricht«, sagte Bakur. Alim nickte verständnisvoll, während Xator aus seinem Sessel hochfuhr, als habe ihn eine Schlange gebissen.

»Wie bitte?«, brüllte er. »Du machst dir in die Hosen, weil irgend so ein dahergelaufener Bergsklave behauptet, im Namen Gottes zu sprechen?«

»Du verstehst das nicht«, sagte Bakur.

Alim zog verwundert die Augenbrauen hoch. Normalerweise hätte der Khan seinem Ziehsohn solch ein ungebührliches Verhalten nicht durchgehen lassen.

»Drei Mal hat Jonas von Dingen gesprochen, die er unmöglich wissen konnte. Meine Träume, meine Gedanken, meine Gebete – nur Al Kahar kannte sie.«

»Ein blöder Zufall, nichts weiter. Wenn ich das schon höre ...« Xator verfiel in einen äffisch salbungsvollen Tonfall. »›Die stärkste Macht ist die Liebe!‹ – was für ein Blödsinn! Ich werde meine Männer in Marsch setzen und ihn aus seinem Lander herausholen lassen, dann kann er mal spüren, was wahre Macht bedeutet.«

»Du wirst nichts dergleichen tun!«, herrschte der Khan ihn an. »Noch habe ich hier das Sagen. Vergiss nicht, in welcher Lage wir uns befinden. Die Peacemaker ist im Orbit. Uns bleiben noch 52 Stunden, um auf ihre Forderungen einzugehen, ansonsten werden sie unsere Stadt dem Erdboden gleichmachen.«

»Und Al Kahar schickt uns eine Geisel – es könnte doch gar nicht besser laufen für uns!«

»Xator, dieser Mann ist ein Prophet. Wer sich an ihm vergreift, vergreift sich an Gott!«, meldete sich der Wesir zu Wort.

»Alim, du bist alt geworden«, höhnte Xator. »Alt und weichlich. Das ist mir schon seit Längerem aufgefallen. Willst du nicht bald mal dein Amt niederlegen und Platz machen für Männer, die wirklich welche sind?«

»Xator, es reicht.« Der Khan ließ seine Faust auf die Tischplatte niedersausen. »Du wirst dich meinen Entscheidungen beugen, genauso wie jeder andere in der Komanda!«

Mit kaum verhohlenem Spott verbeugte Xator sich. »Selbstverständlich, mein Khan!«

Kurz darauf hielt eines dieser Elektrofahrzeuge, die Jonas schon von seinem letzten Besuch her kannte, neben seinem Lander. Am Steuer saß ein anscheinend unbewaffneter Pirat, auf der Rückbank der Khan höchstpersönlich.

Bakur Khan tippte auf den Kommunikator, den er am Handgelenk trug, woraufhin seine Stimme im Bordlautsprecher ertönte.

»Jonas, bitte komm heraus und sei mein Gast. Ich garantiere dir, dass dir nichts geschehen wird. Ich glaube, dass du die Wahrheit sprichst und ein Gesandter Gottes bist.«

Eine Welle des Stolzes durchflutete den Propheten. Er war ein Sprachrohr des Höchsten. Er, Jonas Rothenfels, der schmächtige, rothaarige spirituelle Begleiter, über den sich immer alle lustig machten, der sich selbst oft genug verachtet hatte für seine erbärmlichen Andachten, zu denen kaum jemand kam, er durfte nun Worte des allmächtigen Gottes überbringen. Kaum zu fassen!

Er hieb auf den Knopf, der den Ausstieg öffnete, erhob sich aus dem Pilotensitz und zwinkerte Buddy zu: »Komm, mein Freund. Showtime!«

Wäre der Wombat ein Mensch gewesen, so hätte man seinen Gesichtsausdruck als schwer genervt bezeichnet. Aber da er ja nur ein Tier war, achtete Jonas nicht weiter darauf. Mit stolzgeschwellter Brust verließ er den Lander, um seine heilige Mission zu erfüllen.

Der Khan und sein Fahrer verneigten sich ehrfurchtsvoll vor Jonas, als dieser den Boden des Planeten betrat.

»Willkommen, Prophet. Gepriesen sei Al Kahar, der dich zu uns gesandt hat.«

Jonas hob seine Hand zu einer huldvollen Geste. »Schon gut, ich bin auch nur ein Sterblicher wie ihr und tue nichts weiter als meine Pflicht.«

»Bitte, steig ein. Sei ein Gast meines Hauses. Es soll dir an nichts fehlen. Und auch deinem Haustier nicht.«

Jonas und der Fahrer sahen den Khan erstaunt an – beide aus genau dem entgegengesetzten Grund –, aber niemand wagte, etwas dazu zu sagen.

Jonas setzte sich neben Bakur auf die Rücksitzbank, während Buddy es sich zu ihren Füßen bequem machte. Der Fahrer wendete das Fahrzeug und brachte sie zum Palast.

An der Tür warteten zwei Männer auf sie, deren vornehme Kleidung auf einen hohen Rang schließen ließ. Der eine von ihnen trug einen beeindruckenden grauen Bart und hatte kurze graue Haare, doch trotz seines offensichtlichen Alters war seine Körperhaltung aufrecht und zeugte von ungebrochener Energie. Jonas erinnerte sich daran, ihn bei seiner ersten Begegnung mit dem Khan schon einmal gesehen zu haben. Den anderen kannte er nicht – einen grimmig dreinschauenden, dunkelhaarigen Mann, der etwa in seinem Alter war.

»Darf ich vorstellen: Das sind Alim Badawi, mein Wesir, und Xator, mein Sohn.«

Bakur legte eine merkwürdige Betonung auf das letzte Wort. Jonas sah ihn irritiert an, doch dessen Gesichtsausdruck blieb undurchdringlich.

Die Männer begrüßten sich. Alims Hand fühlte sich warm und kraftvoll an, der Händedruck von Xator war fast brutal. Gemeinsam gingen sie in den Palast. Die Eingangshalle weckte in Jonas Erinnerungen an seine Flucht.

»Hier entlang, bitte«, sagte der Khan und führte sie die breite Treppe hinauf.

Sie betraten einen Raum, an dessen Wänden Regale voller Bücher standen. Jonas hatte niemals zuvor so viele auf einmal gesehen. Die Bibliotheken, die er kannte, befanden sich in den Speichermedien irgendwelcher Rechner.

Der Khan wies auf mehrere bequeme Sessel, die um einen niedrigen Tisch gruppiert waren. »Setzen wir uns!«, sagte er. Während sie Platz nahmen, ging die Tür auf, und ein verschleiertes Mädchen brachte ihnen Tee. Sie stellte schweigend die Gläser vor sie auf den Tisch und entfernte sich wieder.

»Nun«, sagte der Khan ohne Umschweife, »du behauptest, eine Botschaft des Höchsten für uns zu haben. Und tatsächlich weißt du Dinge über mich, die allein Al Kahar kennt. Doch bei unserer letzten Begegnung hast du mir noch erzählt, es gäbe keinen Gott, stattdessen würdest du ein Sonnensymbol verehren und jeder könne sich seinen Gott so vorstellen, wie es ihm gefällt. Wieso redest du heute anders als noch vor zwei Tagen?«

»Weil Er zu mir gesprochen hat«, bekannte Jonas. »Ich konnte es erst selbst nicht glauben. Ich dachte, ich wäre verrückt geworden, weil ich plötzlich eine Stimme gehört habe. Sogar fliehen wollte ich vor ihm – doch ich habe gelernt, dass es keinen Ort gibt, an dem er nicht wäre. Selbst in den verzweifelten Tiefen der Sklavenminen von Dag Gadol, in denen ich jede Hoffnung verloren hatte, hielt er mich in seiner Hand. Das weiß ich jetzt. Nichts kann seinem Willen widerstreben. Dass ich heute bei euch sitze, geschieht nach seinem Plan.«

Er trank einen Schluck Tee, bevor er fortfuhr.

»Bei unserer letzten Begegnung, großer Khan, hatte ich einfach nur Angst. So habe ich nach Menschenweise geredet, anstatt dir die Botschaft auszurichten, die der Herr mir aufgetragen hat. Ich bitte um Vergebung.«

Bakur Khan nickte großmütig.

»Und wie lautet die Botschaft, die du uns überbringen sollst?«

Jonas zögerte. »Lasst ab vom Weg der Gewalt«, sagte er schließlich, und wieder flossen ihm die Worte zu. »›Die Rache ist mein‹, spricht der Herr. ›Ich sehe euren Eifer und eure Hingabe, doch fehlt es euch an Erkenntnis. Hört auf meinen Propheten, so werdet ihr leben. Wenn ihr halsstarrig bleibt, werdet ihr sterben. So lege ich euch heute beides vor, Leben und Tod. Trefft eure Wahl.‹«

Er keuchte und griff nach seinem Glas Tee.

Die Männer starrten ihn an. Xator war der Erste, der sich wieder fing.

»Du wagst es, zu sagen, dass es uns an Erkenntnis fehlt?«, blaffte er. »Wir folgen dem großen Propheten Amir Abdul Salam. Seine Worte sind heilig. Seine Lehre weist uns den Weg. Wer es wagt, sein Ansehen zu schmähen, muss mit seinem Leben dafür bezahlen.«

»Das waren nicht meine Worte«, gab Jonas zurück. »Diese Botschaft hat mir Gott selbst in den Mund gelegt. Ich weiß nicht, wie es passiert, und ich kann es auch nicht steuern. Aber das ist die Wahrheit.«

Xator sah aus, als wollte er Jonas jeden Moment an die Gurgel springen, doch der strenge Blick seines Ziehvaters hielt ihn im Sessel.

»Als der große Khan dich vorhin nach dem Namen Gottes gefragt hat, sagtest du, sein Name sei ›Ich bin‹. Was hast du damit gemeint?« Die Stimme des Wesirs war volltönend und warm.

»Ein Mensch ist in seinem Leben wie Gras. Wie der Mohn auf dem Feld, der eine Weile blüht und prächtig leuchtet – aber schaut man einige Wochen später noch mal hin, so ist die Pracht verschwunden. Vergänglichkeit ist das Los des Menschen. Gott aber ist unvergänglich. Er steht über Raum und Zeit. Bevor die Schöpfung begann, ist er. Er ist hier und jetzt, und wenn das Universum selbst vergangen sein wird, ist er noch immer.«

Alim nickte beeindruckt.

»Ich empfehle, Jonas zum Volk sprechen zu lassen, mein Khan«, sagte er. »Wir stehen am Beginn eines neuen Zeitalters. Al Kahar hat uns einen neuen Propheten gesandt.«

»Das dürft ihr nicht tun!«

Xator sprang auf. Seine Augen blitzten. »Das ist Verrat. Verrat an Amir Abdul Salams Erbe. Das werde ich nicht zulassen!«

Bakur erhob sich ebenfalls. »Dies ist allein meine Entscheidung«, sagte er mit Nachdruck. »Ich bin der Khan, und du wirst tun, was ich für richtig halte!«

»Wenn du den heiligen Weg unserer Komanda verlässt, bist du nicht mehr der Khan.« Xator hob seinen Zeigefinger, richtete ihn auf seinen Vater und stieß bei jedem seiner Worte ein Loch in die Luft. »Dann bist du ein Verräter und ein Feind deines eigenen Volkes.« Er spuckte ihm vor die Füße, wirbelte herum und lief aus dem Raum.

Der Khan stand einen Moment lang wie versteinert da und starrte ihm hinterher. Plötzlich kam Bewegung in ihn. Er zog sein Messer und schleuderte es in Xators Richtung. In der gleichen Sekunde, in der dieser zur Tür hinaus war, hatte der Stahl sein Ziel erreicht. Mit einem hässlichen Geräusch bohrte er sich in das Holz.

«Ich habe keinen Sohn mehr«, verkündete er. »Ich hätte schon lange auf dich hören sollen, Alim.«

Er wandte sich an Jonas, der ihn betroffen ansah. »Der Weg des Glaubens hat die Menschen schon immer entzweit. Aber wenn es um die Wahrheit geht, dürfen wir keine Kompromisse machen. Folge mir.«

Er führte ihn durch lange Flure und über eine prächtige breite Treppe mehrere Stockwerke hinauf, wo sie einen Raum betraten, der von einem mächtigen hölzernen Schreibtisch dominiert wurde.

»Mein Arbeitszimmer«, sagte der Khan.

Jonas sah sich um. Es herrschte penible Ordnung.

Er war erstaunt, denn er hatte sich die Piraten immer wild und verwegen vorgestellt, doch dieses Büro wirkte eher, als sei hier ein pingeliger Oberamtsrat am Werk.

Auf der der Tür gegenüberliegenden Seite befanden sich große Fenster, die den Raum in ein helles Licht tauchten. In deren Mitte führte eine Glastür auf einen Balkon, auf den der Khan seinen Gast nun führte. Von hier aus hatte man den kompletten Marktplatz im Blick, man sah den Raumhafen und das dahinter liegende Meer.

»Warte einen Moment«, sagte Bakur und verschwand wieder. Etwas unbehaglich schaute der Prophet auf das Treiben der Menschen unter ihm. Keiner von ihnen nahm Notiz von dem, was auf dem Balkon geschah.

Der Khan kehrte zurück und hielt jetzt ein Mikrofon in der Hand. »Hier spricht der Khan«, sagte er in das Gerät. Augenblicklich kam das Gewimmel unten zum Stillstand. Alle sahen zum Balkon hinauf.

»Ich habe heute eine wichtige Mitteilung zu machen. Ich erwarte ausnahmslos jeden zum Mittagsgebet! Dies hat absolute Priorität vor allen anderen Aufgaben.«

Bewegung kam in die Menge. Weitere Menschen strömten aus den Häusern. Andere fanden sich zu kleinen Grüppchen zusammen, augenscheinlich, um Mutmaßungen über die bevorstehende Ankündigung auszutauschen.

Bakur Khan und Jonas gingen wieder in das Arbeitszimmer zurück.

»Ich nehme an, dass du für deine Rede keine Vorbereitung brauchst«, sagte Bakur. »Schließlich spricht Al Kahar selbst durch dich. Ich bin gespannt.«

Jonas erbleichte. Er konnte dieses Phänomen nicht kontrollieren. Was, wenn Gott in dem Moment gerade nichts sagen wollte? Wenn er sich vor den Piraten blamierte? Das Reden vor großen Menschenmengen war nun wirklich nicht seine Stärke.

»Wir werden die verbleibende Zeit nutzen, um über die Peacemaker zu reden«, unterbrach der Khan seine Bedenken. »Wie du zweifellos weißt, haben sie uns ein Ultimatum gestellt. In zwei Tagen läuft es ab.«

»Ich habe keine Befugnis, mit dir darüber zu verhandeln. Die Kommandantin weiß nicht einmal, dass ich hier bin. Es ist Gott, der mich schickt. Aber Er lässt dir sagen, dass Er alles zu einem guten Ende bringen wird, wenn du Ihm vertraust.«

»Was soll das heißen? Die Bedingungen, die Fairchild gestellt hat, sind absolut unannehmbar. Sie will Evinin auflösen und alle Menschen, die hier leben, auf verschiedene Strafkolonien verteilen. Das werde ich nicht zulassen. Dann kann sie meine Stadt auch ebenso gut zerstören.«

Verdient hättest du das auch, dachte Jonas. Nach all dem, was ihr auf der Perseus angestellt habt. Und in den Kolonien. Und auf so manchen Handelsschiffen ...

»Legt eure Waffen nieder, und vertraut euch meiner Gnade an, spricht der Herr. Ich werde dafür sorgen, dass euch kein Unheil geschieht.«

Jonas konnte kaum glauben, was er sich da sagen hörte. Das durfte doch nicht wahr sein! Gott wollte sie ungeschoren davonkommen lassen?

Bakur sah ihn misstrauisch an. »Du verlangst viel, Prophet. Wenn wir uns erst mal entwaffnen lassen, sind wir wehrlos. Welche Garantie bekomme ich dafür, dass eure Kommandantin einlenken wird?«

»Es gibt keine Garantie. Vertraut Gott. Das ist der einzige Rat, den ich dir geben kann.«

Der Khan schwieg. Schließlich sagte er: »Eine Sache wäre da noch.« Er sah Jonas konzentriert an.

Die rabenschwarzen Augen des Khans strahlten einen faszinierenden Glanz aus. Jonas hatte schon viel länger in sie hineingesehen, als es in dieser Situation höflich oder angemessen war, und wollte seinen Blick abwenden, doch das gelang ihm nicht. Irgendeine Macht hielt ihn fest.

Plötzlich hatte er das grauenhafte Gefühl, als kröchen zwei Schlangen in sein Bewusstsein. Schon hatten sie den Sehnerv passiert und sahen sich in seinen Gedanken um. Er versuchte, seinen Blick mit Gewalt von den Augen des Khans loszureißen und diese unheimliche Verbindung zu unterbrechen, doch er hing an ihnen fest wie angeschweißt. Die Reptilien krochen weiter in ihn hinein, begannen, sich in die Falten seines Gehirns hineinzuwühlen. Jonas sah es mit unerklärlicher Klarheit vor sich, so als stünde er in seinem eigenen Kopf und würde das Geschehen beobachten.

Instinktiv stellte er sich zwei mächtige Stiefel vor, die nach den Schlangen traten. Eine wurde am Kopf getroffen. Das Tier zuckte zusammen und zog sich halb betäubt zurück. Die andere Schlange bäumte sich auf und zischte bedrohlich, doch dann machte auch sie kehrt und verschwand.

Jonas spürte, wie die übersinnliche Macht lockerließ. Er schloss kurz die Augen, dann öffnete er sie wieder und sah den Khan an. Dessen Lider waren zusammengekniffen, seine Stirn zerfurcht, als litte er starke Schmerzen. Bakur presste beide Hände aufs Gesicht und ließ sie hinuntergleiten, bis sie schließlich zusammengelegt in Brusthöhe verharrten. Er verbeugte sich.

»Vergib mir«, murmelte er. »Ich wollte ganz sichergehen. Du bist wirklich ein Prophet. Bitte folge mir. Du sollst heute unser Gast beim Gebet sein.«

Jonas, der unwillkürlich etwas von der Größe seines Andachtsraums auf der Peacemaker erwartet hatte, war überrascht, als er den Gebetssaal betrat. Er schätzte ihn auf mindestens fünfzehn mal zehn Meter. Der Boden war mit einem kostbaren nachtblauen Teppich ausgelegt, ansonsten war der Raum im Wesentlichen leer. An der Stirnseite befand sich ein hölzerner Thron, verziert mit aufwendigen Schnitzereien. Daneben stand eine Reihe einfacher Stühle.

Der Khan bat seinen Gast, sich zu setzen. Bald darauf strömten die Männer in den Raum und stellten sich in ordentlichen Zwölferreihen auf. Jeder schien seinen festen Platz zu haben, sodass an einigen Stellen zunächst Lücken blieben, die sich allmählich auffüllten. Doch hier und dort schlossen sie sich nicht. Besonders augenfällig war dies in der vordersten Reihe, in der nur vier Leute standen.

»Xator fehlt. Außerdem seine wichtigsten Männer«, sagte der Khan zu seinem Wesir, der sich mittlerweile zu ihnen gesellt hatte.

»Wundert dich das, mein Khan?«

»Natürlich nicht. Aber ich hatte gehofft ...« Bakur ließ den Satz unvollendet und nahm auf dem hölzernen Thron Platz. Er blickte suchend in die Menge, dann winkte er einen der Männer zu sich.

»Hakan, ich möchte, dass du heute das Gebet leitest. Xator ist verhindert.«

Der Angesprochene verneigte sich. »Es ist mir eine Ehre, mein Khan!«

Der Ton eines Gongs klang durch den Raum. Bakur Khan erhob

sich, ließ seinen Blick über die Reihen der Männer schweifen, die in Habachtstellung vor ihm standen. Dann holte er tief Luft.

»Al Kahar ist groß!«, rief Bakur und hob die Hände empor. Ein vielstimmiger Chor antwortete ihm. »Al Kahar ist groß!«

Jonas bekam eine Gänsehaut.

Die Männer sanken auf ihr rechtes Knie. Der Pirat, der Hakan hieß, trat vor sie und begann zu sprechen, während der Khan sich in die Reihe der Männer stellte.

»Wir dienen Al Kahar, dem Allmächtigen, der zu uns gesprochen hat durch die heiligen Propheten. Wir bekennen Amir Abdul Salam als seinen letzten Gesandten. Der Segen Gottes sei über ihm. Wir dienen Bakur Khan, seinem Bevollmächtigten, und folgen willig seinen Befehlen. Der Segen Gottes bleibe auf ihm.«

Fasziniert verfolgte Jonas den darauf folgenden Wechsel aus Bewegungen und Rufen, studierte die Gesichter, die vor Begeisterung glühten, während sie Übungen vollführten, die aus einer Kampfschule zu stammen schienen. So etwas hatte er noch nie gesehen. Mit einem letzten »Al Kahar ist groß«, unterstützt von einer nach oben gereckten Faust, endete die Gebetszeit.

Der Khan kehrte zu seinem Thron zurück, die Stirn schweißnass.

»Bitte setzt euch. Es gibt Wichtiges zu besprechen. Wir haben heute einen Gast, der mich davon überzeugt hat, dass er im Namen Gottes zu uns kommt. Er ist ein Prophet, und er bringt uns eine Botschaft von Al Kahar. Hört ihm aufmerksam zu.«

Mit einer Handbewegung bedeutete er Jonas, dass er nun an der Reihe sei, das Wort zu ergreifen.

Jonas erhob sich und blickte auf die am Boden sitzenden Piraten – über hundert, schätzte er, jeder einzelne gut trainiert und gefährlich. Ein falsches Wort, eine unbedachte Bewegung, und sein Ende wäre besiegelt. Die Atmosphäre im Raum knisterte. In vielen Augen leuchtete Fanatismus.

Er horchte in sich hinein. Was sollte er sagen? Trotz seiner Ausbildung lag es ihm nicht besonders, zu größeren Menschengruppen zu sprechen.

»Gott, bist du da?«, flüsterte er innerlich, aber er bekam keine Antwort. Die Männer wurden unruhig. Sie waren zu diszipliniert, um miteinander zu tuscheln, doch erste irritierte Blicke flogen hin und her.

»Männer von Evinin«, begann Jonas. Sein Hals war trocken.

»Noch vor wenigen Wochen war ich ein Ungläubiger. Man hatte mich gelehrt, dass Gott nur in den Vorstellungen der Menschen existiert und dass Religion gefährlich ist. Weil es ein religiöser Krieg war, der die Menschheit beinahe ausgelöscht hätte, wurde uns eingeschärft, darauf zu achten, dass sich derartige Ideen nie wieder in den Köpfen der Menschen festsetzen können. Jahrelang bin ich dieser Linie treu gefolgt, doch dann hat Gott direkt zu mir gesprochen. Ich konnte es erst nicht glauben und fürchtete, ich sei verrückt geworden. Doch es gibt ihn wirklich, und er hat mich zu euch gesandt, um euch seine Botschaft zu überbringen.«

Jonas hielt inne. Die Blicke, die ihm zugeworfen wurden, waren höchst unterschiedlich; sie reichten von Neugier bis hin zu verkniffener Ablehnung. Egal. Davon durfte er sich jetzt nicht beeindrucken lassen. Gott hatte ihn in diese Situation geführt, er würde ihn auch heil wieder hinausbringen. Hoffentlich.

Da endlich kam es über ihn, und Worte, die nicht seine eigenen waren, strömten aus seinem Mund.

Nachdem er geendet hatte, schwiegen die Männer betroffen. Der Khan winkte zwei der Piraten herbei, murmelte ihnen etwas zu, dann erhob er sich und ging mit ihnen zu Jonas hinüber.

»Du hast gut gesprochen«, sagte der Khan würdevoll. »Meine Männer sind in ihren Herzen berührt worden. Gewährt uns nun eine Zeit der Beratung. Hassan und Farim werden dich zu deiner Unterkunft begleiten.«

Jonas war das sehr recht. Er brauchte dringend eine Pause.

»Hier entlang bitte«, sagte Hassan ehrerbietig und wies mit der Hand zur Tür. »Bitte folge mir einfach.«

Die Piraten brachten ihn in eine prächtig ausgestattete Unterkunft. In der Mitte des Raumes stand ein riesiges Himmelbett. Der Boden war mit kostbaren Teppichen ausgelegt, auf denen es sich ein Wombat bequem gemacht hatte und zufrieden schnarchte. Ein antiker Schreibtisch aus dunklem Holz stand neben dem Fenster. Außerdem gab es einen niedrigen Tisch, daneben ein Sofa und zwei Sessel. Auf dem Tisch prangte eine übervolle Obstschale, gefüllt mit erlesenen Früchten, von denen Jonas einige noch nie gesehen hatte.

»Wenn du etwas brauchst, einfach zweimal in die Hände klatschen«, sagte Farim, der bislang geschwiegen hatte. »Unsere Mädchen werden dir jeden Wunsch erfüllen. Jeden.«

»Ja, äh, danke. Ich denke, ich muss mich erst mal eine Weile ausruhen. Es ist sehr anstrengend, prophetisch zu reden.«

»Wie du meinst.« Die beiden Piraten verbeugten sich und verließen rückwärtsgehend den Raum.

Jonas ließ sich auf das Bett fallen. Das hatte doch was. So respektvoll wurde er sonst nicht behandelt. Diese Prophetennummer gefiel ihm ausgesprochen gut.

Und es hätte kaum besser laufen können. Diese Piraten hatten förmlich an seinen Lippen gehangen. Gott konnte stolz auf ihn sein. Seine Botschaft befand sich bei ihm in guten Händen. Es sollte ihn wundern, wenn sie nicht auf seine Predigt hin umkehren und ihr Leben ändern würden.

Andererseits – er war sich gar nicht sicher, ob er sich das wirklich wünschte. So viele seiner Kameraden waren durch die Hand dieser Typen gestorben. Es wäre ungerecht, wenn die Piraten zu billig davonkämen. Selbst eine Bombe auf diese Stadt wäre noch zu human. Ein Feuerblitz und fertig. Leiden müssten sie. Langsam und qualvoll sterben und dabei ihre Reue über ihre Schandtaten hinausschreien – *das* wäre gerecht.

Was fand Gott nur an dieser Komanda? Wieso wollte er diesen Leuten helfen?

Ein Geräusch an der Tür ließ ihn auffahren.

»Danke, ich brauche nichts!«, rief er. »Lassen Sie mich einfach schlafen!«

Die Tür schlug auf, drei kräftige Männer stürmten herein. Einen davon erkannte Jonas. Es war Xator.

»Was wollt ihr? Rührt mich nicht an, ich bin im Auftrag Gottes unterwegs ...«

Weiter kam er nicht. Er bekam einen Knebel in den Mund, einen Sack über und einen kräftigen Schlag auf den Kopf und fiel in eine bodenlose Schwärze.

Als Jonas wieder zu sich kam, war aller Luxus um ihn herum verschwunden. Anstelle des polierten Holzfußbodens mit den kostbaren Teppichen lag nun nackter, staubiger Fels unter ihm. Und das üppige Himmelbett war einer harten Holzpritsche gewichen, an die er sich angekettet fand.

»Er wird wach«, sagte eine Stimme im Hintergrund.

Eine Tür öffnete sich mit leisem Knarren und fiel ins Schloss. Schritte kamen auf ihn zu.

»Ausgezeichnet«, sagte Xator. »Dann können wir uns ein wenig unterhalten.«

Er trug einen kupfernen Reif in seiner Hand, den er Jonas über die Stirn streifte. »Du weißt, was das ist?«

»Sieht aus wie ein Neuro-Scanner.«

»Fast. Dieses Gerät scannt nicht, es sendet. Damit kann ich unmittelbar dein Schmerzzentrum stimulieren. Kleine Kostprobe gefällig?«

Mit einem wölfischen Grinsen tippte er auf ein Sketchboard. Augenblicklich stand Jonas' Körper in Flammen. Er brüllte: »Aufhören, aufhören!«

Noch nie hatte er solche Qualen erlebt. Xator tippte abermals auf sein Gerät, und der Schmerz verebbte schlagartig. Jonas rang nach Luft.

»Das ist doch ein echter Fortschritt, findest du nicht? Früher mussten wir die Leute noch zusammenschlagen oder ihnen die Finger abschneiden. Du glaubst nicht, was das für ein Schweinkram war. Überall Blut und Erbrochenes – widerlich. Wer soll das denn sauber machen? Heute reicht ein kleiner Wisch auf dem Sketchboard ...«

Jonas zuckte zusammen, als Xators Finger das Display erreichten, doch der hielt kurz vorher in der Bewegung inne.

»Na ja, du hast ja schon erlebt, wie effektiv es ist. Also kommen wir gleich zur Sache. Wie können wir die Verteidigungslinien der Peacemaker unterlaufen?«

»Ich habe keine Ahnung davon. Ich bin spiritueller Begleiter ... aaaah!«

Xator wischte auf dem Display herum. »Man kann den Schmerzpegel auch erhöhen«, sagte er und bewegte seinen Zeigefinger vertikal über das Gerät.

»Sag mir die Wahrheit. Du bist Waffenoffizier auf der Peacemaker, und dein richtiger Name ist Alister McGregor. Habe ich recht?«

Jonas sah ihn fassungslos an. »Alister war mein Freund«, sagte er schließlich. »Er starb vor ein paar Wochen an den Folgen eines Unfalls.«

Xators Finger zuckten.

»Nein, warte. Ich bin auf der Marad unter seinem Namen gereist. Vielleicht hast du davon erfahren.«

»In der Tat. Käpt'n Ahab ist ein guter Bekannter von mir. Er hat dich auf Ran aufgegabelt.«

»Das ist wahr. Ich habe ihn belogen und mich als Alister ausgegeben. Ich weiß selbst nicht genau, warum ich das getan habe. Aber mein richtiger Name ist Jonas Rothenfels. Ich bin seit drei Jahren spiritueller Begleiter auf der Peacemaker. Von der Technik verstehe ich nicht viel. Das schwöre ich!«

»Und jetzt behauptest du, dass Gott dich geschickt hat.«

»Das ist die Wahrheit! Aaaaah ...«

»Lüge! Es gibt nur einen Gott, und der heißt Al Kahar. Amir Abdul Salam ist sein Prophet. Tod allen Ungläubigen und Zerstörung den Feinden des Glaubens!«

Jonas spuckte Blut aus. Während der Schmerzwelle hatte er sich auf die Zunge gebissen.

»Du wirst widerrufen. Du wirst zum Khan gehen und ihm gestehen, dass du dir diese ganze Nummer nur ausgedacht hast, um ein bisschen anzugeben. Haben wir uns verstanden?«

Das kann ich nicht, dachte Jonas, als er wieder einigermaßen klar denken konnte. Es wäre eine Lüge, und der Khan würde mich umbringen. Bitte, Gott, hilf mir!

»Wirst du widerrufen?«

»Würdest du es an meiner Stelle tun?«, fragte Jonas. Er war plötzlich von einer übernatürlichen Ruhe erfüllt. »Wenn Gott zu dir reden würde, nachts im Schlaf, wenn er durch deinen Mund spräche und du dich Dinge sagen hörtest, die nicht von dir selbst kommen? Wenn du erleben würdest, wie Menschen von diesem Wort berührt werden und ihr Leben verändern – würde es reichen, dir Schmerzen anzudrohen, damit du behauptest, dies alles sei niemals geschehen?«

Xator starrte ihn an. Fassungslos, fast ein wenig ängstlich.

»Nein, das würde ich nicht«, sagte er schließlich. »Ich würde sterben für meinen Auftrag.«

Er hob sein Sketchboard und fuhr erneut mit dem Zeigefinger vertikal über das Display.

»Ja«, bekräftigte Xator, »so ist es immer schon gewesen. Ein Prophet steht mit seinem Leben für die Sache Gottes ein.« Dann hob er seinen Finger.

Jonas versuchte, sich zu sammeln. »Gott, ich bin bereit«, betete er im Stillen. »Ich bin bereit, für dich zu sterben. Aber bitte, lass es schnell gehen.«

Mit einem Fluch schleuderte Xator das Sketchboard in die Ecke.

»Lasst ihn gehn«, befahl er seinen Männern und verließ den Raum.

Die Männer befreiten Jonas von seinen Ketten und dem kupfernen Reif und hießen ihn aufstehen. Er versuchte es, doch seine Knie gaben unter ihm nach. Er fühlte sich, als hätte ihn ein Panzer überfahren. Die Muskeln, die sich während der Schmerzattacken verkrampft hatten, zitterten und weigerten sich, ihn zu tragen. Vor seinen Augen tanzten wilde Muster aus kleinen roten Pünktchen.

Harte Hände packten ihn unter den Achseln. Halb stützen sie ihn, halb schleiften sie ihn über Gänge und Treppen. Jonas hatte genug damit zu tun, nicht das Bewusstsein zu verlieren. Er hätte diesen Weg niemals zurückgefunden.

Endlich lag er wieder in seinem Himmelbett. Einer der Piraten verpasste ihm eine Injektion, deckte ihn scherzhaft-fürsorglich zu und wünschte ihm süße Träume. Dann verließen sie ihn, und Jonas erlaubte sich endlich einzuschlafen.

Die Diskussionen im Gebetsraum zogen sich bereits über Stunden hin, ohne dass eine Einigung in Sicht kam. Jonas hatte ausgesprochen überzeugend geredet, darin stimmten alle überein. Aber war er wirklich ein von Al Kahar gesandter Prophet oder nur ein außerordentlich begabter Redner?

Gingen seine intimen Kenntnisse über die Träume und Gedanken des Khans, die dieser ihnen nach langem Zögern endlich offenbart hatte, tatsächlich auf eine Offenbarung Gottes zurück, oder handelte es sich dabei um Taschenspielertricks? Oder, was noch schlimmer wäre, um Informationen eines Verräters aus dem engsten Kreis ihres Anführers?

Hätte Amir Abdul Salam, ihr Gründer und Prophet, es gewollt, dass sie um ihres Überlebens willen einen neuen Weg einschlagen, oder war es ihre Pflicht, im ehrenvollen Kampf zu sterben? Die Meinungen wogten hin und her.

Da schwang die Tür auf, und Xator trat ein, flankiert von einer bewaffneten Eskorte.

»Du wagst es, mir noch einmal unter die Augen zu treten?«, herrschte der Khan ihn an.

»Ich habe geschworen, alles mir Mögliche zu tun, um die Komanda zu beschützen und ihren Fortbestand zu sichern«, gab Xator zurück. »Zurzeit stehen wir der schlimmsten Bedrohung seit den Tagen von Amir Abdul Salam gegenüber. Die Peacemaker hat unseren Planeten aufgespürt und droht, ihn zu vernichten ...«

»... woran du ja wohl nicht ganz unschuldig bist«, murmelte Alim gerade laut genug, dass es alle hören konnten. Ungerührt fuhr Xator fort.

»Die weitaus schlimmere Gefahr aber kommt von innen. Unsere Feinde haben diesen Rhetor geschickt, um uns zu verwirren. Oh, er ist gut, er ist wirklich gut, aber wenn wir ihm Gehör schenken, verraten wir alles, wofür wir stehen. Die Bomben der Peacemaker könnten unsere Häuser und vielleicht unsere Körper zerstören – aber dieser Jonas raubt uns unsere Seelen. Darum kommt mit mir in die Berge. Wir dürfen das Erbe unserer Vorfahren nicht leichtfertig preisgeben!«

Einige Männer brachen in Jubel aus und sprangen auf, um Xator zu folgen. Dann hielten sie auf halbem Weg inne und sahen verunsichert zum Khan herüber.

Der hatte sich von seinem Thron erhoben.

»Xator ist nicht mehr mein Sohn«, sagte er mit fester Stimme. »Er hat den Khan einen Verräter genannt. Nun soll er selbst als Verräter behandelt werden. Ergreift ihn!«

»Her zu mir, wer dem Weg von Amir Abdul Salam treu bleibt«, entgegnete Xator und reckte sein Kinn trotzig in die Höhe. »Wer unsere Bestimmung endgültig verlassen will, der mag hierbleiben und dem Khan folgen.«

Ein Handgemenge brach aus. Schließlich gelang Xator die Flucht – etwa zwanzig Mann schlossen sich ihm an. Schulter an Schulter schlugen sie ihre Verfolger zurück und verrammelten die Türen des Gebetsraumes von außen. Als es die Eingeschlossenen endlich fertigbrachten, die Tür zu öffnen, waren die Flüchtigen bereits über alle Berge.

8. AUF DER ANDEREN SEITE

»Nur dank der Finsternis erkennen wir das Licht. Nur der Tod lehrt uns den Wert des Lebens.« (Buch der Weisheit)

Mit einem Schrei wachte Jonas auf. Fetzen eines bedrohlichen Traumes wirbelten durch seinen Geist. Irgendjemand hatte versucht, ihm mit einer Kneifzange einen Finger abzutrennen. Er überzeugte sich davon, dass alle Gliedmaßen noch dort saßen, wo sie hingehörten, und setzte sich auf.

Er hatte keine Ahnung, wie lange er geschlafen hatte. Jedenfalls war er nicht mehr müde. Körperlich fühlte er sich zerschlagen und ruhebedürftig, doch sein Geist war munter. Die Gedanken überschlugen sich fast.

Diese Piraten hatten den Tod verdient. So viel war sicher. Einen langsamen, schmerzhaften Tod. Allen voran Xator.

Der Lärm spielender Kinder drang durch das Fenster. Lachen, fröhliche Rufe. Ein kleines Kind begann lauthals zu weinen. Offensichtlich war es mitten am Tag. Jonas griff nach der Raumsteuerung und ließ das Fenster schließen. Zugleich dimmte er das Licht etwas heller.

Frauen und Kinder, dachte er. Hier leben normale Menschen. Aber auch die Kinder werden zu Kriegern heranwachsen und irgendwann Raumschiffe überfallen.

Ein Kopf, der wie der eines zu klein geratenen Bären aussah, hob sich vom weichen Teppich und drehte sich in seine Richtung.

»Hallo, Buddy! Hast du gut geschlafen?«

Der Wombat dehnte sich genüsslich, dann rollte er sich wieder zusammen.

Auch Jonas streckte sich wieder auf dem Bett aus, um seine Gedanken zu ordnen. Wie sollte es nun weitergehen?

So viel war jedenfalls klar, nach der furchtbaren Erfahrung von heute Nacht war er aus der Nummer raus. Er hatte alles getan, was man von ihm verlangen konnte. Er hatte Gottes Botschaft ausgerichtet und sogar sein Leben dafür aufs Spiel gesetzt. Sein Auftrag war erledigt.

Wer weiß, was dieser Xator noch alles gegen ihn anzetteln würde. Einmal war es gut gegangen – man musste das Schicksal kein zweites Mal herausfordern.

Ob seine Worte bei den anderen etwas bewirken würden? Würden die Piraten, wenn sie ihre anfängliche Betroffenheit erst einmal überwunden hatten, wirklich umkehren und ein neues Leben beginnen?

Jonas war sich nicht sicher. Ihm selbst war es ja ähnlich ergangen, als Gott die ersten Male zu ihm gesprochen hatte. Es war naheliegender, erst mal alles zurückzuweisen, als etwas zu verändern. Immerhin mutete er den Piraten zu, ihre Identität aufzugeben. Er stellte alles infrage, woran sie seit Generationen glaubten. Und was hatte er dafür anzubieten? Nichts als die vage Zusicherung, dass Gott sich schon um alles kümmern würde. Nicht gerade üppig.

Nein, so wie er diese Männer hier einschätzte, würden sie lieber kämpfend zugrunde gehen, als sich auf seine Botschaft einzulassen. Aber das war nun Gottes Sache, nicht mehr seine. Sein Auftrag war erfüllt, jetzt galt es, den eigenen Hintern aus der Schussbahn zu bringen. Es konnte nicht mehr lange dauern, bis die Peacemaker das Feuer eröffnete.

»Buddy, steh auf, wir reisen ab!«

Ächzend quälte Jonas sich aus dem Bett. Seine Muskeln protestierten gegen das Aufstehen, und die Muster vor den Augen erschienen wieder. Er wartete einen Moment, bis der Schwindel sich einigermaßen gelegt hatte, dann wankte er zur Tür. Sie war unverschlossen. Er öffnete sie vorsichtig und spähte hinaus. Weit und breit keine Wachen. Gefolgt von einem missmutigen Wombat, stahl er sich aus dem Haus.

Jonas trat ins Freie und blinzelte im Licht der orangeroten Sonne von Kyros. Auch hier gab es nirgendwo Wachen. Nur spielende Kinder und ein paar Frauen, die teils ein Auge auf sie hatten, größtenteils aber damit beschäftigt waren, die neuesten Nachrichten auszutauschen.

Ein ziemlich korpulentes Weib mit schwarzem Kopftuch zeigte auf ihn und redete heftig auf die Frau neben ihr ein. Frauen und Kinder, dachte er. Frauen und Kinder.

Jonas wandte den Kopf von ihnen ab und ging langsam, aber zielstrebig in Richtung Raumhafen. Abgesehen von den beiden Frauen schien sich niemand um ihn zu kümmern. Er musste seine ganze Willenskraft aufbieten, um nicht loszurennen.

Endlich erreichte er den Flugplatz. Misstrauisch sah er sich um. Irgendwie kam ihm das zu einfach vor. Ob hier eine Falle auf ihn wartete? Doch er konnte niemanden entdecken. Nicht einmal der Tower war besetzt.

Er trat auf das Rollfeld. Kein Servicepersonal, keine Wartungstechniker, keine Droiden, keine Wachen. Alles lag da wie ausgestorben.

Unbehelligt gelangte er zur Sun'Izir. Sie erkannte das ID-Signal seines Transponders und öffnete die Luke für ihn.

Und nun? Hoffentlich ...

Die Luke glitt hinter ihm zu. Er setzte sich auf den Pilotensitz. Hier hatte Gott zum ersten Mal durch ihn gesprochen. Jonas erinnerte sich deutlich an das Gefühl von fließender Energie. Es war großartig gewesen. »Ich sehe, dass ihr Eifer habt, doch euch fehlt die Erkenntnis«, murmelte er in Erinnerung an diesen Moment.

Der Satz war danach noch öfter gefallen. Anscheinend sah Gott in diesen Menschen etwas Positives. Jonas fiel es schwer, das nachzuvollziehen. Wie konnte man die Grausamkeiten der Piraten gutheißen?

Obwohl – das tat Gott ja gar nicht. Er hatte sie ausdrücklich zur Umkehr aufgerufen. Zur Abkehr von der Gewalt. Es wäre zwar ein Wunder, wenn das wirklich gelänge. Aber wer weiß? Auch bei ihm hatte Gott ja am Ende seinen Plan durchgesetzt. Obwohl er sich anfangs mit aller Kraft dagegen gewehrt hatte.

Auf jeden Fall brauchte die Komanda Zeit. Vielleicht würde seine Botschaft ja doch etwas bewirken. Wenn man ihnen nur die Chance bot, in Ruhe darüber nachzudenken.

Ihm kam ein Zitat aus dem Buch der Weisheit in den Sinn: *»Der beste Weg, seine Feinde zu besiegen, ist, sie zu Freunden zu machen.«* Das wäre auf jeden Fall die nachhaltigste Lösung. Und die Frauen und Kinder blieben am Leben.

Nun wusste er, was er zu tun hatte. Unbeholfen fingerte er am Hauptdisplay herum. Er suchte und fand die Zieleingabe. Dort wählte er »Zum Schiff zurückkehren« aus. Dann legte er die Gurte an. Während die Startsequenz anlief, stellte er eine Verbindung zur Peacemaker her.

»Hier spricht Jonas Rothenfels. Ich bin auf dem Rückflug und bitte um ein Treffen mit Kapitänin Fairchild.«

»Peacemaker verstanden. Ich leite Ihre Nachricht weiter.« Das hatte wie eine Computerstimme geklungen, aber Jonas war sich nicht ganz sicher.

Die Aggregate hatten nun ihre Nennleistung erreicht, und die Sun'Izir begann vom Boden abzuheben.

Das Funkgerät erwachte zum Leben. »Hier spricht Major Kingsman. Kehren Sie unverzüglich zur Peacemaker zurück. Ich stelle Sie hiermit unter Arrest!«

Jonas nickte. Das war zu erwarten gewesen. Er konnte nur hoffen, dass Gott seinen Einsatz belohnen und ihm da hindurchhelfen würde. Er musste unbedingt mit der Kapitänin sprechen und um eine Aussetzung des Ultimatums bitten. Sonst wäre alles umsonst gewesen.

Er blickte auf den Monitor und warf einen letzten Blick auf die kleine Stadt, die da unter ihm zwischen Meer und Felsen lag. Geradezu malerisch sah sie aus. Er erkannte das Haus am Hang wieder, durch das ihm seine Flucht geglückt war, die lange Treppe, die dorthin führte, und den Pfad auf dem Bergrücken, über den er gegangen war. Dann verdeckten Wolken die Sicht.

Er holte sich die Bugkamera auf den Monitor. Die ersten Sterne wurden sichtbar. »Buddy, es geht nach Hause!«, sagte er fröhlich. »Unser Abenteuer auf Kyros ist vorbei!«

Ein kurzer schriller Alarmton riss ihn aus seinen Gedanken.

Der Monitor flackerte und ging aus, das Geräusch der Aggregate riss ab, die Lichter im Innenraum verlöschten. Jonas spürte, wie die Schwerkraft nachließ, und hörte den pfeifenden Luftzug der Atmosphäre an der Außenhülle. Der Lander befand sich im freien Fall.

»Gott, wir stürzen ab!«, brüllte er. »Tu doch etwas!«

Ein Monitor erwachte zum Leben. Der rote Schriftzug *Systemfehler* blinkte in regelmäßigen Abständen auf.

«Danke, sehr hilfreich!«, rief Jonas und schlug mit der flachen Hand gegen das Gerät.

Jetzt änderte sich das Wort in *Neustart …*

Eine endlose Folge von Buchstaben und Zahlen glitt über den Monitor. Das dauerte alles viel zu lange!

Das Logo von Megasoft füllte den Bildschirm.

Updates werden installiert. Gerät nicht ausschalten. Darunter erschien eine Prozentanzeige. Bei 47 % schien sie festzuhängen.

»Das darf doch nicht wahr sein!«, brüllte Jonas. »Mach hin!«

Der Höhenmesser blieb dunkel, es war nicht abzuschätzen, wie viel Zeit noch bis zum unvermeidlichen Aufschlag blieb. Aber lange konnte es nicht dauern. Ein paar Minuten vielleicht.

Die Anzeige zählte weiter, um bei 65 % erneut stehenzubleiben. Nach einer gefühlten Ewigkeit fuhr das System endlich hoch. Die Aggregate liefen an, ein Grav-Antigrav-Feld baute sich auf.

Der Monitor erwachte zu neuem Leben und zeigte Baumspitzen, die schnell näher kamen.

Gerade als Jonas dachte, dass die Sache noch gut für ihn ausgehen könnte, ertönten eine Reihe hässlicher Geräusche. Der Lander wurde hin und her gerissen, es gab einen gewaltigen Schlag, als spielte ein Riese Baseball mit dem Schiff. Jonas knallte mit dem Kopf gegen etwas Hartes und verlor das Bewusstsein.

*****

»Rilana, Rilana, komm schnell, ich habe jemanden gefunden!«

Likos helle Stimme hallte durch das Treppenhaus. Rilana war in die medizinischen Seiten des leuchtenden Gerätes vertieft, das sie gefunden hatte, und brauchte eine Weile, bis sie begriff, dass sie gemeint war.

»Ich bin in der Krankenstation!«, rief sie zurück – im gleichen Moment riss ihr kleiner Bruder die Tür auf.

»Ich wusste, dass du hier bist!«, sagte er stolz. »Du musst schnell mitkommen. Da liegt einer im Wald in so ’nem komischen Dings. Er bewegt sich nicht, aber er atmet noch. Und überall liegen kaputte Teile rum.«

Rilana griff nach ihrem Rucksack, in dem sie Verbandsmaterial und etliche Medikamente gesammelt hatte für den Fall, dass sie unverhofft aus dem Haus fliehen musste.

»Los, Liko«, sagte sie, »zeig mir den Weg!«

Leichtfüßig rannte ihr kleiner Bruder durch das hohe Gras. Er folgte dem Saum des Unterholzes für eine gute Strecke, dann bog er in den Wald ein. Bald konnte Rilana die Stelle ausmachen. Einige Bäume waren unter der Last eines merkwürdigen Gefährts abgeknickt. Sie hatte noch nie etwas Vergleichbares gesehen.

Es hing zwischen zwei Bäumen fest, hatte sich mit dem hinteren Ende in den Erdboden gebohrt und war an der Seite aufgesprungen. Als Rilana näher kam, konnte sie einen Mann erkennen, der bewusstlos auf einem Sitz saß, festgehalten von zwei breiten Gurten. Sie kletterte den Baum hinauf und kroch vorsichtig in das Fluggerät hinein. Es begann unter ihrem Gewicht bedenklich zu schwanken. Rilana hielt sich mit einer Hand fest und fühlte mit der anderen den Puls des Verunglückten. Er schlug schwach, aber regelmäßig.

»Liko, du musst mir helfen«, sagte sie. »Bekommst du diese Gurte irgendwie los?«

»Ich kann es ja mal versuchen«, antwortete er und stieg behände wie ein Eichhörnchen zu ihr nach oben. Als er sich neben sie schob, neigte sich das Gefährt besorgniserregend auf eine Seite. Der Baum, in dem es festhing, knackte vernehmlich.

»Wir dürfen uns nicht zu schnell bewegen«, sagte Rilana, mehr um ihre eigene Angst zu bekämpfen.

Liko kniete sich vor den Sitz und fingerte an dem Gurtsystem herum.

»Ich glaube, ich hab's jetzt«, verkündete er, dann knackte es, und die Gurte schnellten zurück.

Rilana packte den Bewusstlosen bei den Schultern. »Achte du auf die Füße, dass er nirgendwo hängen bleibt«, wies sie ihren Bruder an, dann zog sie den Mann aus dem schwankenden Irgendwas heraus. Er war schwer, und sie musste all ihre Kraft aufwenden, um nicht mit ihm zusammen hinunterzufallen. Mühsam hievte sie ihn nach unten.

Endlich lag der Verletzte auf dem Boden. Sie untersuchte ihn. Zwischen seinen dichten roten Haaren entdeckte sie eine Platzwunde, aus der langsam Blut heraussickerte. Lebensbedrohlich war sie aber wohl nicht. Sie knöpfte das Hemd auf und tastete den Brustkorb ab. Sein Herz schlug regelmäßig, doch eine der unteren Rippen war gebrochen. Der Rest der Glieder schien ihr unverletzt.

»Wo bin ich?«, stöhnte der Mann mit schwacher Stimme. »Wer sind Sie, und was machen Sie mit mir?«

»Mein Name ist Rilana, und ich versuche, Ihnen zu helfen. Sie sind abgestürzt.«

»Ja, ich erinnere mich«, sagte Jonas und versuchte sich aufzurichten. »Au.«

»Eine Ihrer Rippen ist gebrochen, und Sie haben eine böse Wunde am Kopf. Sonst scheint alles heil zu sein.«

»Ich heiße Jonas«, sagte er. »Danke, dass du mir hilfst.«

»Gerne. Mein Bruder hat dich im Wald gefunden und mich hierhergeführt. Das ist Liko.«

»Danke, Liko!«

Liko stand halb hinter seiner Schwester versteckt und nickte schüchtern.

Jonas setzte sich vorsichtig auf und hielt sich den schmerzenden Kopf. Dann sah er betrübt auf seine blutverschmierten Finger. »Da habe ich wohl noch mal Glück gehabt«, sagte er. Er betrachtete den havarierten Lander. »Ohne diese Bäume wäre ich vermutlich tot. Und ohne Liko wohl auch. Wie hast du mich gefunden?«

»Ich habe im Wald gespielt. Und dann war da plötzlich so ein komisches Tier. So eins habe ich noch nie gesehen. Ich bin ihm hinterhergelaufen, und dann bin ich hier angekommen. Ist das ein echtes Raumschiff?«

»Ja, ein Lander. Man benutzt es, um von den großen Schiffen auf die Planeten zu kommen. Ich bin von der Peacemaker«, sagte Jonas stolz. »Du hast wahrscheinlich ihr Bild am Nachthimmel gesehen.«

»Ja, das war sogar noch größer als Cavab. Es muss riesig sein!«

»Die Peacemaker ist das größte Schiff der Galaxie. Es wurde gebaut, um die Handelsflotten vor den Piraten zu schützen.«

»Vor unseren Piraten?«

»Ja, genau.«

»Das ist gut. Die machen uns nämlich ganz schön zu schaffen.«

Jonas lächelte. »Dein Bruder ist ein schlauer Kopf«, sagte er zu Rilana.

»Ja, wenn er ein wenig fleißiger in der Schule wäre, könnte er es weit bringen.«

Liko bedachte sie mit einem feindseligen Blick.

»Was war das für ein Tier, das mich hierhergeführt hat?«, fragte er.

Jonas deutete auf Buddy, der sich ein wenig entfernt zusammengerollt hatte und an einem Tannenzapfen herumknabberte. »Meinst du das da?«

Liko starrte in die angegebene Richtung. »Machst du Witze?«, fragte er. »Da ist doch gar nichts.«

»Kannst du aufstehen?«, fragte Rilana. »Wir haben leider nichts, um dich zu transportieren.«

»Ja, ich glaube schon«, sagte Jonas. Er knöpfte sein Hemd zu, dann stemmte er sich vorsichtig empor. Rilana trat neben ihn und umfasste seine Hüfte. »Du kannst dich ruhig ein wenig auf mich stützen«, sagte sie. »Liko, nimmst du den Rucksack?«

Jonas legte seine Hand um ihre Schulter. »Das Angebot nehme ich gerne an«, sagte er und lächelte verlegen.

*****

Noch existierte das geplante Gemeindezentrum – und somit auch Xators neue Residenz – lediglich auf dem Papier. Doch er war enge Raumschiffe gewohnt und daher bescheiden, was seine Ansprüche an eine Unterkunft anbelangte. Eine kleine Pritsche reichte ihm aus, und für seine Männer galt dasselbe. Sie fanden Unterschlupf bei ihren Gemeindemitgliedern, denen es eine Ehre war, sie als Gäste begrüßen zu dürfen.

Thomas, der Schmied, hatte es sich nicht nehmen lassen, Xator zu beherbergen. Ungeachtet dessen höflicher Proteste hatten er und seine Frau ihr Schlafzimmer geräumt und es ihm zur Verfügung gestellt, was Xator schließlich dankbar angenommen hatte, da er in diesem Raum auch kleinere Besprechungen abhalten konnte.

Sein erster Gast war Faris, ehemaliger Kommandant des Zerstörers Rivan, der Xator mit dem größten Teil seiner Mannschaft in die Kolonie gefolgt war. Er logierte bei Franco.

»Mein Khan«, sagte er, als er den Raum betrat, und ließ sich auf sein rechtes Knie sinken.

«Steh auf, Faris«, antwortete Xator. »Ich weiß deine Ergebenheit zu schätzen, doch noch bin ich nicht der Khan.«

Der dunkelblonde Hüne, der fast einen Kopf größer war als Xator, erhob sich und folgte dem Wink seines Anführers, sich auf einem der Sessel niederzulassen.

«Uns bleibt nicht viel Zeit«, erläuterte Xator. »Das Ultimatum der Peacemaker läuft bald ab, und wenn wir nicht rasch handeln, wird Bakur, der Verräter, unsere Komanda an die Union ausliefern. Das müssen wir unbedingt verhindern. Uns bleibt nur noch eine letzte Wahl.«

»Was willst du tun?«

Xator nahm ein Sketchboard zur Hand, aktivierte die Holoprojektion und ließ ein Bild von Evinin entstehen.

»Unsere Komanda ist nicht mehr zu retten«, sagte er. »Sie geht so oder so verloren. Aber was wir tun können, ist, ihren Geist und ihren Auftrag zu bewahren. Er lebt weiter in den tapferen Männern, die alles zurückgelassen haben, um mir ins Exil zu folgen, und er wird neu gepflanzt in den Seelen der Kolonisten. Sieh her.«

Er deutete auf lang gestreckte graue Linien, die unterhalb der Stadt verliefen.

»Die Bergwerksstollen der Kolonisten reichen bis in den Fels, auf den Evinin gebaut ist. Nach den Berechnungen von Raschad reicht ein Antimaterie-Torpedo an der richtigen Stelle, um die ganze Stadt zu vernichten.«

Er sah seinen Mitstreiter ernst an. »Es wird so aussehen, als hätte die Peacemaker Evinin zerstört. Das wird den gerechten Hass unserer Männer schüren, sodass wir endlich unsere heilige Mission erfüllen und mit den restlichen Torpedos den Angriff auf Mekka rächen können.«

»Ein großartiger Plan, Kommandant. Aber wird Raschad ihn unterstützen? Ich weiß, dass er dir sehr verbunden ist, ihr seid zusammen aufgewachsen, auch ist er mit uns geflohen – aber, mit Verlaub, er ist kein Krieger.«

Seine blauen Augen sahen Xator gefasst an – so als rechne Faris mit einer Zurechtweisung oder Strafe für diese Aussage, aber habe sie mit gutem Grund dennoch gemacht.

»Ich danke dir für deine offenen Worte. Sie zeugen von Aufrichtigkeit und Mut.« Xator schlug dem Hünen anerkennend auf die Schulter.

»Ich teile deine Einschätzung. Raschad hat die Pläne und Berechnungen für die Bombe erstellt, aber er würde sich niemals dafür hergeben, sie in die Tat umzusetzen. Dafür ist er viel zu weich. Darum gebe ich dir den Auftrag. Hast du Männer, die dafür in Frage kommen?«

Faris überlegte kurz. »Ja, Agim und Veli. Einer ist Waffentechniker, der andere Maschinenoffizier. Findige Leute und bedingungslos loyal.«

»Hervorragend. Sie sollen unverzüglich nach Liman fliegen. Ich habe dort zuverlässige Männer, die die AM-Torpedos für mich aufbewahren.«

»Aber was ist mit der Peacemaker? Wird sie zulassen, dass ein Raumschiff von Kyros startet?«

»Unsere Wachen haben beobachtet, dass die Sun'Izir vor Kurzem abgestürzt ist. Die Absturzstelle muss ganz in der Nähe sein. Ich habe Leute losgeschickt, um den ID-Signalgeber zu bergen. Damit sollten wir die Computer der Peacemaker verwirren können.«

Faris nickte beeindruckt. »Das könnte funktionieren. Kommandant, ich bin froh, an deiner Seite kämpfen zu dürfen.«

Xator lächelte ihm zu. »Und deine Treue wird belohnt werden, mein Bruder. Darauf kannst du dich verlassen.«

*****

Sie brauchten eine ganze Weile, bis sie die alte Villa erreichten. Rilana führte ihren Patienten direkt in die Krankenstation.

Jonas sah sich um. »Das ist ja das reinste Museum hier«, sagte er zweifelnd.

»Für mich ist es allermodernste Technik«, gab Rilana zurück. »Hier, sieh mal!«, sagte sie triumphierend und legte einen Schalter um, woraufhin es taghell in dem Raum wurde. »Elektrisches Licht! Das gibts in unserer Kolonie längst nicht überall.«

Sie führte Jonas zur Behandlungsliege.

»Setz dich bitte mal dorthin.« Er gehorchte, und sie untersuchte sorgfältig seine Kopfverletzung.

»Ich glaube nicht, dass das genäht werden muss«, sagte sie schließlich und sprühte BMF 25 auf die Wunde. »Es wirkte größer, als es ist. Ist dir übel oder schwindelig?«

»Nein«, sagte Jonas. »Dafür, dass ich gerade abgestürzt bin, fühle ich mich erstaunlich gut.«

»Das freut mich. Also hast du keine Gehirnerschütterung. Aber was machen wir mit deiner gebrochenen Rippe?«, fügte sie nachdenklich hinzu.

»Gar nichts«, antwortete Jonas. »Gebrochene Rippen heilen von selbst wieder zusammen.«

»Kennst du dich mit Medizin aus?«

»Ein wenig. Ich habe eine medizinische Grundausbildung. Aber eigentlich bin ich spiritueller Begleiter.« Er grinste zynisch. »Und zurzeit bin ich als Prophet unterwegs.«

»Du bist was?«

»Das ist eine lange Geschichte ...«, sagte Jonas ausweichend.

»Ich will sie hören«, bestimmte Rilana.

»Na schön, aber vielleicht gibt es einen etwas netteren Ort dafür.«

*****

Rilana führte Jonas in einen der Räume, der mit bequemen Sesseln ausgestattet war. Sie kochte Tee, dann setzte sie sich zu ihm und sah ihn aufmerksam an.

»Nun?«, fragte sie.

»Ich weiß nicht, wo ich anfangen soll«, bekannte Jonas. »Es ist eine Menge passiert in der letzten Zeit ...«

Er schwieg nachdenklich, dann fragte er: »Glaubst du an Gott?«

»Eher nicht«, antwortete Rilana. »Ich kann nicht mit Sicherheit ausschließen, dass es ihn gibt, aber bisher hat er mich nicht von sich überzeugt. Kabuto – das ist der Heiler, bei dem ich meine Ausbildung mache – redet andauernd von kosmischen Mächten und beschwört Ahnengeister und so 'n Zeug ... das finde ich ziemlich albern. Und die Piraten mit ihrem Al Kahar, ihren Gebetsübungen und den Kopftüchern für die Frauen ... das finde ich eher krank.«

Sie suchte nach Worten. »Und ziemlich praktisch für die Mächtigen«, fügte sie nach einer Weile hinzu.

Jonas nickte. »Weißt du, dass es auf der Erde einen schrecklichen Krieg zwischen den Religionen gegeben hat?«

»Ja, das haben wir in der Schule gelernt.«

»Nach diesem Krieg wurden alle Religionen offiziell abgeschafft und verboten. An ihre Stelle trat die Eirenosophie, die Lehre vom Frieden. Statt der herkömmlichen Priester und religiösen Führer gibt es heute Begleiter, die Menschen in schwierigen Lebenssituationen beistehen und mit ihnen auf Wunsch Rituale gestalten. Solch eine Ausbildung habe ich gemacht.«

Er trank einen Schluck Tee.

»Es hat sich nämlich gezeigt, dass man den Leuten die Religion nicht einfach wegnehmen kann. Irgendwie steckt es in unserem genetischen Code, an Dinge zu glauben, die größer sind als wir selbst. Man hat Spuren gefunden, die belegen, dass die Menschen schon in der Steinzeit höhere Wesen verehrt haben. Na ja, und um Wildwuchs zu verhindern und die Religiosität der Menschen in unschädliche Bahnen zu lenken, wurde die Eirenosophie entwickelt. Ihr Symbol ist eine Sonne, weil aus den Sonnen alles Leben kommt, und das Symbol hat eine leere Mitte, damit jeder seine eigenen Vorstellungen von Gott oder dem Universum oder wie auch immer dort hineinlegen kann.«

Rilana hörte beeindruckt zu. Es klang wohltuend vernünftig, was dieser Mann erzählte.

»Darin wurde ich also ausgebildet und habe diese Dinge auch brav so weitergegeben, wie ich sie selbst gelernt habe – bis dann eines Tages Gott zu mir gesprochen hat.«

Rilana verzog das Gesicht. So viel zum Thema Vernunft, dachte sie.

»Ich hab es erst nicht glauben wollen, nahm an, ich sei überarbeitet, weil ich plötzlich Stimmen hörte, und habe Urlaub beantragt. Doch auf der Reise erlitt ich Schiffbruch und geriet in Gefangenschaft, konnte mich befreien und wurde schließlich nach Kyros gebracht. Du musst wissen, dass Gott mich von Anfang an hierherschicken wollte. Ich sollte den Piraten die Botschaft überbringen, dass ihr Weg falsch ist und dass Gott sie dazu aufruft, ein neues Leben anzufangen.

Nachdem ich beim ersten Mal kläglich versagt hatte, bin ich ein zweites Mal nach Kyros geflogen, und diesmal durfte ich erleben, wie Gott durch mich hindurchspricht. Ich kann das nicht steuern oder beeinflussen. Er tut das einfach dann, wenn er es für richtig hält. Aber auf diese Weise konnte ich dem Khan Dinge sagen, die ich eigentlich nicht wissen konnte – Einzelheiten seiner Träume und geheimste Gedanken. Das hat ihn dann wohl überzeugt, zumindest hat er mir erlaubt, zu seinen Leuten zu sprechen. Doch das hat nicht viel gebracht. Einer ihrer Anführer, Xator ...«

Rilana zuckte zusammen. »Der Mann ist gefährlich«, sagte sie. »Er ist dabei, unsere Kolonie zu übernehmen.«

Jonas nickte zustimmend. »Und mich hat er gefoltert. Er wollte Details über die Bewaffnung der Peacemaker erfahren. Vermutlich plant er, sie anzugreifen. Jedenfalls bin ich dann geflohen. Ich wollte unsere Kommandantin davon überzeugen, dass sie der Komanda mehr Zeit gibt. Weißt du, der Khan und sein Berater, dieser ... Alim, waren eigentlich ganz vernünftig. Wenn es ihnen gelingt, ihre Leute zu überzeugen, könnte die ganze Sache noch gut für sie ausgehen. Aber wenn Xator sich durchsetzt – du hast ja keine Ahnung, welchen Schaden die Peacemaker anrichten kann!«

Rilana sah ihn mit großen Augen an.

»Und dann bist du abgestürzt«, sagte sie.

»Genau.«

»Wenn es Gott gäbe, hätte er das nicht verhindern müssen?«

Jonas setzte zu einer Entgegnung an, aber Rilana ließ ihn nicht zu Wort kommen.

»Ich habe vor Kurzem ein Kind sterben sehen«, sagte sie. »Auch so etwas dürfte nicht passieren, wenn es Gott wirklich gäbe.«

Eine Träne lief ihre Wange hinunter.

»Genauer gesagt, habe ich es getötet.« Sie verbarg ihr Gesicht in den Händen. Jonas legte ihr zaghaft die Hand auf die Schulter.

»Erzähl mal«, sagte er sanft.

»Es war die Astronautenkrankheit.«

Jonas nickte. »Davon habe ich schon gehört. Auf den älteren

Raumschiffen haben sie oft damit zu kämpfen. Aber wie ist das Bakterium hierhergekommen?«

»Das weiß ich nicht. Wahrscheinlich haben es die Piraten eingeschleppt. Ich bin mir ziemlich sicher, dass es die Astronautenkrankheit war. Alle Anzeichen passten. Und natürlich haben Kabutos Kräutertees nicht geholfen und seine Ahnengeister auch nicht.«

»Cytoflacin ist so ziemlich das Einzige, das dagegen hilft.«

Sie sah ihn an. »Ja, damit habe ich es auch versucht. Aber Janneke ist trotzdem gestorben. Vielleicht habe ich ihr zu viel davon gegeben. Sie war doch erst fünf.« Wieder rollte eine Träne über ihre Wange.

»Wie lange hat es gedauert, bis sie das Medikament bekommen hat? Vom Ausbruch des Fiebers an, meine ich?«

»Ich weiß nicht genau. Vielleicht zwei Tage?«

»Das ist viel zu spät. Wenn das Antibiotikum nicht innerhalb von 24 Stunden verabreicht wird, sind die inneren Organe schon zu stark geschädigt. Diese Bakterien sind ziemlich übel. Einem gesunden Menschen tun sie gar nichts, aber wehe, sie erwischen einen schwachen. Du hattest keine Chance. Und das kleine Mädchen auch nicht. Es tut mir leid.«

Rilana sah ihn erleichtert an.

In diesem Moment ertönte ein ohrenbetäubender Knall, dessen Echo den Berghang entlanggrummelte.

»Was war das?« Rilana hatte vor Schreck ihren Tee verschüttet.

Sie sahen sich kurz an und liefen dann wie auf Kommando vor die Tür. In der Ferne, auf dem Bergrücken, stieg eine feine Rauchsäule auf.

»Also, die Stadt war es nicht. Das gäbe mehr Rauch«, überlegte Jonas. »Vermutlich ein Warnschuss. Allzu viel Zeit bleibt ihnen nicht mehr.«

Sie schwiegen eine Weile. Plötzlich fiel Rilana auf, dass sie wie selbstverständlich Arm in Arm standen. Vielleicht lag es daran, dass sie die ganze Strecke von der Absturzstelle bis zur Krankenstation eng umschlungen gegangen waren und nun automatisch wieder diese Position eingenommen hatten. Rilana beschloss, nicht weiter darüber nachzudenken. Sie legte ihren Kopf an seine Schulter.

Passt genau, dachte sie. Größenmäßig passen wir genau zusammen.

Sie schloss die Augen und genoss die Nähe. Es tat gut, gehalten zu werden, nachdem um sie herum so vieles ins Schwimmen geraten war.

*****

Bakur war gerade in einer Besprechung, als der Knall ertönte. Kurz darauf meldete sich die Stimme Tareks: »Mein Khan, ich habe eine Nachricht der Peacemaker. Kommandantin Patricia Fairchild.«

»Durchstellen«, knurrte der Khan.

»Hier spricht Kommandantin Patricia Fairchild von der Peacemaker. Ihr Ultimatum läuft in zwölf Stunden ab. Bislang haben wir bei Ihnen noch keinerlei Aktivität registriert, die darauf hindeutet, dass Sie gewillt sind, unsere Bedingungen zu erfüllen. Dieser Schuss ist unsere letzte Warnung. Ergeben Sie sich, sonst radieren wir ihre Stadt aus.«

»Hier spricht Bakur Khan. Ihre Nachricht ist angekommen. Wir sind bereit zu verhandeln. Bitte verschonen Sie unsere Stadt. Hier leben Frauen und Kinder.«

»Negativ, Khan. Für Verhandlungen gibt es keinen Spielraum. Sie liefern Ihre Raumschiffe und Waffen aus, anschließend wird die Stadt geräumt. So hat es der Rat beschlossen.«

»Ihr Verhandlungsführer hat uns eine andere Option in Aussicht gestellt.«

»Wer?« Die Stimme klang ungehalten. »Wovon reden Sie?«

»Sein Name ist Jonas Rothenfels. Er kommt von Ihrem Schiff.«

Kurzes Schweigen. Dann: »Ich möchte mit ihm sprechen.«

»Bedaure, er ist nicht mehr hier. Er ist abgeflogen – ich dachte, er sei wieder an Bord der Peacemaker.«

Erneutes Schweigen.

»Herr Rothenfels ist nicht ermächtigt, mit Ihnen zu verhandeln.«

Der Khan lachte. »Ja, das hat er auch gesagt.«

»Warum reden Sie dann mit ihm?«

»Weil er im Auftrag Gottes gekommen ist.«

»Machen Sie sich nicht lächerlich.«

»Frau Kommandantin, ich weiß nicht, was Sie über unsere Gemeinschaft wissen. Aber uns bedeutet der Glaube sehr viel. Seit Generationen kämpfen unsere Männer im Namen Al Kahars, unseres Gottes. Das ist unser Leben. Nun ist zum ersten Mal seit den Zeiten von Amir Abdul Salam wieder ein Prophet aufgetreten und hat zu uns gesprochen. Das hat die Lage entscheidend verändert.«

Er zögerte. »Das könnte uns allen einen dauerhaften Frieden bringen. Wenn Sie jedoch auf Ihren Forderungen bestehen, wird der Krieg niemals ein Ende finden.«

Die Kommandantin lachte. »Ich glaube, Sie unterschätzen unsere Feuerkraft. Wenn wir mit Ihnen fertig sind, wird niemand mehr übrig sein, der noch Krieg führen könnte.«

»Darf ich Sie daran erinnern, dass wir Ihnen schon einmal einen schweren Schaden beigebracht haben?«, spottete der Khan. «Das können wir jederzeit wieder tun. Aber diesmal wird es die Peacemaker anschließend nicht mehr ins Dock schaffen. Wir haben die Antimateriewaffen der Perseus erbeutet und wissen sie einzusetzen. Also entweder sind Sie bereit für Verhandlungen, oder Sie riskieren das Leben sehr vieler Menschen, einschließlich Ihres eigenen. Wir kämpfen für Al Kahar. Wir fürchten den Tod nicht. Aber das Leben ist besser als der Tod, habe ich nicht recht?«

Ein längeres Schweigen deutete darauf hin, dass sich die Kommandantin mit jemandem besprach. Dann fragte sie unvermittelt: »Was bieten Sie an?«

»Wir sind bereit, unsere Waffen auszuliefern. Im Gegenzug garantieren Sie dafür, dass wir unsere Heimat auf diesem Planeten nicht verlassen müssen. Bitte unterbreiten Sie meinen Vorschlag dem Rat.«

»Wir melden uns wieder.«

Die Verbindung brach ab.

*****

Gut 200 Menschen waren gekommen, um an der Beerdigung von Janneke teilzunehmen. Auch Xator erschien – was zu irritiertem Geraune und Getuschel unter den Anwesenden führte. Sie ereiferten sich nicht nur wegen seiner Person, sondern auch darüber, dass er von knapp fünfzig Männern in exakt der gleichen Kleidung begleitet wurde. Es war keine Uniform, dafür wirkten die Leinenhemden und Armeehosen zu leger, aber sie erfüllten denselben Zweck.

Henk und seine Frau Saskia, die ganz vorn neben dem kleinen weißen Sarg saßen, bekamen diesen Auftritt glücklicherweise nicht mit. Dafür waren sie zu sehr mit ihrem Schmerz beschäftigt.

Direkt vor ihnen stand Kabuto in einem feierlichen schwarz-roten Gewand. Er sprach vom Kreislauf des Lebens, vom Geborenwerden und Sterben und darüber, dass jedem Menschen nur eine begrenzte Lebenszeit beschieden sei. Es war im Wesentlichen das, was er bei Beerdigungen immer sagte, und die Rede zog an den Anwesenden vorbei wie der Duft der Räucherkerzen, die er entzündet hatte. Es kam auch weniger auf den Inhalt des Gesagten an als vielmehr darauf, dass überhaupt jemand Worte fand in einer Situation, die sie alle sprachlos zurückließ.

Plötzlich aber geschah etwas Unerwartetes. Mit Blick auf Xator und seine Männer sagte Kabuto: »Wir müssen uns auch eingestehen, dass wir selbst einen Teil Schuld an dem Unglück tragen, indem wir den Fremden unter uns Raum gegeben haben. So konnten sie einen neuen Glauben unter uns verbreiten und ihre gefährlichen Krankheiten mitbringen. Das ist eine Tatsache, denn solange die Kolonie existiert, hat es solch ein Fieber hier noch nie gegeben.«

Diese Worte trafen die Anwesenden wie Steine. Auch wenn Kabuto bald wieder seinen gewohnten Faden aufnahm und die Bestattungszeremonie so zu Ende brachte, wie jeder aus dem Dorf es gewohnt war, blieben seine Sätze den Menschen im Ohr und sorgten für aufgeregte Diskussionen.

Als die Ratsmitglieder an diesem Abend zur Sondersitzung eintrafen, mussten sie durch ein Spalier von Männern hindurch, die alle mit den gleichen Hemden und Armeehosen bekleidet waren. Begleitet wurden sie von ihren Frauen, die allesamt ein schwarzes Kopftuch trugen. Die Demonstranten sprachen kein Wort und hielten auch keine Schilder mit Parolen in die Luft – dennoch vermittelten sie eine unüberhörbare Botschaft.

»Ich danke euch, dass ihr alle erschienen seid«, eröffnete Nando van Damm in gewohnter Weise die Sitzung. »Es liegt ein Antrag vor, den Thomas eingebracht hat. Darum bitte ich ihn selbst, uns sein Anliegen vorzutragen.«

Thomas, der Schmied, erhob sich und blickte sich im Rat um. »Dass die Brüder der Gemeinschaft heute Abend vor der Tür des Rathauses standen, hat seinen guten Grund – sie alle unterstützen nämlich diesen Antrag. Wir fordern die Bestrafung und Ausweisung von Kabuto Kobayashi.«

Meister Ecker stieß überrascht die Luft aus.

»Begründung:«, fuhr Thomas ungerührt fort, «mangelhafte Beaufsichtigung seiner Schülerin. Nach unserer Auffassung trägt Kabuto an dem tragischen Tod der kleinen Janneke mindestens ebenso viel Schuld wie Rilana, die derzeit mit gutem Grund untergetaucht ist. Als ihr Ausbilder hätte er dafür zu sorgen gehabt, dass sie den Patienten keinen Schaden zufügt.«

»Er hat diese Schwarze in mein Haus gebracht«, sagte Henk mit schwacher Stimme. »Ohne sie wäre Janneke vielleicht noch am Leben.«

»Vielleicht, vielleicht aber auch nicht«, dröhnte Carlos. »Wer kann das schon mit Sicherheit sagen? Dass dein Kind gestorben ist, ist furchtbar und tut uns allen aufrichtig leid. Aber es hatte schlimmes Fieber. Wir können nicht ...«

»Lass uns das bitte später diskutieren«, unterbrach ihn Nando. »Thomas, fahre mit dem Antrag fort.«

«Wir werfen Kabuto ferner Unfähigkeit vor. Er hat nicht alles getan, was getan werden musste, um das Kind zu retten. Er hätte die medizinische Hilfe der Komanda in Anspruch nehmen können. Stattdessen hat er alberne Beschwörungsrituale abgehalten, weswegen wir ihn außerdem des Götzendienstes beschuldigen. Hinzu kommen Verleumdung und Gotteslästerung, was alle bezeugen können, die an der Beerdigung von Janneke teilgenommen haben.«

Betroffenes Schweigen herrschte, nachdem er geendet hatte. Meister Ecker fing sich als Erster.

»Das ist ja wohl das Letzte«, sagte er. »Dieser Xator fühlt sich von Kabutos Predigt angepisst und schickt deswegen seine Leute vor, um uns unseren Heiler zu nehmen. Wenn es nach ihm ginge, dann sollen wir zukünftig mit jedem Wehwehchen bei der Komanda betteln kommen. Und du gibst dich auch noch für solch ein durchsichtiges Manöver her. Thomas, da hätte ich dir mehr Grips zugetraut.«

»Dem muss ich zustimmen«, schloss Carlos sich an. »Wenn ihr diesen Gott der Piraten anbeten wollt, dann ist das eure Sache, aber in gleicher Weise steht jedem von uns das Recht zu, nicht an ihn zu glauben und uns kritisch darüber zu äußern. Man mag sich drüber streiten, ob das, was Kabuto in seiner Ansprache gesagt hat, besonders angebracht war oder nicht – aber Gotteslästerung ist in der Kolonie kein Tatbestand, für den jemand bestraft werden kann. Wenn es tatsächlich einen Gott gibt, muss er die Strafe schon selbst verhängen. Das sollte für so einen Allmächtigen ja wohl auch kein Problem sein.«

»Kabuto hat die Komanda und damit auch unsere Bruderschaft öffentlich beleidigt. Das ist Fakt und fällt auf die ganze Kolonie zurück.«

»Stimmt es, dass wir für Janneke medizinische Hilfe aus Evinin hätten bekommen können?«, fragte Henk, der eingesunken am Tisch saß. »Und dass Kabuto es verhindert hat?«

»Nun, zumindest hat er nichts dafür getan«, sagte Thomas. »Kein Arzt mischt sich ungefragt in die Behandlung eines anderen ein, und sei sie auch noch so krude. Aber wenn Kabuto die Mediziner der Komanda um Unterstützung gebeten hätte, wären sie auch gekommen.«

»Eher hätte er sich die Zunge abgebissen, als von denen Hilfe anzunehmen«, sagte Maurice, der dicke Bäcker. »Darum hätten sich Henk und seine Frau schon selber kümmern müssen. Ich finde nicht, dass wir Kabuto das anhängen dürfen.«

Thomas warf ihm einen vernichtenden Blick zu. »Er hat ein Kind auf dem Gewissen, und du willst ihn unterstützen!«

Henk stöhnte auf.

»Ich finde, du übertreibst«, sagte Nando. »Kabuto begleitet uns nun schon seit 41 Jahren. Wir alle wissen, dass er einen schweren Start gehabt hat. Seine Ausbildung war noch nicht abgeschlossen, als sein Vater damals so früh starb. Aber immer hat er sein Bestes gegeben. So vielen Menschen hat er geholfen in dieser Zeit. Ja, er ist manchmal merkwürdig und verschroben. Aber das ist noch lange kein Grund, ihn aus unserer Gemeinschaft auszustoßen, selbst wenn er bei der Behandlung von Janneke einen Fehler gemacht haben sollte, was noch lange nicht erwiesen ist und was wohl auch niemand von uns wirklich beurteilen kann.«

Isabel hob die Hand.

»Ja, bitte, Isabel?«

»Bei aller Dankbarkeit gegenüber der Lebensleistung von Kabuto lässt sich doch die Tatsache nicht leugnen, dass er für die Taten von Rilana die volle Verantwortung trägt. Sie hat diesem kranken Kind ungeprüft ein Arzneimittel verabreicht, und das hätte nicht geschehen dürfen. Darum plädiere ich für eine Bestrafung. Zwar ist er derzeit unser einziger Heiler, aber das darf uns nicht voreingenommen machen.«

»Gut, ich denke, die Argumente sind so weit ausgetauscht«, sagte Nando. »Kommen wir zur Abstimmung. Isabel ist für eine Bestrafung. Wer noch?«

»Ich«, meldete sich Henk.

»Ich natürlich auch«, sagte Thomas.

»Ich bin dagegen«, dröhnte Carlos.

»Ich ebenfalls«, kam es von Meister Ecker.

»Ich bin auch dagegen«, sagte Nando. »Es kommt also wieder auf dich an, Maurice.«

Der Dicke knetete seine Hände. »Ich bin dagegen, jetzt schon eine Entscheidung zu treffen«, sagte er schließlich. »Mein Vorschlag wäre, ihn einstweilen seines Amtes zu entheben und noch einmal in Ruhe über die Sache nachzudenken.«

Trotz einiger Bedenken schloss sich der Rat nach kurzer Diskussion dieser Empfehlung an. Nando als der Vorsitzende und Dorfälteste übernahm es, Kabuto die Nachricht zu überbringen.

*****

Jonas erholte sich rasch wieder, und Rilana unternahm mit ihm weite Spaziergänge. Noch nie zuvor war sie jemandem begegnet, mit dem sie so ernsthaft und tief hatte reden können.

Jonas' medizinische Kenntnisse halfen ihr sehr, die Informationen, die sie in dem kleinen Gerät fand – mittlerweile wusste sie, dass es ein »Sketchboard« war –, richtig einzuordnen. Sie hörte seinen Geschichten von der Peacemaker und der weiten Welt da draußen zu und staunte, wie viele Planeten dieser Mann schon betreten hatte, während sie selbst kaum über die Grenzen ihrer Kolonie hinausgekommen war. Nur das, was er über seine Gespräche mit Gott erzählte, ließ sie ratlos zurück. Sie hielt Jonas durchaus für glaubwürdig, doch überstiegen diese Berichte einfach ihr Vorstellungsvermögen.

Zwischen ihnen war inzwischen eine Vertrautheit gewachsen, die es ihr ermöglichte, auch Dinge von sich preiszugeben, über die sie sonst nie sprach – etwa den Tod ihrer Mutter.

»Ich war sechzehn damals«, sagte sie. »Mit meiner Mutter ging es steil bergab. Sie wurde immer dünner und klagte über rasende Kopfschmerzen. Heute glaube ich, dass sie einen Hirntumor hatte. Kabuto konnte nicht viel für sie tun. Er hat immer neue Tees für sie zusammengemischt, hat Kräuter verbrannt und stundenlang gesungen – aber nichts hat ihr geholfen. Er ist ein Scharlatan.«

»Rilana«, sagte Jonas sanft und legte ihr eine Hand auf die Schulter, »es gab keine Chance. Selbst mit einer modernen Krankenstation ist die Behandlung sehr schwierig. Was sollte er denn tun, ohne Ausbildung und ohne Medikamente? Nach dem, was du über ihn erzählt hast, hat er für seine Verhältnisse einen ausgesprochen guten Job gemacht.«

»Ich weiß, ich habe ihm Unrecht getan. Es ist nur ... Es tut immer noch so weh.«

Sie flüchtete sich in seine Arme und begann hemmungslos zu weinen. Er hielt sie einfach nur fest und wiegte sie sanft hin und her. Das tat gut. Noch nie hatte sie sich so geborgen gefühlt. Als die Tränen vorüber waren, blieb sie noch ein wenig länger in seinen Armen. Dann tastete sie nach einem Tuch und trocknete sich das Gesicht ab.

»Blöd von mir, dir hier was vorzuheulen«, sagte sie und blickte ihn an. Statt einer Antwort nahm er ihr Gesicht in beide Hände und gab ihr einen zarten Kuss. Es war kein Prickeln, das sie fühlte – es kam eher einer Explosion gleich. Verwirrt machte sie sich von ihm los und sah ihn fassungslos an.

»Entschuldige bitte«, stammelte er verlegen. »Ich wollte dich nicht überfallen – es ist nur – du warst mir plötzlich so nahe, und ... Noch nie konnte ich mit einer Frau so reden wie mit dir!«

Sie erstickte seine Entschuldigung mit einem langen Kuss. Er nahm sie in die Arme, und sie hatte plötzlich das eigenartige Gefühl, nach Hause gekommen zu sein.

Eine Kinderstimme ließ sie aufschrecken.

»Rilana, Rilana, wo bist du?«

Kurz darauf tauchte Liko auf.

»Kabuto ist tot«, sagte er, noch ganz außer Atem. »Die Leute sagen, dass er sich umgebracht haben soll.«

»Was? Unmöglich. Warum sollte er das tun?«

»Weil der Rat ihn bestrafen wollte. Er hat in seiner Beerdigungspredigt Xator beleidigt, und dann hat der dafür gesorgt, dass Kabuto nicht mehr Heiler sein darf. Auch wegen dem Tod von Janneke. Er hat nicht genug auf dich aufgepasst, sagen sie. Du sollst ihr was gegeben haben, woran sie gestorben ist, und er hat es nicht verhindert. Stimmt das?«

»Nein, natürlich nicht. Das ist totaler Blödsinn. Weiß man, wie Kabuto gestorben ist?«

»Er hat Gift genommen. Schierlinks oder so ähnlich.«

»Schierling«, sagte Rilana nachdenklich. »In der entsprechenden Dosis führt er zu Atemlähmung. Damit könnte man sich tatsächlich umbringen. Aber trotzdem glaube ich nicht, dass er es getan hat. Er war strikt gegen Selbstmord. Weil die Geister danach angeblich keine Ruhe finden.«

»Dann hat ihn also jemand getötet«, folgerte Jonas. »Vielleicht hat man ihn erstickt und den Schierling als falsche Spur hinterlassen. Aber wer könnte ein Interesse daran haben, einen Heiler zu töten?«

»Du hast es doch gehört: Er hat Xator beleidigt. Diesem Mann ist alles zuzutrauen.«

»Oh ja«, pflichtete Jonas ihr bei. »Da gebe ich dir recht. Und dagegen muss ich etwas tun.«

Er stellte sich in Positur. »Ich gehe in die Kolonie. Liko wird mir den Weg zeigen.«

»Was hast du vor?«, fragte Rilana.

»Na was wohl? Ich habe eine Mission zu erfüllen«, sagte Jonas nicht ohne Stolz.

»Hat Gott noch einmal zu dir gesprochen?«

»Nein, und das ist auch nicht nötig. Ich weiß auch so, was ich zu tun habe.«

»Bitte sei vorsichtig«, sagte Rilana und nahm Jonas in den Arm. »Ich will dich nicht verlieren.«

Er genoss einen Augenblick die Nähe der Umarmung, dann wand er sich vorsichtig heraus.

»Gott wird mich beschützen«, sagte er. »Schließlich bin ich in seinem Auftrag unterwegs.«

Dieser Gedanke verlieh ihm eine ungeheure Kraft und Selbstsicherheit. Er kam sich wie ein Superheld vor, als er Liko durch das Unterholz zur Kolonie folgte.

Liko brachte ihn direkt vor die alte Scheune, die als Gebetsraum diente. Die rötliche Sonne von Kyros stand hoch am Himmel und brachte die Luft zum Flimmern. Jonas keuchte und hielt sich die Seite. Wenn er tief atmete, stach ihn die gebrochene Rippe.

Er versuchte, sich nichts anmerken zu lassen, richtete sich auf und sah sich um. Die Gelegenheit schien günstig. Das Mittagsgebet ging eben zu Ende, die Männer der Gemeinschaft strömten aus dem Gebäude.

Zudem kamen gerade etliche Männer und Frauen müde und verschwitzt von den Feldern, um ihre Mittagspause zu genießen.

Mit stolzgeschwellter Brust stieg Jonas auf einen Felsbrocken und begann zu predigen.

»Hört mir zu, ihr Menschen der Kolonie von Kyros. Ich bin ein Prophet. Gott hat mich gesandt, um euch eine Nachricht zu überbringen. Dieser Planet wird zerstört werden, wenn ihr nicht umkehrt. Wendet euch ab von Xator, denn er ist es, der Unglück über euch bringt. Lasst ab vom Bösen. Wendet euch dem Guten zu ...«

Irritiert hielt er inne, denn kaum einer der vorbeihastenden Leute nahm Notiz von ihm. Zwar sahen einige wenige neugierig zu ihm hoch, doch sie verlangsamten dabei kaum ihr Schritttempo. Lediglich am Eingang der Scheune standen manche, die miteinander sprachen und dabei immer wieder zu ihm hindeuteten.

»Wendet euch dem Guten zu. Lasst euch nicht von den Männern der Komanda verführen, denn über sie ist das Gericht beschlossen. Sie haben so viel Böses getan, so viele Menschen getötet, so viel Gewalt geübt, dass ihr Maß nun voll ist. Hört meine Worte. Gott wird Evinin zerstören. Es dauert nicht mehr lange.«

Ein Stein schlug knapp neben ihm auf den Boden. Er kam aus Richtung der Gebetsscheune. Ein weiterer traf ihn an der Schulter. Jonas schrie auf, sprang von seinem Felsbrocken und duckte sich. »Mich könnt ihr bewerfen«, rief er, »aber Gottes Zorn werdet ihr nicht entkommen!«

Er erhielt einen Steinhagel zur Antwort.

Im Zickzack laufend, entfloh Jonas. Hinter einer Hauswand blieb er stehen und lugte vorsichtig um die Ecke. Anscheinend wurde er nicht verfolgt.

Er wartete noch eine Weile, dann ging er frustriert nach Hause. Mit solch einer Reaktion hatte er nicht gerechnet, nach all dem, was in Evinin geschehen war. Sogar der Khan hatte seinen Worten andächtig gelauscht. Aber diese Leute hier sind nicht mal stehen geblieben. Und die Gemeinschaftsleute wollten ihn sogar steinigen.

Was hatte er bloß falsch gemacht?

*****

»Ist er also doch noch am Leben«, knurrte Xator, nachdem man ihm berichtet hatte, was draußen vorgefallen war. »Ich hatte es schon befürchtet, nachdem wir seine Leiche nicht finden konnten.«

Wütend trat er gegen einen Stuhl. »Warum habt ihr ihn nicht aus dem Weg geräumt? Wir dürfen nicht zulassen, dass uns dieser selbsternannte Prophet noch einmal in die Quere kommt. Findet heraus, wo er sich aufhält, und dann tötet ihn.«

Die Männer sahen sich betroffen an.

»Ich glaube, ich weiß, wo sein Versteck ist«, sagte Franco. »Diese Sache werde ich gern in die Hand nehmen.«

»Gut«, sagte Xator. »Ich muss demnächst in einer dringenden Angelegenheit nach Liman fliegen. Bis dahin ist das Problem hoffentlich aus der Welt.«

»Heute Nacht«, sagte Franco. »Ich werde mich heute Nacht darum kümmern.«

*****

Jonas und Rilana saßen beim Schein einer Kerze zusammen und redeten.

»Ich habe in der Kolonie Gemla-Felder gesehen«, sagte Jonas. »Ich glaube, der Boden direkt am Haus hier wäre hervorragend für Gemla geeignet.«

»Du kennst dich mit Landwirtschaft aus?«, fragte Rilana interessiert.

»Ein bisschen. Vor allem mit Gemla. Meine Eltern haben die Frucht entwickelt.«

»Wirklich?«

»Ja, sie sind beide Agrarwissenschaftler und forschen über extraterrestrische Landwirtschaft. Darum wurde ich ja auf dem Mars geboren. Meine Eltern hatten dort gerade ein Forschungsprojekt laufen. Dabei ging es auch um Gemla. Sie haben Gensequenzen entwickelt, die es der Pflanze ermöglicht, sich an Böden anzupassen, die noch nicht kultiviert wurden. Darum ist sie auch als Pionierpflanze gut geeignet. Aber die besten Erträge bringt sie auf leichtem Sandboden.«

»Mein Vater baut sie auf einem lehmigen Steinacker an. Sein Vater hat ihm erzählt, das sei der Boden, den sie braucht.«

»Und, funktioniert es?«

»Geht so.«

Jonas lachte. »Wie gesagt. Das Zeug wächst wie Unkraut. Man kann da nicht allzu viel falsch machen. Aber wenn du eine richtig gute Ernte und vor allem Geschmack haben willst, dann versuch es mal hier am Haus.«

»Vielleicht werde ich das!«, sagte sie. »Ich würde gern ein bisschen Landwirtschaft betreiben. Aber eher so nebenbei. Meine Leidenschaft ist die Heilkunst. Das merke ich ganz deutlich. Wie ist es bei dir?«

Jonas starrte in die Kerzenflamme und schwieg. Dann sagte er: »Das ist eine gute Frage, Rilana. So genau weiß ich das gar nicht. Als Kind habe ich davon geträumt, auf die Peacemaker zu kommen. Das schien mir das Allergrößte zu sein. Ich habe es ja auch geschafft, und viele beneiden mich darum. Aber jetzt, nachdem ich ein paar Jahre dort gearbeitet habe, frage ich mich manchmal, ob das wirklich schon alles gewesen sein kann. Irgendwie war mein Lebensziel zu klein, glaube ich.«

Er griff nach ihrer Hand.

»Es ist so schön, mit dir zusammen zu sein, dass ich mir fast vorstellen könnte, auf diesem Planeten sesshaft zu werden und Gemla anzubauen. Aber meine Arbeit als spiritueller Begleiter würde mir da wohl fehlen. Und außerdem – vielleicht bin ich ja auch gar nicht der Richtige für dich. Schließlich kommen wir aus völlig verschiedenen Welten.«

Abrupt zog sie ihre Hand weg.

»Darüber solltest du dir vielleicht erst mal klar werden«, meinte sie verschnupft. »Ich gehe jetzt ins Bett.«

Sie machte sich davon. Eine Wolke von Traurigkeit und Zorn blieb im Raum zurück und umhüllte einen verwirrten Jonas. Was hatte er falsch gemacht?

Er hatte doch nur sagen wollen, dass sie ihm so wichtig ist und er darum ... nein, dass er Angst hatte, ihr nicht so wichtig zu sein wie sie ihm, und dass er deshalb lieber vorsichtig ... nein, auch verkehrt. Was denn nun?

Er war doch sonst ein Mann des Wortes. Warum fiel es ihm so schwer, in Bezug auf sie einen klaren Gedanken zu fassen?

Sollte er ihr nun hinterhergehen oder sie besser in Ruhe lassen?

Unwillkürlich musste er daran denken, wie er nach der Kabine von Stella Obermayer gesucht und am Ende den schmerzhaften Zusammenstoß mit Lennox gehabt hatte. Auch wenn das damals eine völlig andere Situation gewesen war, entschied er, Rilana jetzt doch lieber allein zu lassen.

Er wusste noch viel zu wenig über die Kolonie und die Menschen hier. Diese Welt unterschied sich komplett von allem, was er kannte. Könnte er wirklich auf Kyros leben? Mit Rilana? Eine seltsame Mischung aus Vorfreude und Angst machte sich in ihm breit und verwirrte ihn noch mehr.

Wahrscheinlich war es das Beste, erst einmal schlafen zu gehen.

Rilana konnte nicht schlafen. Ärgerlich und traurig wälzte sie sich in ihrem Bett hin und her. Schließlich gab sie es auf. Sie zündete die Kerze auf dem Leuchter an, legte sich wieder hin und beobachtete die Flammen.

Spielte Jonas mit ihr? War er der sprichwörtliche Raumfahrer, der auf jedem Planeten eine Braut hatte? Aber es hatte sich alles so echt angefühlt. Sogar ein wenig unbeholfen. Fast wirkte es so, als sei sie seine erste Freundin.

Sie seufzte. Er war jedenfalls der erste Mann, der ihr etwas bedeutete. Dieses merkwürdige Prickeln fühlte sich wunderschön an – doch zugleich machte es ihr auch Angst. Sie kam sich plötzlich so verletzlich vor. Normalerweise hatte sie die Dinge im Griff. Sie half den Menschen, sie versorgte ihre Familie, sie war die Macherin. Es passte ihr nicht, mit einem Mal so verwundbar zu sein und in einer Situation zu stecken, die sie nicht kontrollieren konnte. Andererseits war ihr klar, dass sie ihr Leben lang allein bleiben müsste, wenn sie nicht bereit war, dieses Risiko einzugehen.

»Wir kommen aus völlig verschiedenen Welten«, hatte er gesagt. Natürlich stimmte das. Sie war ein Landei, eine Kolonistin, und er – studiert, weit gereist, erfahren ...

Aber musste er ihr das denn in dieser Weise auf die Nase binden? Erneut stieg der Zorn in ihr hoch.

Die Kerze auf dem Messingleuchter flackerte und warf gespenstische Schatten an die Wand. Auf der Veranda waren Geräusche zu hören. Anscheinend konnte Jonas auch nicht schlafen und geisterte draußen herum. Das gönnte sie ihm.

»Wir kommen aus völlig verschiedenen Welten.« So ein Großkotz! Wofür hielt er sich? Nur weil sie nicht im ganzen Universum herumgegeistert war wie er, musste sie doch nicht beschränkt sein!

Eher zaghaft meldete sich ein anderer Gedanke zu Wort. Wenn er es nun anders gemeint hatte, als es in ihrem Zorn bei ihr angekommen war? Vielleicht hatte er nur sagen wollen, dass er dieselben Ängste verspürte wie sie?

Unsinn. Kein Mann würde zugeben, dass er Angst hat.

Aber dieser vielleicht schon. Jonas war ganz anders als die Männer, die sie sonst so kannte. Einfühlsamer. Zartfühlender. Zuvorkommender. Rilana drehte sich auf den Bauch und vergrub ihren Kopf unter dem Kissen.

Scheiße. Konnte es sein, dass sie es vermasselt hatte?

Mal wieder? Dass sie wie immer ihre große Klappe im falschen Moment aufgerissen hatte?

Ihr Zorn kam wieder, aber er richtete sich diesmal gegen sie selbst.

War es möglich, dass Jonas ihr sein Innerstes offenbaren wollte, ihr von seinen Ängsten erzählt hat und sie daraufhin wie eine Blöde aus dem Zimmer gestürmt ist, weil sie seine Aussage in den falschen Hals bekommen hat?

Ein Schreck durchfuhr sie. Diese Geräusche eben – konnte es sein, dass Jonas aus dem Haus gegangen war? Dass sie ihn vertrieben hatte? Das durfte nicht sein!

Sie setzte sich auf und griff nach dem Leuchter. Sie brauchte Klarheit, unbedingt.

Einen Atemzug später stellte sie ihn wieder auf seinen Platz und ließ sich zurück aufs Bett fallen. Das war doch albern. Was, wenn sie sich getäuscht hätte, er noch in seinem Bett lag und sie plötzlich mit ihrer Kerze in seinem Schlafzimmer stand?

Ein Prickeln durchlief sie. Ihr Körper gab eine so eindeutige Antwort auf diese Frage, dass sie entschlossen aufstand, den Leuchter nahm und sich auf den Weg zu Jonas' Zimmer machte. Sie brauchte jetzt Klarheit. So oder so.

Vor seiner Zimmertür hielt sie inne und lauschte. Was, wenn er nun doch gemeint hatte, dass er sie nicht will, und er sie auslacht und wegschickt und ...

Ein Scharren kam aus dem Zimmer. Ein erstickter Schrei. Geräusche wie von einem Kampf. Sie zuckte zusammen. Was war das?

Ohne lange nachzudenken, riss sie die Tür auf. Eine schwarz vermummte Gestalt beugte sich über das Bett und presste dem heftig strampelnden Jonas ein Kissen aufs Gesicht. Mit zwei Schritten stand sie neben dem Angreifer und hieb ihm den Kerzenständer auf den Kopf. Die Kerze fiel herunter und verlöschte. Die schwarze Gestalt war zu Boden gegangen und in der Finsternis nicht mehr zu sehen. Rilana schlug auf gut Glück noch einmal zu, traf einen menschlichen Körper, der sich nicht mehr regte. Dann wandte sie sich Jonas zu.

Sie hörte sein Keuchen in der Dunkelheit.

»Alles in Ordnung?«, fragte sie.

»Ja, aber es war knapp«, stieß er hervor. »Der Kerl wollte mich umbringen.«

Etwas raschelte, dann ging ein helles Licht an. Rilana schloss geblendet die Augen. Außerhalb der Krankenstation benutzte sie das elektrische Licht sonst nie. Sie war es einfach nicht gewohnt.

Sie sah Jonas an. Seine rötlichen Haare waren zerzaust, er zitterte am ganzen Leib.

»Du hast mir jetzt schon zum zweiten Mal das Leben gerettet!«, sagte er atemlos. »Danke!«

Rilanas Blick wanderte auf den Fußboden neben dem Bett. Die schwarze Gestalt lag leblos da.

»Ist er tot?«, fragte sie bange.

»Lass uns nachschauen«, antwortete Jonas und stieg mit unsicheren Bewegungen aus dem Bett.

Gemeinsam drehten sie den Einbrecher auf den Rücken, nahmen ihm die Kapuze ab. Dunkle Haare quollen daraus hervor. Das Gesicht war blutverschmiert. Rilana schrie auf und wandte sich ab.

»Ich kenne ihn«, schluchzte sie. »Es ist Franco!«

Jonas untersuchte ihn. Allmählich ließ sein Zittern nach. »Er ist bewusstlos«, konstatierte er schließlich. »Und er hat eine große Platzwunde am Schädel. Wahrscheinlich kommt er bald wieder zu sich. Er wird dann ziemliche Kopfschmerzen haben.«

»Wie konnte er das tun!«, stieß sie hervor. »Er wollte dich umbringen!«

»Die Wunde muss versorgt werden. Fass mal mit an, wir bringen ihn auf die Krankenstation.«

»Du willst ihm helfen, obwohl er dich umbringen wollte?«

»Natürlich«, sagte Jonas knapp. »Aber danach sollten wir ihn fesseln oder irgendwo einsperren, bevor er aufwacht.«

Ein prachtvoller Morgen dämmerte herauf. Die ohnehin rötliche Sonne von Kyros ließ alles in wilden Rot- und Orangetönen erstrahlen. Jonas stand auf der Veranda und genoss den Anblick. Es erinnerte ihn an den Mars, nur dass hier keine Wüste herrschte, sondern Leben gedieh – ganz ohne Sauerstoffkuppeln und Hightech.

Er hörte Rilanas nackte Füße auf dem Steinboden und wandte sich um. Sie trug einen weißen Morgenmantel, der ihre braune Haut wunderschön zur Geltung brachte, und hielt eine Tasse Tee in der Hand.

»Du bist ja schon auf«, sagte sie. »Konntest du auch nicht schlafen?«

»Geht so«, sagte Jonas. »Wenigstens unser Patient schläft friedlich. Ich habe eben noch mal nach ihm gesehen. Er war kurz wach und konnte gar nicht fassen, dass ich ihm helfe, nach all dem, was heute Nacht passiert ist.«

Rilana schmiegte sich an ihn.

»Und ich kann es immer noch nicht fassen, was er da getan hat«, sagte sie. »Wir waren wie Geschwister. Franco ist der Sohn von unseren Nachbarn. Er wollte Architekt werden.«

Sie seufzte. »Aber dann hat er sich diesem Xator angeschlossen. Der wusste genau, wie er ihn einwickeln konnte. Franco sollte das neue Gemeindezentrum planen. Er war mächtig stolz darauf! Und jetzt wollte er dich umbringen. Ich weiß nicht, was sie mit ihm angestellt haben. Das passt einfach nicht zu ihm. Er war früher so ein friedlicher Mensch.«

Sie schwiegen eine Weile und betrachteten den Sonnenaufgang.

»Wie soll es jetzt weitergehen?«, fragte sie.

»Ich weiß es nicht. Ich habe ihm ein Beruhigungsmittel gegeben. Für die nächsten Stunden wird er noch schlafen. Und danach müssen wir weitersehen. Medizinisch betrachtet, braucht er Bettruhe. Doch vermutlich wird er nicht bei uns bleiben wollen. Wir können ihn aber auch nicht laufen lassen. Sonst haben wir bald den nächsten Einbrecher hier. Oder Schlimmeres.«

»Wir sperren ihn in das kleine Zimmer hinter der Küche. Da kann er bleiben, bis er gesund ist«, sagte Rilana entschlossen. »Und ich werde mit ihm reden, sobald er wach wird. Er muss einfach wieder zur Vernunft kommen.«

Sie sah Jonas an: »Es war bestimmt schrecklich für dich, keine Luft mehr zu bekommen.«

»Oh ja. Das war mein persönlicher Albtraum.«

Jonas schluckte. Zögernd fuhr er fort: »Seit meiner Kindheit habe ich Angst vor dem Ersticken. Darum bin ich auch nicht gerne in engen Räumen. Mich überfällt da schnell Atemnot.« Er sah Rilana an. »Auf Dag Gadol war ich in einem Bergwerk verschüttet. Das ist noch nicht lange her. Um nichts in der Welt möchte ich das noch einmal durchmachen. Mich bekommt niemand mehr in einen Stollen.«

Sie nahm ihn in den Arm. »Ich bin so froh, dass dir nichts passiert ist«, sagte sie zärtlich. Dann gingen sie hinaus in die klare Luft des jungen Tages.

»Was ich dich noch fragen wollte ...«, begann sie, während sie miteinander durch das hohe Gras gingen, das noch nass vom morgendlichen Tau war, »was hast du eigentlich gemeint, als du sagtest: ›Wir kommen aus völlig verschiedenen Welten‹? Ich fürchte, ich habe da wohl ein wenig überreagiert ...«

Jonas nahm ihre Hand. »Es fällt mir schwer, die richtigen Worte zu finden, überhaupt einen klaren Gedanken zu fassen. Vielleicht habe ich mich deswegen etwas schräg ausgedrückt. Weißt du, ich bin noch nie einer Frau wie dir begegnet – und ich habe ein bisschen Angst, eines Morgens aufzuwachen und zu merken, dass alles nur ein Traum war. Mein Herz sagt ja, und meinem Verstand fallen tausend Bedenken ein.«

Sie sah ihn an, lächelte und schmiegte ihren Kopf an seine Schulter.

»Mit dir zusammenzuleben wäre das Größte für mich«, fuhr er fort. »Aber irgendwie scheint mir alles zu schön, um wahr zu sein. Außerdem habe ich mich auf der Peacemaker für sechs Jahre verpflichtet. Drei Jahre bin ich schon dort. Würdest du denn drei Jahre auf mich warten wollen? Würdest du ...«

»Ja!«, unterbrach sie ihn. »Ja, ja, ja!«

Sie blieben stehen, umarmten sich und versanken in einem langen Kuss. Das Universum schien auf sie herabzulächeln und die Zeit einen Atemzug lang innezuhalten.

»Rilana, Jonas!«, schrie eine Kinderstimme.

Sie zuckten zusammen und traten hastig einen Schritt auseinander, als hätte man sie dabei erwischt, wie sie einen Raubüberfall begehen. Dann mussten beide lachen. Sie nahmen sich bei der Hand und drehten sich Liko entgegen.

»Ich habe schon wieder jemanden gefunden!«, keuchte er, völlig außer Atem.

»Wo?«, fragte Rilana.

»Dahinten im Wald. Kommt mit, ich zeige es euch.«

»Warte, Liko, ich hole eben meine Sachen!«

Rilana sprintete ins Haus und kam bald darauf mit ihrem Rucksack zurück. »Alles klar«, rief sie, »wir können los!«

Ihr kleiner Bruder nickte, holte ein paar Mal tief Luft, dann rannte er den Weg zurück. Jonas und Rilana folgten ihm.

Er führte sie in den Wald hinein, über einen Pfad, den nur er sehen konnte. Bald erreichten sie eine kleine Lichtung, auf der eine menschliche Gestalt lag, umgeben von abgebrochenen Ästen. Es war ein schlanker Mann in einem feinen Anzug, dessen einer Ärmel von der Schulter an aufgerissen war. Mit wenigen Schritten waren sie neben dem Verletzten. Er sah sie an. Blut sickerte aus seinem Mund.

»Er hat mich einfach rausgeworfen ...«, stöhnte er.

Jonas tastete ihn vorsichtig ab. »Hmm«, machte er beruhigend.

»Aus dem Lander. Xator hat mich aus dem Lander geworfen ... Wie damals ... als Kind ... kann nicht mehr richtig laufen ... seitdem.«

Seine Augen wurden glasig.

»Nicht sprechen«, sagte Jonas. »Du bist schwer verletzt. Wir werden uns um dich kümmern.«

Eine blutige Hand ergriff ihn am Hemd und krallte sich fest.

»Die Bombe«, presste er hervor. »Er hat eine Bombe ... Antimaterie ... unter der Stadt ... Evinin ... zerstört.«

Erschöpft ließ er seine Hand sinken.

In Jonas' Kopf arbeitete es.

»Die Antimaterie-Torpedos der Perseus?«, fragte er. Der Verletzte nickte schwach.

»Aber die sind gesichert. Sie können nur explodieren, wenn sie aktiviert und auf ein Ziel geschossen werden.«

Der schmächtige Mann schüttelte den Kopf. »Umgebaut ... Bombe als Zünder ... höchstens vier Stunden noch ... ich wollte das nicht ... ich ... wollte Xator davon abhalten ... rausgeworfen hat er mich ...«

»Gibt es einen Bombenexperten hier, der das Ding entschärfen kann?«

Der Verletzte machte die Andeutung eines Kopfschüttelns.

»Einfach ... abbauen«, flüsterte er.

Er sah Jonas traurig an. »War doch mein Bruder ...«, sagte er, dann brachen seine Augen, und der Kopf fiel schlaff zur Seite.

»Er ist tot«, sagte Jonas überflüssigerweise. Liko hatte sich in Rilanas Arme geflüchtet und sah sie mit schreckensgeweiteten Augen an.

»Was machen wir jetzt?«, überlegte Jonas laut.

»Glaubst du, dass er die Wahrheit gesagt hat? Gibt es eine Bombe?«

»Ich fürchte, ja. Die Piraten haben vor ein paar Wochen die Perseus erbeutet. Zur Standardbewaffnung eines schweren Kreuzers gehören sechs Antimaterie-Torpedos. Das ist die gefährlichste Waffe, die die Menschheit je gebaut hat. Wenn die hier hochgehen, bleibt von Kyros nicht mehr viel übrig.«

»Aber dann sprengt er sich doch selbst mit in die Luft!«

»Anscheinend ist er dabei, seine Leute vom Planeten zu evakuieren. Der hier hat ihm dazwischengeredet und musste dafür mit seinem Leben bezahlen. Der Mann ist wahnsinnig!«

»Komisch«, sagte Rilana nachdenklich. »Er hat ihn Bruder genannt, aber die beiden sehen sich kein Stück ähnlich.«

»Die nennen sich doch alle Bruder. Es ist eine Glaubensfamilie ...«, sagte Jonas geistesabwesend.

»Was könnte er gemeint haben mit ›unter der Stadt‹? Gibt es ein Bergwerk in Evinin?«, fügte er nachdenklich hinzu.

»Soweit ich weiß, nicht«, antwortete Rilana. »Nur in der Kolonie. Aber einer meiner Patienten hat mir erzählt, dass einige Stollen bis dorthin reichen.«

»Ich muss dahin. Wir müssen was tun!«, sagte Jonas entschieden.

»Aber du hast doch gesagt, dass du in engen Räumen keine Luft bekommst! Was ist, wenn dir etwas passiert?«

»Wir haben keine Wahl. Wenn ich nichts tue, gehen wir alle drauf. Noch haben wir eine Chance, und die werde ich nutzen! Liko, weißt du, wo das Bergwerk ist?«

Der Kleine nickte eifrig.

»Dann los. Wir dürfen keine Zeit verlieren. Rilana, bitte begrab den Toten.«

Sie nickte tapfer.

Liko sah kurz zu Rilana auf, dann rannte er los.

*****

»Kommandantin Patricia Fairchild von der Peacemaker ruft Bakur Khan.«

Klar und deutlich kam die Stimme aus dem Lautsprecher. Diesmal war es eine Bildübertragung. Die Kommandantin stand in ihrer Uniform auf der Brücke des Kampfschiffes. Absicht oder nicht, die Kamera befand sich ein wenig unterhalb, sodass die Frau größer und eindrucksvoller erschien, als sie vermutlich in Wirklichkeit war. Der Khan, der bei Videokonferenzen gelegentlich denselben Trick anwandte, musste schmunzeln.

«Ich freue mich, Sie zu sehen, Frau Kommandantin. Offen gestanden habe ich nicht damit gerechnet, schon so bald von Ihnen zu hören. Unser letztes Gespräch liegt doch erst wenige Tage zurück.«

»Der Rat hat Ihre Bedingungen weitgehend akzeptiert«, sagte sie mit säuerlicher Mine. »Wenn Sie Waffen und Schiffe abgeben, dürfen Sie in Ihrer Stadt wohnen bleiben. Ihnen wird ein Gouverneur zugewiesen, der sicherstellt, dass zukünftig keine Gefahr mehr von Kyros ausgeht.«

Der Khan verneigte sich. »Ich freue mich über diese gute Nachricht«, sagte er. »Da wäre allerdings noch etwas ...«

»Ich denke nicht, dass es an Ihnen ist, Forderungen zu stellen«, sagte Patricia Fairchild schmallippig.

Ungerührt fuhr der Khan fort: »Wir können unsere Raumschiffe nur aufgeben, wenn wir ein regulärer Stützpunkt der galaktischen Handelsflotte werden. Unsere Gemeinschaft braucht eine Perspektive, das werden Sie sicher verstehen.«

»Ich werde sehen, was ich tun kann.«

»Das ist gut. Einen letzten Punkt hätte ich aber trotzdem noch.«

»Übertreiben Sie es nicht!«

»Wir möchten den Propheten hierbehalten. Es soll ihm auch an nichts fehlen. Ich weiß, dass er zu Ihrer Besatzung gehört und es für sie schwer werden wird, einen gleichwertigen Ersatz zu finden, aber ich bin der Meinung, dass seine Dienste für unsere Komanda von unschätzbarem Wert sein werden und ...«

»Jonas Rothenfels?« Die Kommandantin lachte. »Abgemacht. Den schenke ich Ihnen.«

Die Verbindung wurde beendet.

*****

Flink wie eine Bergziege sprang Liko über die Felsen und schlüpfte mühelos wie ein Kaninchen durch das an manchen Stellen sehr dichte Unterholz. Jonas musste all seine Kraft aufbieten, um mit ihm Schritt zu halten. Die gebrochene Rippe stach ihn bei jedem Atemzug. Immer wieder musste er anhalten, um Luft zu holen, doch die Angst trieb ihn vorwärts. Es durfte einfach nicht geschehen, dass dieser Planet zerstört wurde!

Erstaunt stellte er fest, dass er um sein eigenes Leben keine Angst hatte. Es ging ihm um Rilana. Und auch um Liko. Um die Frauen und Kinder in Evinin. Und tatsächlich auch um den Khan und seine Leute. Nach allem, was passiert war, durfte die Geschichte jetzt nicht so zu Ende gehen.

»Gott, hilf mir!«, betete er jedes Mal, wenn er nach Luft rang. Anscheinend mit Erfolg, denn irgendwann blieb Liko stehen. Sie hatten das Bergwerk erreicht.

Jonas hatte erwartet, dass hier um diese Zeit Hochbetrieb

herrschte, doch alles war still auf dem Gelände. Es wirkte unheimlich.

Unruhig trat Liko von dem einen auf das andere Bein. Der Lauf durch den Wald schien ihn nicht besonders angestrengt zu haben. »Brauchst du mich noch?«, fragte er. »Ich möchte wieder zu Rilana.«

»Nein, Liko, geh nur. Du hast mich super geführt, danke!«

Liko lächelte stolz, dann drehte er sich um und rannte den Weg zurück, über den sie gekommen waren.

Zögernd ging Jonas auf den Schachteingang zu. Nein, dachte er, als er das große dunkle Loch sah. Nein, nein, nein. Er musste seine ganze Willenskraft aufbieten, um nicht einfach davonzulaufen.

»Willst du bei uns anfangen?«, dröhnte plötzlich eine laute Stimme hinter ihm. Jonas fuhr herum. Ein bulliger Mann mit schwarzen krausen Haaren stand vor ihm. Er trug die Kluft eines Vorarbeiters.

»Ich bin Carlos«, sagte er. »Ich habe dich predigen hören. Ganz schön mutig, Bürschchen.«

»Ich heiße Jonas. Und ich habe Informationen, dass Xator hier im Bergwerk eine Bombe versteckt hat. Ich muss sie finden und entschärfen.«

Carlos sah ihn erstaunt an. »Also deswegen sind meine Leute heute Morgen nicht zur Arbeit gekommen! Ich hatte mich schon gewundert. Viele von denen gehören zu Xator. Ist ziemlich nervig. Jeden Mittag rennen sie von der Arbeit weg, um in diese Gebetsscheune zu gehen. Kannst du etwas genauer sagen, wo die Bombe liegen soll? Sonst wird es schwierig. Wir haben hier an die 50 Kilometer Stollen.«

»Ich weiß nur, dass sie sich irgendwo unterhalb von Evinin befinden muss.«

»Das grenzt die Suche ein. Dort gibt es nur einen alten, verlassenen Stollen. Vor Urzeiten hat man da mal Kupfer abgebaut. Ich bringe dich hin.«

»Das ist zu gefährlich. Es kann nicht mehr lange dauern, bis hier alles hochgeht.«

Carlos lachte ein dröhnendes Lachen. »Ohne mich findest du niemals den Weg. Und ich mag keine Bomben in meinem Bergwerk. Also los.«

Er führte ihn in einen Mannschaftsraum und reichte ihm einen Overall sowie einen Helm mit Kopflampe. »Das wirst du brauchen.«

Jonas nahm die Sachen mit gemischten Gefühlen entgegen. Der Helm war dasselbe Modell wie der auf Dag Gadol.

»Das ist der Vorteil, wenn man mit dem Feind paktiert«, sagte Carlos zynisch. »Sie haben uns technisch ganz schön auf Vordermann gebracht.«

Sie betraten einen neu aussehenden Fahrkorb und wurden in die Tiefe befördert. Jonas spürte seine altbekannten Beklemmungen aufsteigen und versuchte, so ruhig zu atmen, wie es eben geht, wenn sich der Magen irgendwo zwischen den Schulterblättern befindet. Abrupt war die Fahrt zu Ende.

Sie verließen den Korb und passierten eine Tür, vor der ein Elektrofahrzeug stand, ganz ähnlich dem, mit dem Jonas unlängst geflohen war.

»Festhalten«, sagte Carlos, nachdem sie eingestiegen waren. Das Gefährt setzte sich mit unerwarteter Geschwindigkeit in Bewegung. Die Stollenwände flogen an ihnen vorbei, und Jonas musste aufpassen, nirgendwo anzustoßen.

Nach einer Fahrt, die ihm fast endlos erschien, mit so vielen Abzweigungen, dass Jonas keine Vorstellung davon hatte, wie er jemals wieder zurückfinden sollte, brachte Carlos das Fahrzeug zum Halten.

»Der alte Stollen ist zu schmal«, sagte er. »Da kommen wir mit dem Wagen nicht durch. Die Kollegen von damals haben das alles noch in Handarbeit gemacht.«

Sie mussten sich ein wenig bücken, um in den niedrigen Abzweiger zu gelangen. Der Gang beschrieb eine Kurve und wurde schlagartig dunkel. Jonas und Carlos schalteten ihre Helmlampen ein, doch schon nach wenigen Schritten kamen sie nicht mehr weiter. Eine unüberwindliche Barriere aus Felsbrocken versperrte ihnen den Weg.

»Die Decke ist abgestürzt«, sagte Carlos. »Sieht nach einer

Sprengladung aus. Wir scheinen richtig zu sein. Sie wollen verhindern, dass wir hier durchkommen.«

»Hast du einen Pulser dabei?«, fragte Jonas. Der Vorarbeiter warf ihm einen überraschten Blick zu. »Da kennt sich jemand aus, was?«

»Ist 'ne lange Geschichte.«

»Hinten im Elektrokarren liegen welche.«

Sie gingen zurück und holten die Werkzeuge. Als sie wieder an dem versperrten Durchgang angelangt waren, ließ Jonas das Gerät hochfahren und setzte es an den Felsblock unmittelbar vor ihm an. Gekonnt brachte er ihn zum Zerspringen.

»Wir müssen aufpassen, dass wir nicht verschüttet werden«, sagte Carlos mit besorgtem Blick nach oben. Jonas blieb bei dem Wort der Atem weg. Er geriet ins Taumeln und musste seine ganze psychische Energie aufbringen, um nicht kraftlos zu Boden zu sinken.

Carlos sah ihn an. »Ist was?«, fragte er.

»Nein, alles gut«, presste Jonas hervor.

»Also schön. Siehst du die Formation dort oben links?«

Jonas nickte.

»Dort werden wir uns durchgraben. Ich kann natürlich keine Garantie geben, aber ich würde sagen, dass der Weg der sicherste und schnellste ist.«

Jonas nickte. Sie wechselten sich ab mit der Pulserarbeit und dem Wegräumen des losgebrochenen Gesteins. Es war mühsam, seine Rippe schmerzte, und auch die Schulter, die den Steinwurf abbekommen hatte, protestierte gegen diese Belastung. Die Arbeit war schwer und dauerte quälend lange.

Währenddessen brannte sich der schreckliche Gedanke, dass hier jeden Moment alles in die Luft fliegen konnte, wie ein glühendes Eisen in sein Hirn und verursachte einen pochenden Kopfschmerz.

Endlich war es geschafft. Sie hatten einen schmalen Durchgang freigeräumt, durch den Jonas sich gerade eben hindurchzwängen konnte.

»Für mich ist das zu eng«, sagte Carlos und tätschelte seinen Bauch. »Aber ab hier kannst du den Weg gar nicht mehr verfehlen. Viel Glück!«

»Danke«, sagte Jonas. »Ich fürchte, ich brauche mehr als das.«

»Möge der Gott, in dessen Auftrag du unterwegs bist, dich beschützen und dir Kraft und Stärke verleihen«, sagte Carlos würdevoll.

Jonas sah ihn erstaunt an. »Danke«, sagte er. »Danke. Das passt.«

Dann robbte er durch die schmale Öffnung hindurch.

»Ach ja, Jonas«, rief Carlos ihm hinterher, »wenn du es geschafft hast: In einer deiner Gürteltaschen befindet sich ein Funkgerät. Ruf mich an, dann komme ich dich abholen.«

»Ja, danke!«

Wieder staunte er über Carlos' Gelassenheit. Er selbst hatte immer nur bis zum Finden der Bombe gedacht. Es tat gut, einen Plan zu haben, der darüber hinausreichte.

Der Gang auf der anderen Seite war uneben und dunkel, doch er machte einen soliden Eindruck. Jonas lief, so schnell er konnte. Der Lichtkegel seiner Kopflampe tanzte vor ihm auf dem felsigen Grund und ließ ihn gerade zwei Schritte weit sehen. Er musste gut aufpassen, wohin er seine Füße setzte, denn es gab Geröll, das im Gang liegen geblieben war, und unerwartete Vertiefungen. Nur allzu gut erinnerte er sich an den verstauchten Knöchel, den er sich bei der Flucht durch den Tunnel auf Dag Gadol eingehandelt hatte – nur diesmal war kein Wunder-Wombat bei ihm, der den Schaden hätte heilen können.

Plötzlich erhielt Jonas einen heftigen Schlag gegen die Stirn und ging zu Boden. Schmerz durchflammte ihn, als er auf den scharfkantigen Felsbrocken knallte, dem er eben noch hatte ausweichen wollen. Er schrie auf. Dann rappelte er sich mühsam wieder hoch. Glücklicherweise brannte seine Lampe noch. Als er seinen Blick nach oben wandte, erfasste ihr Schein einen niedrig hängenden Felsvorsprung, der in den Gang hineinragte.

Gut, dass ich einen Helm habe, dachte er. Ohne den würde ich jetzt bewusstlos am Boden liegen. Und dann wäre es vorbei mit Rilana und dem Planeten Kyros.

Vorsichtiger geworden, setzte er seinen Weg fort. Mittlerweile schmerzte sein ganzer Körper. Jonas biss die Zähne zusammen.

Die Umgebung wurde feuchter. Wasser tropfte an den Wänden hinunter und sammelte sich auf dem Boden des Ganges. Bald reichte es Jonas bis über die Knöchel. Es war eiskalt. Er versuchte, es zu ignorieren, und stapfte weiter, so schnell er konnte.

Unvermittelt verbreiterte sich der Gang zu einer mächtigen Höhle, deren Mitte durch ein umlaufendes mannshohes Gitter abgesperrt war. Soweit Jonas es im Schein seiner Lampe beurteilen konnte, lag dahinter ein überfluteter Schacht.

Eine aus Fels gehauene Rampe führte von dort an aufwärts. Endlich wurde der Weg wieder einigermaßen trocken. Nach gut fünfzig Metern endete er in einer kleinen Höhle.

Und dort sah Jonas ihn. Einen Antimaterie-Torpedo – zum Glück nur einen! –, etwa zwei Meter hoch und so dick, dass man ihn nicht vollständig umfassen konnte. Er stand senkrecht und glänzte metallisch. Irgendwo in seinem Inneren steckte unfassbar viel Energie, mehr als genug, um eine ganze Stadt in eine Kraterlandschaft zu verwandeln. Jonas schluckte und zwang sich zur Ruhe. Im Schein seiner Kopflampe untersuchte er den Koloss.

Auf dessen Spitze war ein Gegenstand befestigt, der sich in Material und Bauweise deutlich von dem Metallzylinder abhob. Fast wie ein Paket sah er aus, das ein zerstreuter Zustelldroide dort oben vergessen hatte. Es musste sich um die Zündladung handeln. Doch Jonas kam nicht an sie heran. Sie war zu weit oben. Er brauchte eine Leiter. Jonas' Mut sank rapide.

»Eine Leiter, eine Leiter, ein Königreich für eine Leiter«, murmelte er und ging suchend den Gang zurück. Vielleicht konnte er von dort einige Felsbrocken in die kleine Höhle zerren und sie als Rampe benutzen. »Das wird doch nie was, das dauert alles viel zu lange. Wir werden alle draufgehen«, flüsterte ein kleines Männchen in seinem schmerzenden Schädel. Jonas war kurz davor, hilflos heulend zusammenzubrechen. Er konnte nicht mehr. Alles tat ihm weh, er war am Ende seiner Kräfte. Er musste sich geradezu zwingen, weiterzugehen.

Als er die Höhle mit dem überfluteten Schacht erreichte, wäre er beinahe über ein pelziges Tier gestolpert, das wie ein zu klein geratener Bär aussah.

»Buddy!«, rief er ungläubig. »Wo kommst du denn plötzlich her?

Er lachte nervös, ging in die Knie und strich dem Wombat über den Kopf. »Aber nun bist du hier, wo es mal wieder richtig brenzlig wird. Das tut gut. Du bist mein kleiner Schutzengel, stimmt's?«

Ja, sagte eine klare Stimme in seinem Kopf.

Verdutzt starrte Jonas den Wombat an, doch der rannte an ihm vorbei, zurück in Richtung Bombe, blieb kurz abwartend stehen, sah sich nach Jonas um und lief dann weiter. Jonas folgte ihm. Buddy trippelte an der Bombe vorbei und hielt auf die gegenüberliegende Höhlenwand zu. Dort standen eine alte Spitzhacke, eine Schaufel, ein verrosteter Werkzeugkasten – und tatsächlich, halb versteckt in der Ecke, eine Leiter.

»Gott sei Dank!«, entfuhr es ihm, und er meinte es genauso, wie er es sagte.

Jonas packte die Leiter und trug sie hinüber zu dem mächtigen Torpedo. Er legte sie sorgfältig an, stieg drei Sprossen hoch. Der schwere Metallzylinder stand sicher auf dem Boden und ließ sich von Jonas' Gewicht nicht ins Schwanken bringen.

Nun konnte er das Bombenpaket begutachten. Es war nicht allzu groß, gerade mal so lang wie sein Unterarm. So wie es aussah, schien es mit sechs großen Schrauben auf einer Art Teller befestigt zu sein, der oben auf der Spitze des Torpedos saß. Das wirkte nicht übermäßig kompliziert. Jonas kletterte noch zwei Sprossen höher, bis er auf die Oberseite der Bombe sehen konnte. Ein Display zeigte 16:23 und zählte im Sekundentakt herunter. Er starrte fassungslos auf die Anzeige. Kaum zu glauben, wie mitleidslos die Zahlen sich veränderten, so als sei es ihnen völlig gleichgültig, dass eine ganze Stadt zerstört würde, wenn sie die Null erreicht hatten.

Er riss sich mit Mühe zusammen. »Du hast mehr als eine Viertelstunde Zeit, um ein paar Schrauben zu lösen«, sagte er sich. »Das muss reichen. An die Arbeit!«

Jonas tastete seine Gürteltaschen ab und zog ein Multitool heraus. Er klappte es auseinander, setzte die Zange an einer der sechs Schrauben an und versuchte, sie zu lösen. Die Zange rutschte ab, Jonas schrammte mit den Fingerknöcheln über die benachbarten Schraubenköpfe, schrie vor Schmerz auf und ließ das Werkzeug fallen.

Fluchend kletterte er die Leiter hinunter, suchte nach dem Multitool, sah es im Schein seiner Kopflampe glänzen, hob es auf, stieg erneut die Leiter hoch und probierte es ein weiteres Mal. Aussichtslos. Die Schraube sah jetzt schon ziemlich verunstaltet aus, doch sie hatte sich noch keinen Millimeter gedreht. Langsam wurde ihm mulmig. Was nun?

Er spürte Buddys Zähne an seinem Hosenbein.

»Was ist?«, fragte er, »hast du einen Tipp für mich?«

Wieder lief der Wombat zur Höhlenwand. Jonas sah ihm hinterher und stöhnte auf, als er sich an den Werkzeugkasten erinnerte. Er sprang von der Leiter, rannte zu Buddy hinüber und öffnete den verrosteten Kasten. Darin lagen eine alte Kneifzange, mehrere Schraubendreher, ein Hammer, dessen Stiel am Verrotten war, und etliche rostige Schraubenschlüssel – darunter befand sich zum Glück ein Neunzehner, der sogar noch einigermaßen intakt wirkte.

»Auf die Idee hätte ich auch gleich kommen können«, sagte Jonas missmutig.

Mit dem Schlüssel in der Hand bestieg er die Leiter und machte sich erneut ans Werk. Die Schrauben saßen ziemlich fest, und die Spuren, die er mit dem Multitool hinterlassen hatte, verkomplizierten die Sache. Jonas musste all seine Kraft aufbieten. Seine Rippe und die Schulter feuerten Schmerzsalven ab, aber er biss die Zähne zusammen, und endlich bekam er es hin, die widerspenstigen Dinger herauszudrehen. Achtlos ließ er sie zu Boden fallen.

Als er alle sechs entfernt hatte, versuchte er, das Bombenpaket abzuheben, doch es ließ sich nicht bewegen. Er stemmte sich mit aller Kraft, die er in dieser Position aufbringen konnte, dagegen. Vergeblich. Irgendetwas hielt es noch an seinem Ort.

Jonas klappte das Messer des Multitools auf und schob es in den kleinen Spalt zwischen dem Teller und der Zündladung. Als er es wieder herauszog, war etwas Klebriges daran. Eine Art Dichtungsmasse.

Jonas mochte nicht noch einmal auf das Display schauen, er fühlte auch so, dass die Zeit unaufhaltsam verrann. Er zwang sich zur Ruhe, stieg die Leiter hinab und durchsuchte den Werkzeugkasten nach etwas Brauchbarem. Mit einem großen Schraubendreher und dem alten Hammer kehrte er zurück. Es kostete ihn anfänglich etwas Überwindung, die Bombe damit zu bearbeiten, doch mit einigen kräftigen Schlägen gelang es ihm schließlich, den Spalt zu vergrößern. Beim dritten Hammerschlag brach der morsche Stiel, und der Hammerkopf fiel hinunter. Jonas unterdrückte einen Fluch. Die Zeit lief ihm davon. Er konnte keine weiteren Hindernisse gebrauchen. In der Hoffnung, dass er den Schraubendreher schon weit genug in den Spalt hineingetrieben hatte, drückte er ihn mit aller Kraft hinunter. Schmatzend löste sich das Paket endlich vom Teller und ließ sich abheben. Es war nicht allzu schwer.

Einige dünne Kabel ragten am unteren Ende heraus, die er jedoch erst bemerkte, als sie abrissen, während er die Zündladung von der Spitze des Torpedos hob. Ein schriller Signalton ertönte. Jonas wäre fast von der Leiter gefallen. Er konnte sich im letzten Moment abfangen, stieg mit dem Paket hinunter und erstarrte, als er auf das Display sah: Es leuchtete jetzt rot und zeigte nur noch Sekunden. 48, 47, 46 ...

Die Grube! Er musste die Ladung ins Wasser werfen, dort war sie weit genug vom Torpedo entfernt und hoffentlich auch von ihm.

Er rannte los, kam auf dem schmierigen Untergrund ins Schlittern, erreichte endlich die große Höhle und blieb vor der Absperrung stehen. Er stemmte das Bombenpaket hoch und warf es, so weit er konnte, über das Gitter. Die Zündladung flog ins Wasser, versank halb und verfing sich dann irgendwo. Es blieben jetzt höchstens noch zehn Sekunden. Wenn die Sprengladung an dieser Stelle explodierte, würde sie die Höhle zum Einsturz bringen und ihn verschütten. Hektisch sah sich Jonas nach einem geeigneten Felsbrocken um, den er auf das Paket werfen könnte, um es endlich zum Versinken zu bringen.

Plötzlich stand Buddy neben ihm. *Fass mich an*, hörte er die Stimme in seinem Kopf, *schnell!*

Jonas berührte den Wombat, wurde fast augenblicklich in einen hellen Lichtschein eingehüllt, hatte das Gefühl, durch ein Nichts zu fallen.

Ist die Bombe explodiert?, dachte er noch, bin ich jetzt tot?

*****

Unruhig wie ein Tiger im Käfig lief Xator in der Raumstation auf dem kleinen Mond Liman hin und her. Der Countdown seines Kommunikators, der mit dem der Bombe synchronisiert war, stand schon seit einiger Zeit auf null.

»Was ist da los?«, fragte er den diensthabenden Techniker. »Die Detonation müsste doch längst erfolgt sein!«

»Tut mir leid, die Sensoren arbeiten einwandfrei. Da ist nichts.«

»Das kann nicht sein. Raschad hat bisher immer nur Qualitätsarbeit abgeliefert. Ich verstehe das nicht!«

Wenn du ihn nicht aus dem Lander geworfen hättest, könntest du ihn fragen, dachte Faris, der neben ihm stand, doch er hütete sich, diesen Gedanken laut zu äußern. Stattdessen sagte er: »Vielleicht hat Raschad ja den Absturz irgendwie überlebt und die Bombe entschärft.«

Xator fuhr herum. Seine Augen funkelten. »Ja, das wäre eine Möglichkeit. Ich kann mir zwar nicht vorstellen, wie er das geschafft haben soll, aber das würde es erklären. So ein Verräter!«

Er verfiel in düsteres Schweigen.

»Eine konventionelle Bombe«, sagte er schließlich. »Abgeworfen vom Lander. Keiner wird Verdacht schöpfen, und keiner wird übrig bleiben, der leugnen kann, dass die Peacemaker dahintersteckt.«

Er wandte sich an den Techniker. »Was ist die stärkste Bombe, die wir hier zur Verfügung haben?«

»Eine Eraser. Ein Prototyp. Hat Raschad entwickelt. Sie sollte beim nächsten Überfall auf eine Handelsstation ausprobiert werden. Er sagt, wenn sie einmal ihr Ziel erfasst hat, ist es praktisch schon von der Bildfläche verschwunden.«

»Hört sich super an. Bringt sie in den Lander.«

»Aber der hat keinen Bombenschacht!«

»Das weiß ich auch. Ich werde sie über die Laderampe schieben und dann zeitversetzt aktivieren.«

»Das ist viel zu gefährlich!«

Xator sah den Techniker mitleidig an. »Wärst du Weichei schon einmal auf einem Einsatz unter meinem Kommando mitgeflogen, würdest du nicht so blöd daherreden. Bringt die Eraser in den Lander!«

****

Jonas spürte harten, felsigen Untergrund unter seinem Rücken, sah den Himmel und die rötliche Sonne von Kyros über sich. Er war eindeutig nicht tot. Dankbar nahm er einen tiefen Atemzug. Die Luft war klar und roch nach Kiefernnadeln.

Im selben Moment hörte er einen jähen dumpfen Knall unter sich. Er konnte eine Erschütterung spüren, die durch den Fels lief. Die Sprengladung war explodiert, offensichtlich aber ohne den Antimaterie-Torpedo zu zünden.

«Buddy, wir haben es geschafft!«, jubelte Jonas und hielt nach dem kleinen Wombat Ausschau, doch er konnte ihn nirgendwo entdecken.

»Buddy?« Sein Ruf wurde als Echo von den Felsen zurückgeworfen. »Buddy!«

Es kam keine Antwort. Jonas setzte sich auf, blickte umher, lauschte auf das vertraute Scharren der kleinen Krallen, aber es war nichts zu hören.

Plötzlich stieg eine große Traurigkeit in Jonas hoch, eine innere Gewissheit, dass er seinen pelzigen Freund nie mehr wiedersehen würde. Dessen Teleportationskraft hatte anscheinend nicht ausgereicht, um sie beide zu retten. Vielleicht hatte der dichte Felsen die Sache für ihn schwieriger gemacht.

Buddy hatte sich für ihn geopfert. Tränen rannen Jonas über das Gesicht, als ihm das klar wurde.

Diesmal war nicht einmal mehr der leblose Körper des Wombats zurückgeblieben. Die Detonation musste ihn zerfetzt haben. Dieser furchtbare Gedanke traf ihn mit aller Wucht.

»Das werde ich dir nie vergessen«, schluchzte er und streichelte den rauen Fels, unter dem sein Begleiter seine letzte Ruhe gefunden hatte. »Du bekommst ein Denkmal. Genau hier, an dieser Stelle. Du warst wirklich ein Engel!«

Nach einer Weile stand er auf und begann Steine zu sammeln, um den Ort zu markieren. Es dauerte seine Zeit, aber schließlich erhob sich eine kleine Pyramide auf dem nackten Fels. Dann machte Jonas sich auf den Weg in die Kolonie.

Er konnte es kaum erwarten, Rilana wiederzusehen.

*****

Endlich lag die Bombe sicher verstaut an Bord des Landers. Obwohl Xator immer wieder versucht hatte, seine Männer zur Eile anzutreiben, waren sie dabei mit äußerster Vorsicht vorgegangen. Raschads Prototyp flößte ihnen offensichtlich großen Respekt ein.

Xator aktivierte den Signalgeber, der der Peacemaker vortäuschen sollte, dass es sich bei seinem Schiff um die verschollene Sun'Izir handelte, und leitete die Startsequenz ein. Dann hob er ab in Richtung des Raumhafens von Kyros.

Als er die entsprechende Höhe erreicht hatte, schaltete er den Autopiloten ein und ließ ihn weite Kreise über Evinin fliegen. Er kletterte aus seinem Pilotensitz, ging nach hinten in den Laderaum und öffnete das Kontrollpanel der Eraser. Deren Betriebssystem fuhr hoch und signalisierte Eingabebereitschaft.

Xator setzte sich eine Sauerstoffmaske auf und öffnete die Laderampe des Landers. In schwindelerregender Tiefe unter ihm erkannte er die vertrauten Umrisse seiner Heimatstadt. Er wartete, bis die Khan-Residenz sichtbar wurde, ging zur Eraser und erfasste das Gebäude als Ziel. Dann stellte er die Bombe scharf, löste die Abspanngurte, gab den Befehl zum Abschuss und machte sich bereit, mit einem Sprung ins Cockpit den Laderaum zu verlassen, um nicht von dem Raketenstrahl versengt zu werden. Auf dem Display erschien ein Feld, das einen Fingerabdruckscan verlangte. Xator presste seinen Daumen darauf und wartete. Eine Fehlermeldung leuchtete auf. »Nicht autorisiert.«

Er fluchte. Raschad, dieser verdammte Mistkerl, hatte die Bombe auf seinen eigenen Abdruck kodiert. Aber so einfach konnte man Xator nicht ausbremsen.

Im Cockpit plärrte das Funkgerät. Xator ignorierte es. Er ließ die Laderampe wieder hochfahren, nahm die Sauerstoffmaske ab und holte die Werkzeugtasche. Mit Schraubendreher und Lötkolben machte er sich über die Steuerung der Eraser her.

*****

»Jonas!!!«

Rilanas Freudenschrei gellte durch das Tal, als sie ihn den Weg zum Haus heraufkommen sah. Die Sonne stand schon tief; die beiden Monde Liman und Cavab leuchteten bereits schwach am orangeroten Himmel.

Wie auf ein geheimes Kommando begannen sowohl Jonas als auch Rilana aufeinander zuzulaufen. Sie trafen sich mitten auf dem Trampelpfad, fielen sich in die Arme und ließen sich eng umschlungen in das hohe Gras fallen.

»Du hast es geschafft«, stellte sie fest. Tränen standen in ihren Augen. »Unser Planet ist nicht explodiert.«

»Nein, und ich auch nicht«, sagte Jonas und nahm sich vor, ihr niemals zu erzählen, wie knapp es für ihn ausgegangen war. Auch von Buddys Hilfe konnte er ihr leider nichts erzählen. Die Story war einfach zu unglaublich.

»Gott sei Dank«, sagte Rilana und presste ihn an sich, dass er um seine gebrochene Rippe zu fürchten begann.

»Nicht so fest«, stöhnte er und streichelte ihr Haar. Er mochte das Gefühl, diese widerborstigen Locken zu berühren. Sie schloss die Augen und genoss seine Liebkosung.

»Ist dir aufgefallen, dass das Bild der Peacemaker nicht mehr am Himmel steht?«, sagte Jonas. »Anscheinend waren die Friedensverhandlungen erfolgreich.«

Im Stillen dachte er: Und ich werde bald wieder zurück aufs Schiff müssen.

Noch ein Gedanke, den er besser für sich behielt.

»Dann musst du wohl bald wieder aufs Schiff zurück, oder?«, sagte Rilana.

»Kennen wir uns schon so gut, dass du meine Gedanken lesen kannst?«, fragte Jonas und grinste. Gleich darauf wurde er wieder ernst. »Ich fürchte, ja.«

»Es sind nur drei Jahre, Jonas. Drei Jahre, und danach bleiben wir für immer zusammen!«

Sie schluckte. »Wenn du das auch willst ...«

Er sah sie an. »Und ob ich das will. Mir ist in den letzten Stunden sehr viel klar geworden. Wenn das eigene Leben auf dem Spiel steht, sieht man umso deutlicher, was wichtig ist und was nicht. Auf die Peacemaker könnte ich leicht verzichten. Auf dich nicht.«

Er küsste sie, dann fuhr er fort: »Aber etwas macht mir noch Sorgen. Xator. Was wird er wohl unternehmen, wenn er merkt, dass seine Bombe nicht hochgegangen ist?«

In diesem Moment gab es einen lauten Knall. Ein Feuerball erschien an dem abenddunklen Himmel.

»Was hat das zu bedeuten?«, fragte Rilana.

»Ich weiß es nicht. Für einen Abschuss war das zu mächtig. Da ist eine Bombe hochgegangen.«

»Xator«, sagten beide wie aus einem Mund.

EPILOG

»Rilana, Rilana, schau, was ich gefunden habe!«

Likos Stimme hallte durch das Tal.

Rilana und Jonas sahen sich besorgt an. In der Vergangenheit hatten Likos Funde regelmäßig zu großer Aufregung geführt. Gemeinsam gingen sie vor die Tür. Der Junge rannte durch das hohe Gras, gefolgt von einem pechschwarzen Labrador.

»Wir haben uns im Wald getroffen. Seitdem ist er die ganze Zeit bei mir geblieben. Darf ich ihn behalten?«

»Aber der wird sicher jemandem weggelaufen sein«, sagte Jonas. »Den kannst du nicht einfach behalten.«

»Niemand in der Kolonie hat einen Hund«, entgegnete Rilana. »Er muss aus Evinin kommen. Und bei uns gibt es eine Tradition: Wir schicken niemanden, der sich aus dieser Stadt zu uns flüchtet, wieder dorthin zurück.«

Sie strahlte ihren Bruder an. »Klar kannst du ihn behalten. Aber du musst dich auch gut um ihn kümmern!«

»Danke, Rilana!«, sagte Liko und fiel ihr um den Hals. Dann stellte er sich neben den Hund und sagte eifrig: »Schau nur, er gehorcht mir schon. Sitz, Buddy!«

Gehorsam setzte der Labrador sich hin.

Jonas schluckte mehrmals, doch der Kloß im Hals wollte nicht weichen.

»Wie bist du auf diesen Namen gekommen, Liko?«, fragte er mit belegter Stimme.

»Das ist schwer zu sagen«, antwortete der Kleine treuherzig. »Irgendwie wusste ich plötzlich, dass er so heißt.«

Und Jonas hätte schwören können, dass Buddy ihm daraufhin zugezwinkert hat.

ENDE